结构力学

主 编 胡晓光 段文峰
副主编 田 伟 李 妍 宋 平 蔡 斌

北京邮电大学出版社
www.buptpress.com

内 容 简 介

本书根据高等院校土木工程专业结构力学课程的基本要求编写,注重基本理论、基本方法的讲授。本书可供教学学时为 60~120 课时的结构力学课程选用。

本书共 12 章,内容包括绪论、平面体系的几何组成分析、静定结构的内力分析、静定结构的位移计算、力法、影响线及其应用、位移法、渐近法、矩阵位移法、结构动力学、结构的极限荷载和结构稳定性计算。本书各章附有习题及参考答案。

本书可作为土木工程类各专业及工程力学专业的教材,也可作为有关工程技术人员工作及自学的参考书。

图书在版编目(CIP)数据

结构力学/胡晓光,段文峰主编.--北京:北京邮电大学出版社,(2013.10 重印)
ISBN 978-7-5635-2698-7

Ⅰ.①结⋯　Ⅱ.①胡⋯②段⋯　Ⅲ.①结构力学　Ⅳ.①O342

中国版本图书馆 CIP 数据核字(2011)第 152292 号

书　　　名:	结构力学
著作责任者:	胡晓光　段文峰　主编
责 任 编 辑:	刘春棠
出 版 发 行:	北京邮电大学出版社
社　　　址:	北京市海淀区西土城路 10 号(邮编:100876)
发 行 部:	电话:010-62282185　传真:010-62283578
E-mail:	publish@bupt.edu.cn
经　　　销:	各地新华书店
印　　　刷:	北京联兴华印刷厂
开　　　本:	787 mm×1 092 mm　1/16
印　　　张:	19.5
字　　　数:	496 千字
印　　　数:	7 001—8 000 册
版　　　次:	2011 年 8 月第 1 版　2013 年 10 月第 3 次印刷

ISBN 978-7-5635-2698-7　　　　　　　　　　　　　定　价:40.00 元

· 如有印装质量问题,请与北京邮电大学出版社发行部联系 ·

前 言

本书是为普通高等院校土木工程类各专业及工程力学等专业的中、多学时结构力学课程的教学而编写的。

根据对21世纪人才进行素质教育和创新意识培养的要求,适当降低了对结构力学深度和难度的要求,更加注重于基本理论、基本方法和基本计算的训练,注重于培养学生的创新能力。本书内容的选取借鉴了国内的优秀教材,其特点是注重基础训练,淡化纯理论推导,注重公式物理意义的讲解和基本方法的学习和掌握。

本书共12章,采用了最新的国家标准规定的符号。

本书由胡晓光、段文峰担任主编,由田伟、李妍、宋平(浙江建设职业技术学院)、蔡斌担任副主编。胡晓光负责全书统稿。其中第1章、第5章、第7章和第10章由胡晓光、田伟编写,第2章、第6章和第8章由段文峰编写,第3章由宋平(浙江建设职业技术学院)编写,第4章和第9章由蔡斌编写,第11章和第12章由李妍编写。吉林建筑工程学院苏铁坚教授审阅了全书。

在本书的编写过程中,得到了吉林建筑工程学院领导及该院力学教研室全体老师的大力支持,在此一并表示感谢。

由于编者水平有限,不妥之处在所难免,希望读者指正,以利于对本书的进一步完善和提高。

编 者

目 录

第1章 绪论 ··· 1
  1.1 结构的分类 ··· 1
  1.2 荷载的分类 ··· 2
  1.3 结构的计算简图 ··· 3
  1.4 结构力学的研究对象和任务 ··· 5

第2章 平面体系的几何组成分析 ·· 6
  2.1 平面体系几何组成分析的相关概念 ··· 7
    2.1.1 几何不变体系和几何可变体系 ·· 7
    2.1.2 刚片、自由度和联系的概念 ·· 7
  2.2 几何不变体系的基本组成规则 ··· 9
    2.2.1 三刚片规则 ·· 9
    2.2.2 二元体规则 ·· 9
    2.2.3 两刚片规则 ··· 10
  2.3 瞬变体系 ·· 12
  2.4 几何构造与静定性的关系 ·· 13
  习题 ·· 13

第3章 静定结构的内力分析 ··· 16
  3.1 静力平衡 ·· 16
    3.1.1 利用静力平衡求解支座反力 ··· 16
    3.1.2 利用静力平衡求解杆件内力 ··· 19
  3.2 静定梁 ·· 21
    3.2.1 内力图 ··· 21
    3.2.2 利用微分关系作内力图 ··· 21
    3.2.3 叠加法作弯矩图 ··· 23
    3.2.4 斜梁 ··· 27
    3.2.5 多跨静定梁 ··· 29
  3.3 静定平面刚架 ·· 31

  3.3.1 刚架概述 …………………………………………………………… 31
  3.3.2 刚架内力分析 ………………………………………………………… 32
  3.3.3 少求或不求反力绘制弯矩图 ………………………………………… 37
 3.4 三铰拱 ………………………………………………………………………… 39
  3.4.1 拱结构概述 …………………………………………………………… 39
  3.4.2 三铰拱的反力和内力计算 …………………………………………… 39
  3.4.3 三铰拱的合理拱轴线 ………………………………………………… 44
 3.5 静定平面桁架及组合结构 …………………………………………………… 46
  3.5.1 桁架的概念 …………………………………………………………… 46
  3.5.2 桁架的内力计算 ……………………………………………………… 48
  3.5.3 静定组合结构 ………………………………………………………… 55
  3.5.4 静定结构的特性 ……………………………………………………… 57
 习题 ……………………………………………………………………………… 57

第 4 章 静定结构的位移计算 …………………………………………………… 64
 4.1 结构位移的基本概念 ………………………………………………………… 64
 4.2 变形体系的虚功原理、结构位移计算的一般公式和单位荷载法 ………… 65
  4.2.1 变形体系的虚功原理 ………………………………………………… 65
  4.2.2 结构位移计算的一般公式和单位荷载法 …………………………… 65
 4.3 荷载作用下的位移计算 ……………………………………………………… 67
 4.4 图乘法 ………………………………………………………………………… 69
 4.5 静定结构在支座移动、温度变化时的位移计算 …………………………… 72
  4.5.1 静定结构在支座移动时的位移计算 ………………………………… 72
  4.5.2 静定结构在温度变化时的位移计算 ………………………………… 73
 4.6 线弹性结构的互等定理 ……………………………………………………… 75
 习题 ……………………………………………………………………………… 77

第 5 章 力法 ………………………………………………………………………… 80
 5.1 超静定结构的概念和超静定次数的确定 …………………………………… 80
 5.2 力法原理和力法方程 ………………………………………………………… 82
 5.3 用力法计算超静定结构 ……………………………………………………… 87
 5.4 对称性的利用 ………………………………………………………………… 99
 5.5 温度变化和支座移动时超静定结构的计算 ………………………………… 103
 5.6 超静定结构的位移计算和最后内力图的校核 ……………………………… 107
 5.7 超静定结构的特性 …………………………………………………………… 111
 习题 ……………………………………………………………………………… 112

第 6 章 影响线及其应用 …………………………………………………………… 115
 6.1 影响线的概念 ………………………………………………………………… 115
 6.2 用静力法作单跨静定梁的影响线 …………………………………………… 116

6.3	间接荷载作用下的影响线	118
6.4	机动法作静定结构的影响线	120
6.5	多跨静定梁的影响线	122
6.6	静定桁架的影响线	123
6.7	利用影响线求量值	125
6.8	最不利荷载位置的确定	126
6.9	简支梁的绝对最大弯矩	131
6.10	简支梁的包络图	133
6.11	超静定结构的影响线	134
6.12	连续梁均布荷载的最不利布置及包络图	137
习题		139

第 7 章 位移法 … 143

- 7.1 基本概念 … 143
- 7.2 等截面直杆的转角位移方程 … 144
- 7.3 基本未知量数目的确定和基本结构 … 147
- 7.4 位移法典型方程及计算步骤 … 149
- 7.5 直接由平衡条件建立位移法基本方程 … 158
- 7.6 对称性的利用 … 160
- 习题 … 163

第 8 章 渐近法 … 165

- 8.1 概述 … 165
- 8.2 力矩分配法的基本原理 … 165
  - 8.2.1 劲度系数和传递系数的概念 … 165
  - 8.2.2 力矩分配法的基本原理 … 166
- 8.3 用力矩分配法计算连续梁和无侧移刚架 … 169
- 8.4 无剪力分配法 … 176
  - 8.4.1 无剪力分配法的计算方法 … 176
  - 8.4.2 无剪力分配法应用推广 … 180
- 8.5 剪力分配法 … 181
- 习题 … 184

第 9 章 矩阵位移法 … 188

- 9.1 概述 … 188
- 9.2 单元分析 … 188
  - 9.2.1 结构离散化 … 188
  - 9.2.2 在单元局部坐标中的单元刚度矩阵 … 189
- 9.3 在整体坐标中的单元刚度矩阵 … 193
- 9.4 整体分析 … 196

  9.4.1 直接刚度法的原理 ·· 197
  9.4.2 结构原始刚度矩阵的性质 ································ 199
  9.4.3 举例 ·· 200
 9.5 边界条件的处理 ··· 202
 9.6 非结点荷载的处理 ··· 204
 9.7 结构矩阵分析举例 ··· 207
 习题 ·· 215

第 10 章 结构动力学 ·· 217

 10.1 概述 ··· 217
  10.1.1 结构动力计算的特点和目的 ····························· 217
  10.1.2 动荷载的种类 ·· 217
 10.2 结构振动的自由度 ··· 218
 10.3 单自由度体系的自由振动 ··································· 219
  10.3.1 单自由度体系自由振动的运动方程 ······················· 219
  10.3.2 单自由度体系的自由振动分析 ··························· 221
 10.4 单自由度体系在简谐荷载作用下的强迫振动 ··················· 223
  10.4.1 体系的运动方程 ······································· 223
  10.4.2 纯强迫振动分析 ······································· 224
  10.4.3 算例 ··· 225
 10.5 阻尼对单自由度体系振动的影响 ······························ 229
  10.5.1 阻尼对单自由度体系自由振动的影响 ······················ 229
  10.5.2 阻尼对简谐荷载作用下强迫振动的影响 ···················· 231
 10.6 单自由度体系在任意荷载作用下的强迫振动 ···················· 234
 10.7 多自由度结构的自由振动 ··································· 236
  10.7.1 体系运动方程的建立 ··································· 236
  10.7.2 频率和主振型 ··· 238
 10.8 多自由度体系在简谐荷载作用下的强迫振动 ··················· 244
 10.9 振型分解法 ·· 249
 习题 ·· 252

第 11 章 结构的极限荷载 ·· 256

 11.1 极限弯矩、塑性铰和破坏机构 ································ 256
 11.2 静定结构的极限荷载 ······································· 258
 11.3 单跨超静定梁的极限荷载 ··································· 258
 11.4 比例加载时关于极限荷载的几个定理 ·························· 261
 11.5 连续梁的极限荷载 ··· 263
 11.6 刚架的极限荷载 ··· 264
 习题 ·· 267

第12章 结构稳定性计算 ·· 269
　12.1 结构稳定问题概述··· 269
　12.2 结构稳定分析的静力法··· 271
　　12.2.1 有限自由度体系的临界荷载计算··· 271
　　12.2.2 无限自由度体系临界荷载计算·· 273
　12.3 结构稳定分析的能量法··· 277
　　12.3.1 有限自由度体系临界荷载计算·· 278
　　12.3.2 无限自由度体系临界荷载计算·· 280
　12.4 平面刚架稳定分析的矩阵位移法·· 283
　12.5 剪力对临界荷载的影响··· 289
　12.6 组合压杆的稳定性计算··· 290
　习题·· 293

参考答案··· 295

第 1 章 绪 论

1.1 结构的分类

结构是建筑物中能承受荷载、传递荷载、起到骨架作用的部分,如房屋建筑中的梁、板、柱等都是结构的一部分。

结构的类型很多,可从不同的角度来分类。按照其几何特征,一般可分为杆件结构、薄壁结构和实体结构。

当构件的长度远大于其截面尺寸时称为杆件。由杆件组成的结构称为杆件结构或杆系结构。薄壁结构指构件的厚度远小于长度和宽度的结构。实体结构指构件三个方向的尺寸相近的结构。

结构力学的研究对象是杆件结构。杆件结构按其受力特性不同又可分为以下几种。

(1) 梁

梁是一种受弯杆件,其轴线通常为直线。常见的有单跨梁和多跨梁(如图 1.1 所示)。

图 1.1

(2) 刚架

刚架是由梁和柱组成的结构,其结点以刚结点为主,也可有铰结点(如图 1.2 所示)。

(3) 拱

拱是轴线为曲线且在竖向荷载作用下支座处产生水平反力的结构(如图 1.3 所示)。

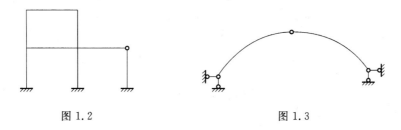

图 1.2　　　　　　图 1.3

(4) 桁架

桁架是由若干直杆在两端用铰连接而成的结构(如图 1.4 所示)。

(5) 组合结构

组合结构是桁架和梁或桁架和刚架组合在一起的结构(如图 1.5 所示)。

(6) 悬索结构

悬索结构是承重构件为悬挂于塔或柱上的缆索(如图 1.6 所示)。

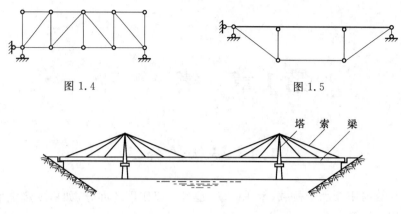

图1.4　　　　　　　　图1.5

图1.6

按照杆件轴线和外力作用的空间位置，结构可分为平面结构和空间结构。当杆件轴线和作用力均在同一平面内时为平面结构，否则是空间结构。虽然实际工程中多为空间结构，但很多情况下可以简化为平面结构来计算。

1.2　荷载的分类

荷载是作用在结构上的外力中的主动力。荷载有几种不同的分类方法。

(1) 按荷载作用的状况分类

按荷载作用的状况可以分为集中荷载和分布荷载。当作用在结构上的荷载的分布面积远小于结构的尺寸时，可认为荷载是作用在结构上的一个点上，将该荷载视为集中荷载，如火车和汽车的轮压、次梁传给主梁的荷载等。当作用在结构上的荷载的分布面积不是远小于结构的尺寸时，则为分布荷载，如静水压力、土压力、人群给楼板作用的荷载等。分布荷载的大小用单位面积或长度上的作用力——荷载集度来表示。当分布荷载的集度为定值时，称为均布荷载。

(2) 按荷载作用的时间分类

按荷载作用的时间可以分为恒载和活载。恒载是指长期作用在结构上不随时间变化的荷载，如结构的自重等。活载是指作用在结构上随时间变化的荷载，如人群、吊车等。

活载又可分为固定荷载和移动荷载。当荷载作用在结构上的位置可以认为是不变动的时，称为固定荷载。当荷载作用在结构上的位置是移动的时，称为移动荷载，如火车、汽车、吊车等。

(3) 按荷载对结构产生的动力效应分类

按荷载对结构产生的动力效应可以分为静力荷载和动力荷载。静力荷载是指荷载的大小、方向和作用位置不随时间变化，或虽有变化但较缓慢，不会使结构产生明显的加速度，因而可以略去惯性力影响的荷载。一般风荷载、雪荷载等多数活荷载都可视为静力荷载计算。动力荷载是指荷载作用在结构上使结构产生明显的加速度，因而惯性力不容忽视的荷载，如地震、机械振动荷载等。

结构主要是由荷载作用而产生内力、变形、位移。除荷载外还有一些因素也可使结构产生内力和位移，如温度变化、支座沉陷、材料松弛、徐变等。

1.3 结构的计算简图

实际结构受力复杂,按实际情况进行分析是烦琐、困难的,几乎难以实现。因此,必须将实际结构作必要的抽象和简化。采用简化的图形代替实际结构称为结构的计算简图。

选取结构的计算简图一般遵循以下原则。

(1) 抓住主要因素,尽可能反映结构的实际情况。

(2) 略去次要因素,方便结构的计算。

计算简图的选取直接关系到计算精度和计算工作量,应根据结构的重要性、计算问题的性质、设计阶段的要求及计算工具的性能等具体情况而定。

将杆件结构简化为计算简图,通常从以下几个方面进行简化。

1. 杆件的简化

在计算简图中,用杆件轴线来代替杆件。

2. 结点的简化

杆件与杆件的连接区用杆件轴线的交点表示,称为结点或节点。结点可分为以下两种。

(1) 刚结点

刚结点的特征是汇交于结点的各杆端既不能相对移动,也不能相对转动。如图 1.7(a) 所示为一个钢筋混凝土框架的结点,该结点可传递力和力矩。其计算简图如图 1.7(b) 所示。

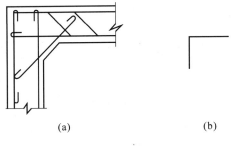

图 1.7

(2) 铰结点

铰结点的特征是汇交于结点的各杆端不能相对移动,但可以绕结点自由转动。一般钢桁架的结点如图 1.8(a) 所示,根据结点的构造和受力特点简化为铰结点。铰结点能传递力,不能传递力矩,其计算简图如图 1.8(b) 所示。

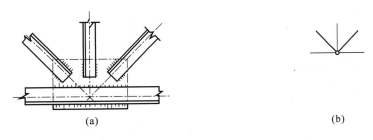

图 1.8

3. 支座的简化

支座是支承结构或构件的各种装置。常见的平面结构支座有以下 4 种。

(1) 可动铰支座

可动铰支座也称滚轴支座,如图 1.9(a)所示。其特征是支座只约束结构的竖向移动,不约束其水平移动和转动。其计算简图如图 1.9(b)所示。

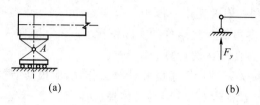

图 1.9

(2) 固定铰支座

固定铰支座如图 1.10(a)所示,其特征是支座约束结构的移动,不约束其转动。其计算简图如图 1.10(b)所示。

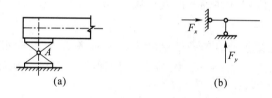

图 1.10

(3) 固定支座

固定支座如图 1.11(a),其特征是既约束结构的移动也约束转动。其计算简图如图 1.11(b)所示。

图 1.11

(4) 定向支座

定向支座也称滑动支座,如图 1.12(a)所示。其特征是约束结构转动和垂直于支承面的移动。其计算简图如图 1.12(b)所示。

图 1.12

1.4 结构力学的研究对象和任务

为使结构既能安全、正常地工作，又能符合经济的要求，需对其进行科学合理的设计。设计时需确定结构的最不利内力并以此作为设计的依据选用材料、确定截面尺寸等。也就是说，结构设计中非常重要的内容是对结构进行力学分析，而结构力学就是研究结构受力的学问。

结构力学与理论力学、材料力学、弹性力学有着密切的联系。理论力学是研究质点和刚体运动的学科，且不考虑研究对象自身的变形。它是材料力学、结构力学、弹性力学的基础。结构力学、材料力学、弹性力学的任务基本上是相同的，只是研究对象和侧重点有所不同。材料力学只研究单根杆件的内力和位移，解决单根杆件的强度、刚度和稳定性问题；结构力学研究杆系的上述问题和动力响应等问题；弹性力学以实体结构和板壳结构为主要研究对象。

结构力学的研究对象是由杆件组成的杆系结构，如桁架、框架等。研究的具体内容和任务如下。

(1) 讨论结构的组成规则和合理形式，抽象出结构的计算简图。
(2) 讨论系杆结构内力和位移的计算方法。
(3) 讨论结构的稳定性、极限荷载及动力荷载作用下结构的动力反应。

第 2 章　平面体系的几何组成分析

图 2.1 所示为单层轻钢结构房屋体系，体系纵向由交叉的圆钢支撑提供整体稳定性。国内某在建该体系厂房施工过程中，纵向未能采取可靠的临时支撑，形成类似于图 2.3(b) 所示的铰接四边形可变体系，导致刚架在安装过程中发生连续倒塌的重大工程事故，图 2.2 为倒塌现场图片。本例说明工程结构必须是几何不变的，本章正是研究平面体系的几何组成，并以此判断平面体系能否用做工程结构，学习的意义重大。

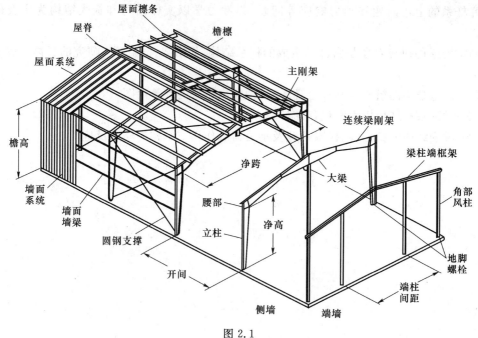

图 2.1

图 2.2

2.1 平面体系几何组成分析的相关概念

2.1.1 几何不变体系和几何可变体系

杆件结构是由若干杆件相互连接而组成的体系,体系能否作为工程结构使用,要看杆件组成是否合理。当体系受到荷载作用后,构件将产生变形,通常这种变形是很微小的,可忽略。图 2.3(a)所示为铰接三角形,若不考虑材料的小变形,体系受任意荷载作用,其几何形状和位置均保持不变,这样的体系称为几何不变体系。图 2.3(b)所示为铰接四边形,不考虑材料的小变形,体系即使在很小的荷载作用下,也会发生机械运动而不能保持原有的几何形状和位置,这样的体系称为几何可变体系。几何可变体系包括瞬变体系和常变体系。

工程结构必须是几何不变体系。对工程结构应首先判别它是否几何不变,从而决定能否采用。这一工作称为体系的机动分析或几何组成分析。

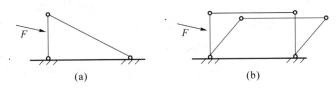

图 2.3

2.1.2 刚片、自由度和联系的概念

在几何组成分析中,由于不考虑材料的小变形,因此可以把一根杆件或已知几何不变的部分体系看做一个刚体。研究平面体系时将刚体称为刚片。

为判定体系的几何可变性,需引入自由度的概念。自由度是确定体系位置时所需要的独立参数的数目。例如平面上的一个点 A,它的位置用坐标 x_A 和 y_A 完全可以确定,所以平面上点的自由度等于 2,如图 2.4(a)所示。又如平面上的一个刚片,它的位置用 x_A、y_A 和 φ_A 完全可以确定,所以平面内刚片的自由度等于 3,如图 2.4(b)所示。

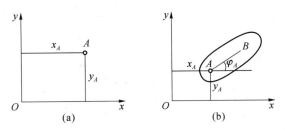

图 2.4

体系有自由度,加入限制运动的装置可使自由度减少。把减少自由度的装置称为一个联系(或约束),常见的联系有链杆和铰。如图 2.5(a)所示,用一根链杆将一个刚片与地基相连,因 A 点不能沿链杆方向移动,这样就减少了 1 个自由度,其位置可用参数 φ_1 和 φ_2 确定。所以,一个链杆相当于 1 个联系。

如图 2.5(b)所示,用一个铰 A 把 Ⅰ 和 Ⅱ 两个刚片连接起来,这种连接两个刚片的铰称为单铰。连接体位置可用 4 个参数 x_A、y_A、φ_1 和 φ_2 确定,于是两个刚片自由度由 6 个变成 4 个,减少了两个自由度。所以,一个单铰相当于两个联系。同理可知,如图 2.5(c)所示,连接 3 个刚片的铰能减少 4 个自由度,相当于两个单铰作用。把连接 3 个或 3 个以上刚片的铰称为复铰。由此可推知,连接 n 个刚片的复铰相当于 $(n-1)$ 个单铰,即相当于 $2(n-1)$ 个联系。

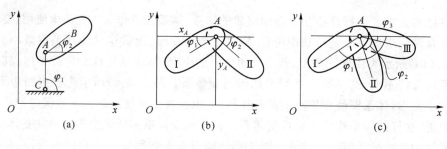

图 2.5

一个平面体系通常由若干刚片彼此用铰相连,并用支座链杆与基础相连。设体系的刚片数为 m,单铰数为 h,支座链杆数为 r,则体系的自由度 w 为

$$w = 3m - (2h + r) \tag{2.1}$$

式中,$3m$ 为体系无约束情况下的自由度数;$2h$ 为 h 个单铰所减少的自由度数;r 为支座链杆所减少的自由度数。

【**例 2.1**】 求图 2.6 所示体系的自由度 w。

解:体系刚片数 $m=8$,单铰数 $h=10$,支座链杆数 $r=4$(其中固定端支座相当于 3 个链杆),则

$$w = 3 \times 8 - (2 \times 10 + 4) = 0$$

【**例 2.2**】 求如图 2.7 所示体系的计算自由度 w。

解:对图 2.7(a)和(b),体系刚片数 $m=8$,单铰数 $h=10$,支座链杆数 $r=4$,则

$$w = 3 \times 8 - (2 \times 10 + 4) = 0$$

如图 2.7 所示的这种完全由两端铰结的杆件所组成的体系称为铰结链杆体系。其自由度除可用式(2.1)计算外,还可用下面的简便公式来计算。

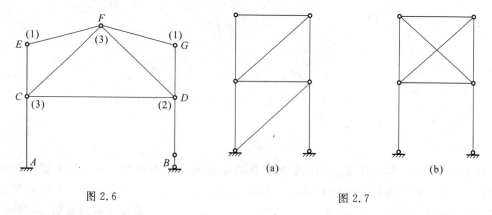

图 2.6 图 2.7

设体系的结点数为 j,杆件数为 b,支座链杆数为 r,则体系自由度 w 为

$$w = 2j - (b + r) \tag{2.2}$$

对于例 2.2，按式(2.2)计算可得
$$w=2\times6-(8+4)=0$$

由于体系杆件布置的多样性，w 不一定能反映体系的真实自由度，为此把 w 叫做计算自由度。依据体系计算自由度可知，若 $w>0$，体系一定是几何可变的；若 $w\leq0$，体系不一定是几何不变的，还与杆件的布置方式有关。图 2.7(b)中尽管 $w=0$，但该体系仍为可变体系。因此，$w\leq0$ 只是体系成为几何不变的必要条件，还不是充分条件。其充分条件为几何不变体系的组成规则。

2.2 几何不变体系的基本组成规则

2.2.1 三刚片规则

三刚片规则：3 个刚片用不在同一直线上的 3 个铰两两相连组成几何不变体系，且无多余联系。

对于如图 2.8 所示的铰结三角形，每个杆件都可看成一个刚片。若刚片 I 不动(看成地基)，暂把铰 C 拆开，则刚片 II 只能绕铰 A 转动，C 点只能在以 AC 为半径的圆弧上运动；刚片 III 只能绕 B 转动，其上的 C 点只能在以 B 为圆心、以 BC 为半径的圆弧上运动。但由于 C 点实际上用铰连接，故 C 点不能同时发生两个方向上的运动，它只能在交点处固定不动。

对于如图 2.9 所示的三铰拱，将地基看成刚片 III，左、右两半拱可看做刚片 I、II。此体系是由 3 个刚片用不在同一直线上的 3 个单铰 A、B、C 两两相连组成的，为几何不变体系，且无多余联系。

应当说明，应用三刚片规则，每两个刚片之间可用两个链杆相连，此两个链杆相交于一点，称它为虚铰。

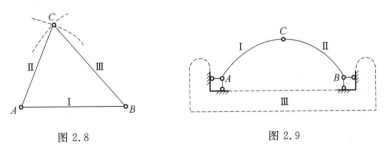

图 2.8　　　　　　　　　　图 2.9

2.2.2 二元体规则

用两根不在同一直线上的链杆连接成一个新结点的构造，称为二元体。

二元体规则：在一个体系上增加或减少二元体，不会改变原体系的几何构造性质。

例如，分析图 2.10 所示的体系，在刚片上增加二元体，若原刚片为几何不变，由三刚片规则可知，增加二元体后体系仍为几何不变。

桁架的组成分析可用二元体规则。对于如图 2.11 所示的桁架，可任选一铰接三角形，然后再连续增加二元体而得到桁架，故知它是几何不变体系，且无多余联系。此桁架亦可用拆除二元体的方法来分析，可知从桁架的右端依次拆去二元体最后只剩下一个铰接三角形，因铰接三角形为几何不变,故可判定该桁架为几何不变,且无多余联系。

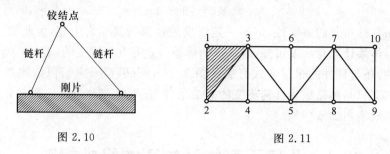

图 2.10   图 2.11

2.2.3 两刚片规则

规则一:两刚片用一个铰和一根不通过此铰的链杆相连,体系为几何不变体系,且无多余联系。

对于图 2.12(a)所示的体系,显然链杆可看做刚片,则满足三刚片规则,组成的体系是几何不变体系,且无多余联系。

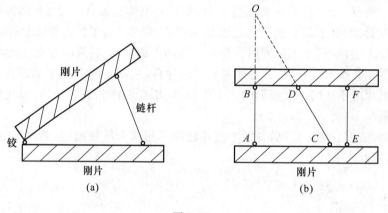

图 2.12

规则二:两刚片用三根不完全平行也不完全汇交于一点的链杆相连,组成的体系是几何不变体系,且无多余联系。

图 2.12(b)所示为两个刚片用三根不完全平行也不完全汇交于一点的链杆相连的情况。此时,可把链杆 AB、CD 看做是在其交点 O 处的一个铰。因此,此两刚片又相当于用铰 O 和链杆 EF 相连,而铰与链杆不在同一直线上,故体系为几何不变体系,且无多余联系。

以上介绍了平面体系几何不变的三个基本组成规则,它们实质上是一个规则,即三刚片规则。凡是按照基本规则组成的体系都是几何不变体系,且无多余联系。

根据这些规则对体系进行几何组成分析时,应尽可能简化体系。通常,可根据上述规则将体系中几何不变的部分当做一个刚片来处理,也可逐步拆去二元体简化体系,还可依据两刚片规则,对体系和地基简支相连,先去掉地基只分析体系自身。

下面举例说明如何应用三个规则对体系进行几何组成分析。

【例 2.3】 试对如图 2.13 所示的体系进行几何组成分析。

解:首先将地基看成刚片,再将 AB 看成刚片,AB 和地基之间用 1 号、2 号、3 号链杆相连,这三根链杆不完全平行也不完全汇交于一点,满足两刚片组成规则。因此可将 AB 与地基合成一个大刚片。接下来可将 CE 和 EF 各看成一个刚片,其中 CE 刚片通过 BC 杆及 4 号链杆与大刚片(地基与 AB 组成的刚片)相连且组成虚铰 D。EF 刚片则与大刚片通过 5 号、6 号链杆相连,且组成虚铰在无穷远处。而 CE 与 EF 两刚片通过铰 E 相连。三刚片用三个铰两两相连,且三个铰不在同一条直线上。整个体系为几何不变体系且无多余联系。

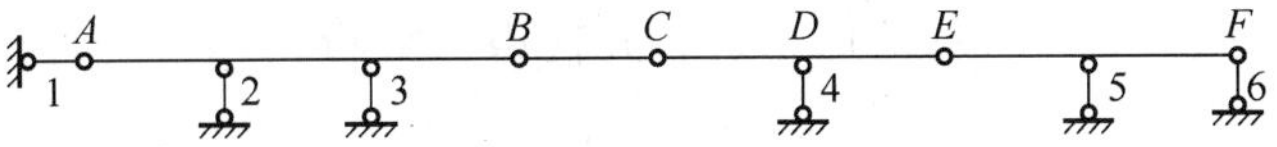

图 2.13

【例 2.4】 试分析如图 2.14 所示的铰接体系的几何组成。

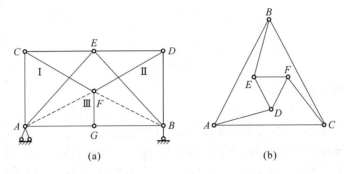

图 2.14

解:(1) 分析图 2.14(a)所示体系的几何组成。

根据两刚片规则,可拆去支座链杆,只分析上部体系。取铰接△ACE、△BDE 和杆件 GF 分别为刚片Ⅰ、Ⅱ、Ⅲ。刚片Ⅰ、Ⅱ用铰 E 连接,刚片Ⅰ、Ⅲ用杆 CF 和 AG 的交点虚铰 B 连接,刚片Ⅱ、Ⅲ用杆 FD 和 BG 的交点虚铰 A 连接,E、A、B 三铰不共线。根据三刚片规则,该体系为几何不变体系且无多余联系。

(2) 分析图 2.14(b)所示体系的几何组成。

△ABC 和△DEF 可视为二刚片,它们之间用 AD、BE、CF 三根杆连接,三根链杆不完全平行也不完全汇交于一点。根据两刚片规则,该体系为几何不变体系且无多余联系。

【例 2.5】 试分析如图 2.15 所示体系的几何组成。

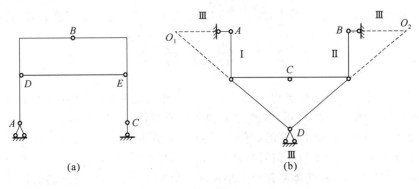

图 2.15

解:(1) 分析图 2.15(a)所示体系的几何组成。

根据两刚片规则,可拆去支座链杆,只分析上部体系。取 ADB、CEB 为两个刚片,它们之间用铰 B 和链杆 DE 连接,链杆不通过铰 B。按两刚片规则,该体系为几何不变体系且无多余联系。

(2) 分析图 2.15(b)所示体系的几何组成。

取杆 AC、BC 分别为刚片Ⅰ、Ⅱ，地基为刚片Ⅲ，D 处支座链杆可看做地基上增加二元体，同属刚片Ⅲ。刚片Ⅰ、Ⅱ由铰 C 连接，刚片Ⅰ、Ⅲ由虚铰 O_1 连接，刚片Ⅱ、Ⅲ由虚铰 O_2 连接，三铰不共线。按三刚片规则，该体系为几何不变体系且无多余联系。

【例 2.6】 试对图 2.16 所示的体系进行几何组成分析。

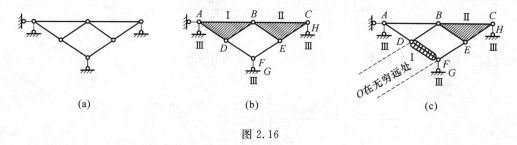

图 2.16

解：首先，计算自由度，即
$$w=2j-(b+r)=2\times 6-(8+4)=0$$
其具有几何不变的必要条件，需进一步按组成规则判定。

此体系与地基不是简支，因而不能去掉地基，此外也无二元体可去。可试用三刚片规则来分析。先将地基看做刚片Ⅲ，将△ABD 和△BCE 看做刚片Ⅰ、Ⅱ，如图 2.16(b)所示。接下来的分析我们会发现，Ⅰ和Ⅲ、Ⅰ和Ⅱ都有铰相连，而刚片Ⅱ和Ⅲ之间只有链杆 CH 相连。此外，杆件 DF、EF 没有用上。显然不符合规则，分析无法进行下去。因此，需另选刚片。地基仍作为刚片Ⅲ，铰 A 处的两根链杆可看做地基上增加的二元体，因而同属于地基刚片Ⅲ。于是，从刚片Ⅲ上一共有 AB、AD、FG 和 CH 四根链杆连出，它们应该两两分别连到另外两刚片上。这样，可找出相应的杆件 DF 和△BCE 分别作为刚片，如图 2.16(c)所示。具体分析如下。

刚片Ⅰ、Ⅲ——用链杆 AD、FG 相连，组成虚铰在 F 点。

刚片Ⅱ、Ⅲ——用链杆 AB、CH 相连，组成虚铰在 C 点。

刚片Ⅰ、Ⅱ——用链杆 BD、EF 相连，此两杆平行，组成虚铰 O 在此两杆延长线的无穷远处。

由于虚铰 O 在 EF 的延长线上，故 C、F、O 三铰在同一直线上。因此此体系为瞬变体系。

2.3 瞬 变 体 系

前述三刚片规则中为什么要规定三铰不在同一直线上呢？这可用图 2.17 所示的三铰共线体系来说明。假设刚片Ⅲ不动，刚片Ⅰ和Ⅱ分别绕铰 A 和 B 转动时，C 点在瞬间可沿公切线方向移动，因而是几何可变的。但当 C 点有了微小移动后，三个铰就不再共线，运动也就不再继续发生。这种原为几何可变体系，但经微小位移后即转变为几何不变的体系，称为瞬变体系。与之区别，常变体系是经微小位移后仍能继续发生刚体运动的体系。

瞬变体系最终转变为几何不变体系，那么瞬变体系能否用于工程呢？分析如图 2.18 所示体系的内力。由平衡条件可知，AC 和 BC 杆的轴力为
$$F_N=\frac{F}{2\sin\theta}$$

当 $\theta\to 0$ 时，$F_N\to\infty$，故瞬变体系即使在很小荷载作用下也可产生巨大内力。因此，工

程结构中不能采用瞬变体系,而且接近于瞬变的体系也应避免。

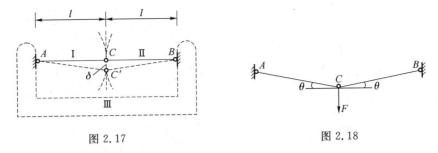

图 2.17　　　　　　　　　　图 2.18

下面介绍几种常见的可变体系。

(1) 在刚片上增加二元体,若二元体的两杆共线,则为瞬变体系。
(2) 三个刚片用共线的三个铰两两相连,则为瞬变体系。
(3) 两刚片用汇交于一点的三个链杆相连,则为瞬变体系,如图 2.19(a)所示。
(4) 两刚片用三根链杆相连时,三根链杆完全平行但不等长时为瞬变体系,如图 2.19(b)所示;若三根链杆完全平行且等长同侧相连,则为常变体系,如图 2.19(c)所示;若三根链杆完全平行且等长异侧相连,则为瞬变体系,如图 2.19(d)所示。

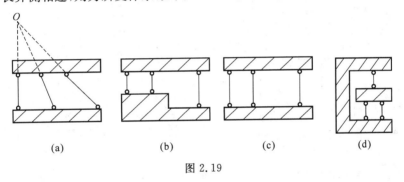

图 2.19

2.4　几何构造与静定性的关系

一般情况下,设几何不变体系是由 m 个刚片用 h 个单铰及 r 根支座链杆相连而组成的,则取每一刚片为隔离体,可建立的平衡方程共有 $3m$ 个,单铰和支座链杆未知力共有 $(2h+r)$ 个。当体系为几何不变且无多余联系时,其计算自由度 $w=3m-(2h+r)=0$,因而 $3m=2h+r$,即平衡方程式数等于未知力数目,此时解答只有确定的一组,故体系是静定的。当体系为几何不变且具有多余联系时,其计算自由度 $w=3m-(2h+r)<0$,因而 $3m<2h+r$,即平衡方程式数少于未知力数目,此时解答有无穷多组,仅靠平衡条件不能求解全部量值,故体系是超静定的。

综上所述,静定结构的几何构造特征是几何不变且无多余联系。凡是按照基本组成规则组成的体系,都是几何不变且无多余联系的,因而都是静定结构;而在此基础上还有多余联系的便是超静定结构。

习　　题

2.1　试对图 2.20 所示体系进行几何组成分析。

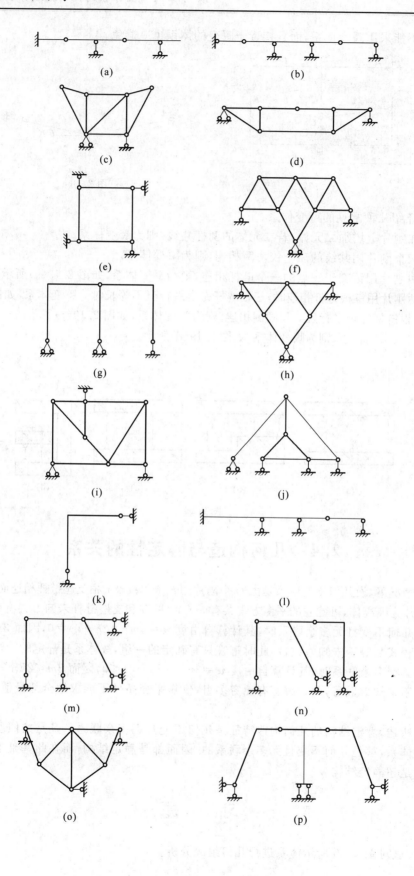

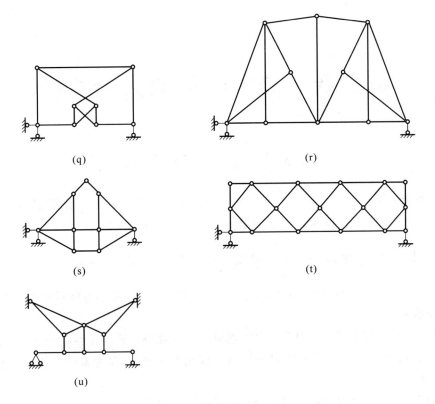

图 2.20

2.2 添加最少数目的链杆和支撑链杆,使如图 2.21 所示的体系成为几何不变的且无多余联系。

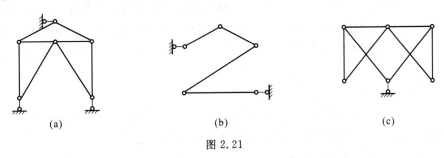

图 2.21

第 3 章　静定结构的内力分析

3.1　静力平衡

对于静定结构,用静力平衡条件可以求出其全部反力和内力;接下来求解超静定结构也必须用到平衡。可以说掌握静力平衡问题是我们继续学习的关键。

3.1.1　利用静力平衡求解支座反力

有两种体系的平衡问题是我们必须掌握的,它们是带有附属部分体系和三铰刚架体系。

1. 带有附属部分体系

这种体系在几何组成上可以分为基本部分和附属部分。这种体系就像大人背孩子,大人相当于基本部分,孩子相当于附属部分,孩子依托大人平衡,即附属部分依靠基本部分才能保持平衡。

基本部分是指在竖向荷载作用下能独立保持平衡的部分。

附属部分是指在竖向荷载作用下不能独立保持平衡,需要依靠基本部分才能保持平衡的部分。

这类体系的解题思路是先附属后基本。即先取附属部分为研究对象,求出约束反力;然后将已求出的反力看做已知力,再取基本部分或整体为研究对象,求出剩余约束反力。从受力分析上看,作用在附属部分上的荷载要传给基本部分,而作用在基本部分上的荷载不传给附属部分。

2. 三铰刚架体系

这类体系在几何组成上分不出基本部分和附属部分。其典型或称标准形式为三个铰连接而成的刚架。这种体系就像两个舞蹈演员各自金鸡独立,同时各自伸出一只手搭在一起以求稳定和平衡。刚架的每部分各自都不能独立平衡,而互相依靠在一起才能保持平衡。

这类体系的解题思路是先整体后分部。先整体即先取整体为研究对象,利用整体平衡的取矩方程先求出两支座的竖向反力;然后分部,所谓分部是指任取刚架的左半部或右半部为研究对象,利用该部分的平衡建立向左右两部分的连接铰中心取矩方程,从而解出支座处的水平反力。接下来求其他反力即可。

【例 3.1】　试求如图 3.1(a)所示刚架 A、D、E 处的支座约束反力。

解:CE 部分为附属部分,ABD 部分是基本部分,且 ABD 是三铰刚架类体系。因为有附属部分体系,解题时应先附属后基本;对基本部分解题时因其为三铰刚架类体系,应先整体研究再分部研究。

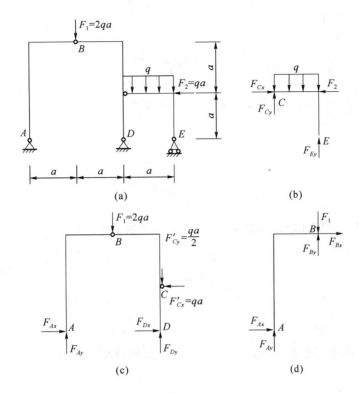

图 3.1

(1) 选择 CE 为研究对象,如图 3.1(b) 所示。

由 $\sum M_C = 0$ 得

$$F_{Ey}a - \frac{qa^2}{2} = 0$$

$$F_{Ey} = \frac{qa}{2}(\uparrow)$$

由 $\sum x = 0$ 得

$$F_{Cx} - qa = 0$$

$$F_{Cx} = qa(\rightarrow)$$

由 $\sum y = 0$ 得

$$F_{Cy} + \frac{qa}{2} - qa = 0$$

$$F_{Cy} = \frac{qa}{2}(\uparrow)$$

(2) 选择 ABD 为研究对象,如图 3.1(c) 所示。

① 先取整体,取 ABD 整体研究。

由 $\sum M_A = 0$ 得

$$F_{Dy} \times 2a - 2qa^2 - \frac{qa}{2} \times 2a + qa^2 = 0$$

$$F_{Dy} = qa(\uparrow)$$

由 $\sum M_D = 0$ 得

$$F_{Ay} \times 2a - 2qa^2 - qa^2 = 0$$

$$F_{Ay} = \frac{3}{2}qa\ (\uparrow)$$

② 后分部，取 AB 部分为研究对象，如图 3.1(d)所示。

由 $\sum M_B = 0$ 得

$$F_{Ax} \times 2a - \frac{3qa^2}{2} = 0$$

$$F_{Ax} = \frac{3qa}{4}\ (\rightarrow)$$

③ 再取三铰刚架整体即 ABD 为研究对象，如图 3.1(c)所示。

由 $\sum x = 0$ 得

$$F_{Dx} + \frac{3qa}{4} - qa = 0$$

$$F_{Dx} = \frac{qa}{4}\ (\rightarrow)$$

【例 3.2】 试分析如图 3.2(a)所示体系中 A、D 处的反力。

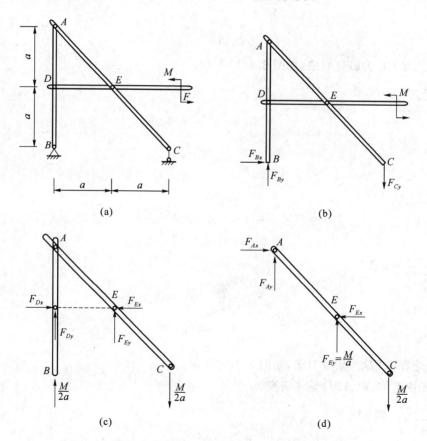

图 3.2

解:此体系表面看不是附属类体系,也不能确定是否三铰刚架类体系,但该体系和地基简支,其 B、C 支座反力易求得,可先求 B、C 支反力,然后进一步研究。

(1) 整体研究,如图 3.2(b)所示。

由 $\sum x = 0$ 得
$$F_{Bx} = 0$$

由 $\sum M_B = 0$ 得
$$F_{Cy} = \frac{M}{2a}(\downarrow)$$

由 $\sum M_C = 0$ 得
$$F_{By} = \frac{M}{2a}(\uparrow)$$

(2) 取 BAC 为研究对象,如图 3.2(c)所示,此时可判断出其为三铰刚架类体系,按先整体后分部的解题原则,先取 BAC 整体研究。

由 $\sum M_D = 0$ 得
$$F_{Ey} = \frac{M}{a}(\uparrow)$$

由 $\sum M_E = 0$ 得
$$F_{Dy} = -\frac{M}{a}(\downarrow)$$

(3) 取 AC 为研究对象,如图 3.2(d)所示。

由 $\sum M_A = 0$ 得
$$F_{Ex}a - \frac{M}{a}a + \frac{M}{2a} \times 2a = 0$$
$$F_{Ex} = 0$$

由 $\sum x = 0$ 得
$$F_{Ax} = F_{Ex} = 0$$

由 $\sum y = 0$ 得
$$F_{Ay} + \frac{M}{a} - \frac{M}{2a} = 0$$
$$F_{Ay} = -\frac{M}{2a}(\downarrow)$$

(4) 取 ABC 为研究对象,如图 3.2(c)所示。

由 $\sum x = 0$ 得
$$F_{Dx} = F_{Ex} = 0$$

3.1.2 利用静力平衡求解杆件内力

平面结构在任意荷载作用下,其杆件横截面上一般有三种内力,即轴力 F_N、剪力 F_S 和弯矩 M,如图 3.3 所示。

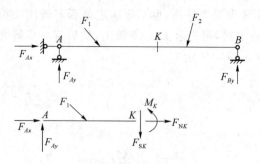

图 3.3

计算截面内力的基本方法是截面法,即将结构沿拟求内力的截面截开,选取截面任意一侧的部分为研究对象(取隔离体),去掉部分对留下部分的作用,用内力来代替,然后利用平衡条件可求得截面内力。

截面法中对内力的符号通常规定如下:弯矩以使梁的下侧受拉力为正。剪力以绕隔离体顺时针为正。轴力以拉力为正。

截面法中,可根据平衡推出用外力计算内力分量的简便方法。

弯矩:等于截面一侧所有外力对截面形心力矩的代数和。

截面一侧的每个外力对截面形心都产生力矩,此力矩加上正确的正、负号即成为该外力在截面上产生的弯矩分量。当外力对截面形心的力矩的绝对值算出后,可以证明,将截面看成固定端,凡力矩能使梁下部纤维受拉,在截面上产生的弯矩分量为正。

剪力:等于截面一侧所有外力沿截面方向的投影代数和。

截面一侧的每个外力都会在沿截面方向上产生投影,此投影即为该外力在截面上产生的剪力分量。在外力投影的绝对值算出后,可以证明,外力绕截面顺时针转动,在截面上产生的剪力分量为正。

轴力:等于截面一侧所有外力沿截面法线方向的投影代数和。

截面一侧的每个外力都会在沿截面法线方向上产生投影,此投影即为该外力在截面上产生的轴力分量。在外力的投影绝对值算出后,可以证明,外力方向背离截面产生的轴力分量为正。

【**例 3.3**】 求如图 3.4 所示刚架 $m-m$、$n-n$ 截面内力。

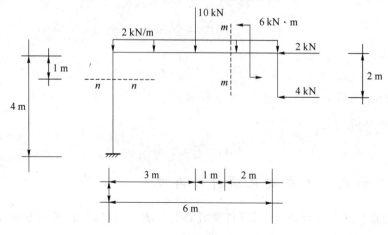

图 3.4

解:(1) 求 $m-m$ 截面内力。

假想在 $m-m$ 截面截开,为研究问题方便,取截面右侧部分为研究对象。

$M_m = (-4 \times 2 + 6 - 2 \times 2 \times 1)\text{kN} \cdot \text{m} = (-8 + 6 - 4)\text{kN} \cdot \text{m} = -6\text{ kN} \cdot \text{m}$(拉上侧)

$F_{Sm} = 2 \times 2\text{ kN} = 4\text{ kN}$(顺时针)

$F_{Nm} = (-4 - 2)\text{kN} = -6\text{ kN}$(压力)

(2) 求 $n-n$ 截面内力。

假想在 $n-n$ 截面截开,为研究问题方便,取截面上侧部分为研究对象(对于弯矩,设拉内侧为正)。

$M_n = (-4 \times 1 + 2 \times 1 - 10 \times 3 - 2 \times 6 \times 3 + 6)\text{kN} \cdot \text{m} = -62\text{ kN} \cdot \text{m}$(拉外一侧)

$F_{Sn} = (-4 - 2)\text{kN} = -6\text{ kN}$(逆时针)

计算 $n-n$ 截面剪力时,集中力 2 kN、4 kN 在截面方向上有投影,其中 4 kN 这一集中力因其作用线的位置在截面的下部,判断它产生的剪力正负号时,可将该力平行上移到截面的上侧位置(根据力的平移定理,会产生附加力偶矩,但此力偶矩对截面剪力无影响),然后再看该外力是否绕截面顺时针转动,即可确定正负号。

$F_{Nn} = (-10 - 2 \times 6)\text{kN} = -22\text{ kN}$(压力)

3.2 静定梁

3.2.1 内力图

一般梁中内力有三种,即弯矩、剪力和轴力。对于直梁,当所有外力都垂直于梁轴线时,横截面上只有剪力和弯矩,没有轴力。

表示结构上各截面内力数值的图形称为内力图。内力图通常用平行于杆轴线的坐标表示截面的位置,此坐标通常称为基线,而用垂直于杆轴线的坐标(又称竖标)表示内力的数值而绘出。

在土木工程中,弯矩图习惯绘在杆件的受拉一侧,而图上不必注明正负号;剪力图和轴力图则将正值绘在基线的上侧,同时标注正负号。

绘制内力图的基本方法是先分段写出内力方程,然后根据方程作出内力函数的图像。

既然内力图从数学意义讲即为函数的图像,则为能快捷地画出内力图,我们可以利用内力函数的微分关系来作内力图。

3.2.2 利用微分关系作内力图

在受横向分布荷载 $q(x)$ 作用的直杆段上截取微段,为和数学作图相符,建立如图 3.5 所示的坐标,可得出荷载集度 $q(x)$ 和剪力 $F_S(x)$、弯矩 $M(x)$ 的微分关系(利用微段的平衡,略去高阶小量,可证明)。

$$\left. \begin{aligned} \frac{dM(x)}{dx} &= F_S(x) \\ \frac{dF_S(x)}{dx} &= q(x) \\ \frac{d^2 M(x)}{dx^2} &= q(x) \end{aligned} \right\} \quad (3.1)$$

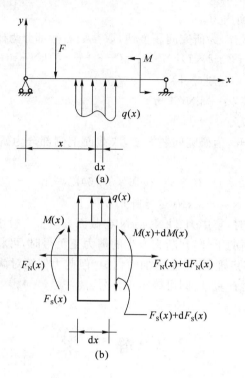

图 3.5

式(3.1)具有明显的几何意义,即剪力图在某点的切线斜率等于该点的荷载集度,若在某区荷载集度为正,则此区间剪力图递增;弯矩图在某点的切线斜率等于该点的剪力,若在某区间剪力为正,则此区间弯矩图递增;弯矩图在某点的曲率等于该点的荷载集度,根据某区间荷载集度的正、负可判断弯矩曲线的凹凸性。

关于内力曲线凹凸性的判断,数学中有个雨伞法则,即函数二阶导数>0,表明能存水,曲线为凹;函数二阶导数<0,表明不能存水,曲线为凸。

由于工程中习惯将弯矩图画在杆件的受拉一侧,这样梁的弯矩图竖标人为地翻下来,以向下为正。为此由数学曲率判出的凹凸性刚好在这里相反,即画弯矩图时凹凸性判断要注意相反。为方便记忆,经研究发现弯矩曲线的凸向与 q 的指向相同。

我们利用微分关系作内力图总是要将梁分成若干段,一段一段地画。梁的分段点为集中力、集中力偶作用点,分布荷载的起、终点。

分段以后每一段为一个区间。每个区间上荷载集度的分布情况通常有两种,一种是 $q=0$(无荷段),另一种是 $q=$ 常数(方向向下)。表 3.1 给出了直梁内力图的形状特征。

表 3.1

梁上情况	无横向外力区段 $q=0$	横向均布力 q 作用区段 $q=$ 常数		横向集中力 F 作用处	集中力偶 M 作用处	铰处
剪力图	水平线	斜直线	为零处	有突变(突变值=F)	如变号	无变化	无影响
弯矩图	一般为斜直线	抛物线(凸出方向同 q 指向)	有极值	有尖角(尖角指向同 F 指向)	有极值	有突变(突变值=M)	为零

3.2.3 叠加法作弯矩图

当梁受到多个荷载作用时,可以先分别画出各个荷载单独作用时的弯矩图,然后将各图形相应的竖标值叠加起来,即可得到原有荷载共同作用下的弯矩图,这就是叠加法作弯矩图。

利用叠加法作弯矩图是结构力学中常用的一种简便方法。它利用叠加原理,避免了列弯矩方程,从而使弯矩图的绘制得到简化。

在绘制梁或其他结构较复杂的弯矩图时,经常采用区段叠加法。即某梁段的弯矩图等于该梁段在杆端弯矩作用下并具有与梁段相同荷载作用的简支梁弯矩图。其具有普遍意义。

求如图 3.6(a)所示 JK 梁段弯矩图,将 JK 段取出画其受力图,如图 3.6(b)所示。用平衡条件可以证明,其受力等效于与该梁段同长,且其上作用与梁段相同荷载 q 及在两支座上分别作用与 JK 两端截面弯矩相同的力偶 M_J 和 M_K 的简支梁。由于受力相同,简支梁的弯矩图与梁段弯矩图将完全相同。

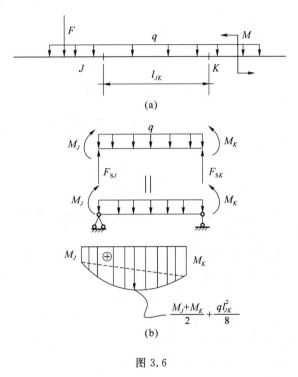

图 3.6

有了区段叠加法后,任一区段的弯矩图均可先将两端弯矩绘出(即 M_J、M_K),连一条虚线,然后叠加一相应简支梁仅受外荷载的弯矩图。

【例 3.4】 简支梁如图 3.7 所示,试作内力图。

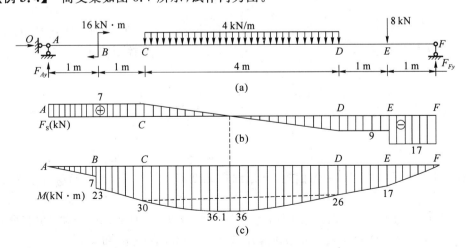

图 3.7

解:(1) 求支反力。

由梁的整体平衡条件 $\sum M_F = 0$,利用叠加的思路求反力。

F_{Ay} 等于梁上各力在支座 A 引起的反力分量的叠加,取矩时凡力矩能在 A 支座引起向上反力分量即为正号力矩,反之为负号。力矩之和除以跨度 l,即可得到 F_{Ay}。

$$F_{Ay} = \frac{8 \times 1 + 4 \times 4 \times 4 - 16}{8} \text{kN} = 7 \text{ kN}(\uparrow)$$

同理,由 $\sum M_A = 0$ 得

$$F_{Fy} = \frac{16 + 4 \times 4 \times 4 + 8 \times 7}{8} \text{kN} = 17 \text{ kN}(\uparrow)$$

由 $\sum y = 0$(验算)

$$7 + 17 - 4 \times 4 - 8 = 0$$

由 $\sum x = 0$ 得

$$F_{Ax} = 0$$

(2) 画剪力图。

先分段,然后一段一段根据微分关系画出剪力图。本题中,A、B、C、D、E、F 为各分段点(这些点为控制截面)。

AB 段:无荷段,剪力为常数,该段剪力图为水平线,取该段任意截面可求得 $F_S = 7$ kN。

BC 段:无荷段,剪力为常数,该段剪力图为水平线,取该段任意截面可求得 $F_S = 7$ kN(注意:集中力偶矩对剪力无影响)。

CD 段:均布荷载,方向向下,根据微分关系,F_S 的一阶导数为 q,q 为常数,可推知 F_S 是一次函数,此段剪力图是斜直线。又因为 q 向下指向,和坐标正向相反,即 $q<0$,此区段剪力递减。只需求出 F_{SC}、F_{SD} 连线即可。$F_{SC} = 7$ kN,$F_{SD} = (7-16)$ kN $= -9$ kN。

DE 段:无荷段,$F_S = -9$ kN(水平线)。

EF 段:无荷段,$F_S = -17$ kN(水平线)。

注意到有集中力作用的 E 截面,剪力图有突变,突变的幅值为集中力大小。

(3) 画弯矩图(工程惯例将弯矩画在杆件受拉侧,这样梁的弯矩坐标向下为正)。

分段点及控制面同剪力图。

AB 段:因该段剪力为常数,由微分关系可知,该段弯矩图为 x 的一次函数,即为斜直线,且该段剪力为正号,弯矩在此段应为递增斜直线,只需求出控制截面弯矩值连线即可。

$$M_{AB} = 0$$
$$M_{BA} = 7 \times 1 \text{ kN} \cdot \text{m} = 7 \text{ kN} \cdot \text{m}$$

BC 段:微分关系同于 AB 段。

$$M_{BC} = (7 \times 1 + 16) \text{ kN} \cdot \text{m} = 23 \text{ kN} \cdot \text{m}$$
$$M_{CB} = (7 \times 2 + 16) \text{ kN} \cdot \text{m} = 30 \text{ kN} \cdot \text{m}$$

注意到 B 截面作用有集中力偶矩,弯矩图在此截面发生突变,突变幅值等于集中力偶矩的大小。

CD 段:由剪力为 x 的一次函数可知,弯矩为 x 的二次函数,曲线的凸向和 q 的指向相同。

可用区段叠加法作弯矩图。先求出控制截面 $M_C = 30$ kN $\cdot$ m 和 $M_D = 26$ kN $\cdot$ m,用虚线连接这两个截面弯矩值,在该段的中点加对应的简支梁作用均布荷产生的弯矩:

$$\frac{ql^2}{8} = \frac{1}{8} \times 4 \times 4^2 \text{ kN} \cdot \text{m} = 8 \text{ kN} \cdot \text{m}$$

故该段中点的弯矩值为 36 kN·m，然后用光滑二次曲线连成该段的弯矩图。

注意，区段承受均布荷载时，最大弯矩不一定在区段的中点处。由剪力为零不难求出本例的最大弯矩为 36.1 kN·m，与区段中点弯矩相差 0.28%。以后作承受均布荷载区段的弯矩图时，不一定要求最大弯矩，可通过区段中点的弯矩值来作弯矩图。

DE 段：由微分关系知，该段弯矩图为斜直线，且该段剪力为负号，弯矩在此段应为递减。

$$M_D = 26 \text{ kN} \cdot \text{m}$$
$$M_E = 17 \times 1 \text{ kN} \cdot \text{m} = 17 \text{ kN} \cdot \text{m} \text{（用截面右侧外力可求）}$$

连此直线。

EF 段：微分关系同 DE 段。

$$M_E = 17 \text{ kN} \cdot \text{m}$$
$$M_F = 0$$

连此直线。

另外，DE 和 EF 两段也可合成一个区段，用区段叠加法作弯矩图。即将 $M_D = 26$ kN·m 和 $M_F = 0$ 以虚线连接，以该虚线为基线，叠加上简支梁作用跨中集中力 8 kN 的弯矩图。叠加后区段中点即 D 截面弯矩正好等于 17 kN·m。

值得注意的是，C、D 两截面处无集中力作用，剪力在截面左右无突变，弯矩在截面左右斜率相同。即弯矩在 C、D 两截面处曲线应是光滑无转折的。

【例 3.5】 试用微分关系的积分式（或称积分法）计算例 3.4 中 C、D、E 截面的剪力和弯矩。

解：若在 $x=a$ 和 $x=b$ 处两个截面 A、B 间无集中力作用，则由

$$\frac{dF_S(x)}{dx} = q(x)$$

可得

$$\int_a^b dF_S(x) = \int_a^b q(x)dx$$

求得

$$F_S(b) - F_S(a) = \int_a^b q(x)dx$$

或

$$F_{SB} = F_{SA} + \int_a^b q(x)dx$$

式中，F_{SA}、F_{SB} 分别为在 $x=a$、$x=b$ 处两横截面 A 和 B 上的剪力。等号右边积分的几何意义是上述两截面间分布荷载图的面积。

同理，若横截面 A 和 B 间无集中力偶作用，则由

$$\frac{dM(x)}{dx} = F_S(x)$$

可得

$$\int_a^b \mathrm{d}M(x) = \int_a^b F_\mathrm{S}(x)\mathrm{d}x$$

求得

$$M(b) - M(a) = \int_a^b F_\mathrm{S}(x)\mathrm{d}x$$

或

$$M_B = M_A + \int_a^b F_\mathrm{S}(x)\mathrm{d}x$$

式中,M_A、M_B 分别为在 $x=a$、$x=b$ 处两个横截面 A 和 B 上的弯矩。等号右边积分的几何意义是 A、B 两个横截面间剪力图的面积。

在应用上面的式子时,应注意式中的面积是有正负号的,因为荷载集度和剪力都是有正负的。

从例 3.4 可知,在 AC 段中,$q=0$,有

$$F_{\mathrm{S}C} = F_{\mathrm{S}A} + \int_a^c q(x)\mathrm{d}x = F_{\mathrm{S}A} + 0 = 7\ \mathrm{kN}$$

在 CD 段中,$q=-4\ \mathrm{kN}\cdot\mathrm{m}$,有

$$F_{\mathrm{S}D} = F_{\mathrm{S}C} + \int_c^d q(x)\mathrm{d}x = F_{\mathrm{S}C} + q\overline{CD} = 7\ \mathrm{kN} + (-4)\times 4\ \mathrm{kN} = -9\ \mathrm{kN}$$

在 DE 段中,$q=0$,有

$$F_{\mathrm{S}E} = F_{\mathrm{S}D} + \int_d^e q(x)\mathrm{d}x = F_{\mathrm{S}D} + 0 = -9\ \mathrm{kN}$$

从例 3.4 可知,AC 段中 $F_\mathrm{S}=7\ \mathrm{kN}$,图形为矩形,但中间有集中力偶矩。为求 M_C,可先求出 $M_{B左}$ 再求 M_C,也可由 M_A 求出,但要考虑集中力偶矩对 C 截面弯矩的影响,即

$$M_{B左} = M_A + \int_a^b F_\mathrm{S}(x)\mathrm{d}x = (0+7\times 1)\mathrm{kN}\cdot\mathrm{m} = 7\ \mathrm{kN}\cdot\mathrm{m}$$

$$M_{B右} = M_{B左} + 16\ \mathrm{kN}\cdot\mathrm{m} = (7+16)\mathrm{kN}\cdot\mathrm{m} = 23\ \mathrm{kN}\cdot\mathrm{m}$$

$$M_C = M_{B右} + \int_b^c F_\mathrm{S}(x)\mathrm{d}x = (23+7\times 1)\mathrm{kN}\cdot\mathrm{m} = 30\ \mathrm{kN}\cdot\mathrm{m}$$

或

$$M_C = M_A + \int_a^c F_\mathrm{S}(x)\mathrm{d}x + m = (0+7\times 2+16)\mathrm{kN}\cdot\mathrm{m} = 30\ \mathrm{kN}\cdot\mathrm{m}$$

式中,m 为集中力偶矩对 C 截面产生的弯矩。

在 CD 段中,剪力图为三角形。

$$M_D = M_C + \int_c^d F_\mathrm{S}(x)\mathrm{d}x$$

$$= \left(30+7\times\frac{7}{16}\times 4\times\frac{1}{2}-9\times\frac{9}{16}\times 4\times\frac{1}{2}\right)\mathrm{kN}\cdot\mathrm{m}$$

$$= (30+6.125-10.125)\mathrm{kN}\cdot\mathrm{m} = 26\ \mathrm{kN}\cdot\mathrm{m}$$

在 DE 段中,$F_\mathrm{S}=-9\ \mathrm{kN}$,图形为矩形。

$$M_E = M_D + \int_d^e F_\mathrm{S}(x)\mathrm{d}x$$

$$= 26\ \mathrm{kN}\cdot\mathrm{m} + (-9)\times 1\ \mathrm{kN}\cdot\mathrm{m} = 17\ \mathrm{kN}\cdot\mathrm{m}$$

由以上运算可知,由内力的微分关系式可定性地判定剪力图和弯矩图的图形。由内力的积分关系式,利用起始横截面上的剪力、弯矩即可确定后续各横截面上的剪力和弯矩值。此法称为积分法求内力,可直接用来画内力图,也可用来对内力图进行检验。

3.2.4 斜梁

房屋建筑中的楼梯无论是板式还是梁式,其计算简图都是一简支斜梁。

当斜梁承受竖向均布荷载时,按荷载分布情况的不同,可有两种表示方式。一种如图 3.8(a)所示,作用于梁上的均布荷载 q 按照水平方向分布的方式来表示,如楼梯受到的人群荷载及屋面斜梁受到的雪荷载的情况就是这样。另一种如图 3.8(b)所示,斜梁上的均布荷载 q' 按照沿斜梁长度方向分布的方式来表示,如梁的自重就是这种情况。

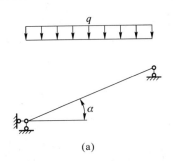 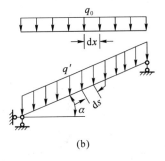

图 3.8

由于按水平距离计算内力更加方便,故常将沿斜梁长度方向分布的荷载等效化为沿水平方向分布。利用合力相同的等效原则,有

$$q_0 \mathrm{d}x = q' \mathrm{d}s$$

由于

$$\mathrm{d}x = \mathrm{d}s \cos \alpha$$

故

$$q_0 = q' \frac{\mathrm{d}s}{\mathrm{d}x} = q' \frac{1}{\cos \alpha} = \frac{q'}{\cos \alpha}$$

下面讨论如图 3.9 所示简支斜梁 AB 承受沿水平方向的均布荷载 q 作用时的内力图作法。先求支反力。取 AB 梁为研究对象,由平衡条件可得

$$F_{Ax} = 0, \quad F_{Ay} = F_{By} = \frac{ql}{2}(\uparrow)$$

任意截面 x 的弯矩 $M(x)$ 为

$$M(x) = F_{Ay}x - \frac{qx^2}{2} = \frac{qlx}{2} - \frac{qx^2}{2} \quad (0 \leqslant x \leqslant l)$$

显然 M 图为二次抛物线,跨中弯矩为 $\dfrac{ql^2}{8}$,如图 3.9(c)所示。可以看出,斜梁在沿水平方向的竖向均布荷载作用下的弯矩图与相应的水平梁(荷载相同,水平跨度相同)的弯矩图其对应截面的弯矩竖标是相同的。

求剪力和轴力时,将反力 F_{Ay} 和荷载 qx 沿杆件截面的切线方向(t 方向)和法线方向(n 方向)进行分解,然后求投影

$$F_{Sx} = F_{Ay}\cos\alpha - qx\cos\alpha = q\left(\frac{l}{2} - x\right)\cos\alpha$$

$$F_{Nx} = -F_{Ay}\cos\alpha + qx\sin\alpha = -q\left(\frac{l}{2} - x\right)\sin\alpha$$

以上两式适用于梁的整个跨度,由此可绘出剪力图和轴力图如图 3.9(d)、(e)所示。

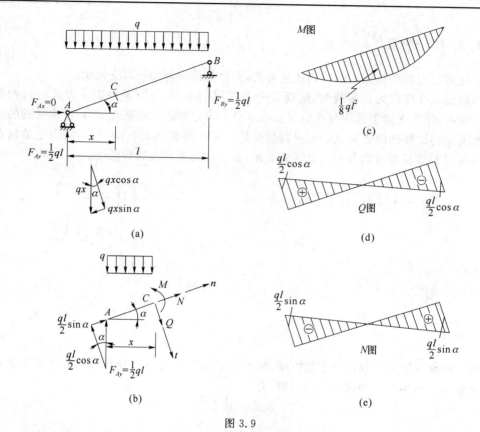

图 3.9

斜梁的弯矩图也可用叠加法绘制。如图 3.10(a)所示为某一区段 JK 的隔离体,承受沿水平方向的竖向均布荷载 q 的作用,两端的约束力如图所示。可以看出,图 3.10(a)中斜梁的受力状态与图 3.10(b)中简支斜梁的受力状态完全相同,因而弯矩图也相同。由于 F_{NJ} 和 F_{NK} 不产生弯矩,因此斜梁的弯矩图由两端弯矩所产生的直线弯矩图和由荷载产生的弯矩图叠加而成,如图 3.10(c)所示。如将基线取为水平方向,则弯矩图如图 3.10(d)所示。这两种形式的图形都可以采用,它们所表示的同一截面的弯矩是相等的。

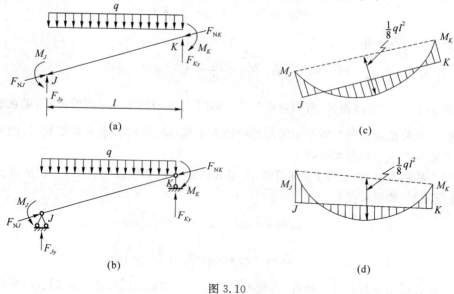

图 3.10

3.2.5 多跨静定梁

多跨静定梁是由若干根梁用铰连接而成、能跨越几个相连跨度的静定梁。桥梁上多采用这种结构形式。图 3.11(a)为一用于公路桥的多跨静定梁。图 3.11(b)为其计算简图。

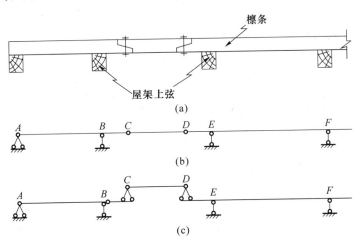

图 3.11

如图 3.11(b)所示多跨静定梁,就其几何组成而言,是带有附属部分体系。AB 是基本部分,EF 在竖向荷载作用下仍能独立维持平衡,它也是基本部分,而悬跨 CD 梁则需依靠基本部分才能保持平衡,故为附属部分。为清晰起见,它们之间的支承关系可用图 3.11(c)来表示。这种图称为层次图。

对于多跨静定梁,只要了解它的组成和传力次序,就不难进行计算。从层次图可以看出,基本部分的荷载作用不影响附属部分;而附属部分的荷载作用必然传至基本部分。因此,在计算多跨静定梁时,应先附属再基本,将附属部分的支座反力求出后反其方向加于基本部分,多跨静定梁即可拆成若干单跨梁,分别计算内力,然后将各单跨梁的内力图连在一起,即得多跨梁内力图。顺便指出,对于其他类型具有基本部分和附属部分的结构,其计算步骤原则上也是如此。

【例 3.6】 试作出如图 3.12(a)所示多跨静定梁的内力图。

解: 作层次图,如图 3.12(b)所示。先计算附属部分 CD 的反力,然后再反方向加于 AC 梁 C 点。

(1) 计算反力。

如图 3.12(c)所示,由附属部分开始因集中荷作用在 CD 段的中点,故有

$$F_{Cy} = F_{Dy} = 60 \text{ kN}(\uparrow), F_{Cx} = 0$$

再由基本部分 AC 梁的平衡可得

$$F_{Ay} = 145 \text{ kN}, F_{By} = 235 \text{ kN}$$

$$F_{Ax} = 0$$

(2) 作剪力图和弯矩图。

分别绘制各单跨梁的剪力图和弯矩图,然后拼接在一起即为多跨静定梁的内力图,如图 3.12(d)、(e)所示。

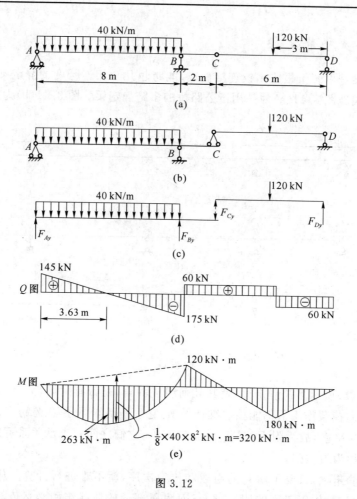

图 3.12

【例 3.7】 如图 3.13(a)所示为三跨静定梁,受均布荷载 q,各跨长度均为 l。今欲使梁上最大正、负弯矩的绝对值相等,试确定铰 B、E 的位置。

解:设铰 B、E 位置分别距 C、D 为 x。根据先附属后基本的原则,由图 3.13(b)可知,截面 C 的弯矩绝对值为

$$|M_C| = \frac{q(l-x)}{2}x + \frac{qx^2}{2} = \frac{qlx}{2}$$

由区段叠加法及对称性可画出弯矩图,如图 3.13(c)所示,显然全梁的最大负弯矩为

$$M_C = M_D$$

CD 段最大正弯矩为

$$M_G = \frac{ql^2}{8} - |M_C|$$

AC 段中点弯矩为

$$M_H = \frac{ql^2}{8} - \frac{|M_C|}{2}$$

$$M_H > M_G$$

而 AB 段中点弯矩

$$M_I = \frac{q(l-x)^2}{8} > M_H$$

也就是说全梁最大正弯矩发生在 AB 段中点,即为 M_I。

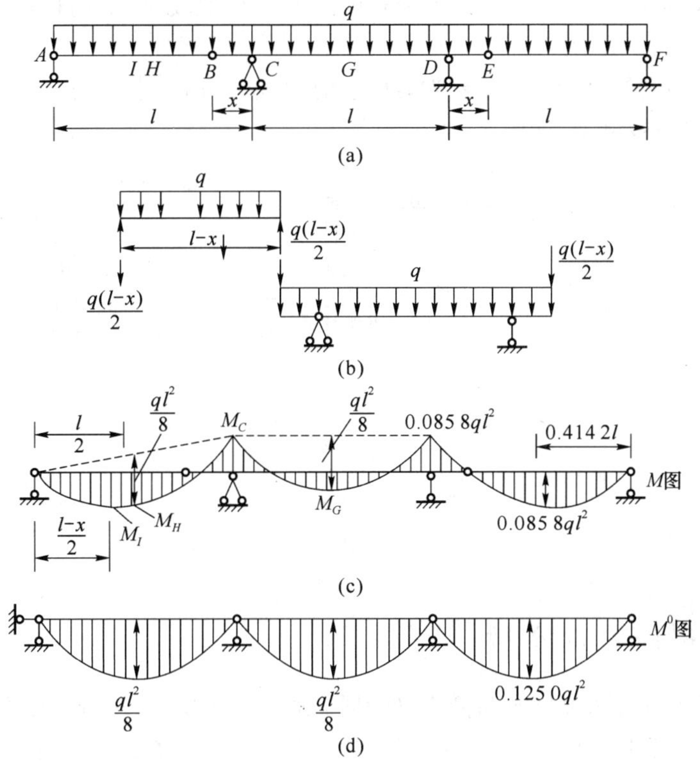

图 3.13

按题意,令 $|M_C|=|M_I|$,从而有

$$\frac{q(l-x)^2}{8}=\frac{qlx}{2}$$

整理可得

$$x^2-6lx+l^2=0$$
$$x=(3-2\sqrt{2})l=0.171\,6l$$

可以求得

$$M_I=|M_C|=0.085\,895ql^2$$
$$M_G=\frac{ql^2}{8}-|M_C|=0.039\,2ql^2$$

将此梁的弯矩和与其相应的多跨简支梁弯矩 M^0 相比(如图 3.13(d)所示),前者的最大弯矩比后者小 31.3%。这是由于多跨静定梁具有伸臂梁的缘故,它不仅减小了附属部分的跨度,而且使基本部分支座产生了负弯矩,从而减小了基本部分的跨中弯矩。

3.3 静定平面刚架

3.3.1 刚架概述

刚架是由若干根直杆组成,主要用刚结点连接而成的结构。

在构造方面,刚架具有杆件少,内部空间大,便于使用的特点;在受力方面,由于刚结点能承受和传递弯矩,从而使结构中弯矩的分布较均匀,峰值较小,节约材料。因此在建筑工程中得到广泛应用。

实际工程中的刚架多为超静定刚架,静定刚架也有应用。常见的静定平面刚架有悬臂刚架、简支刚架和三铰刚架,如图 3.14 所示。

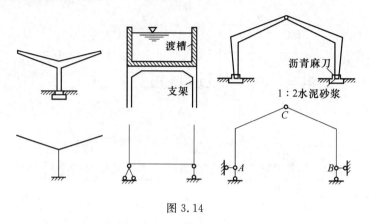

图 3.14

3.3.2 刚架内力分析

刚架内力的计算方法原则上与静定梁相同。通常先求反力,然后逐杆绘制内力图。

弯矩画在杆件受拉一侧,不标注正负号;剪力和轴力可画在杆件的任一侧,但必须注明正负号。

为明确不同截面的内力,在内力符号后面加两个脚标。例如,M_{AB} 表示 AB 杆件 A 端弯矩。M_{BA} 表示 AB 杆件 B 端弯矩。F_{SAB} 表示 AB 杆件 A 端剪力。

刚架内力图绘制要点如下。

1. 作弯矩图

逐杆或段作弯矩图。先计算区段的两端截面弯矩,并注意将弯矩竖标画在受拉一侧,如杆段内无荷载作用,则用直线连接端截面弯矩竖标;如杆段内有荷载作用,可采用区段叠加法作图。

2. 作剪力图

作剪力图有以下两种方法。

方法一:根据荷载和求出的反力逐杆或段计算两端截面剪力,按单跨静定梁方法画出剪力图。

方法二:利用微分关系和平衡由弯矩图画出剪力图。对弯矩图为斜直线的杆或段,由弯矩图斜率确定剪力值;对于有均布荷载作用的杆或段,弯矩图是二次曲线,斜率不好求,可以利用杆或段的平衡条件求得两端剪力,然后用直线连接两端剪力的竖标。

3. 作轴力图

根据荷载和已求出的反力计算各杆的轴力,或根据剪力图截取结点或其他部分为隔离体,利用平衡亦可计算杆件轴力。

截取刚架的任何一部分为隔离体,对于正确的内力图,平衡条件必能满足。

【例 3.8】 试作如图 3.15 所示刚架的内力图。

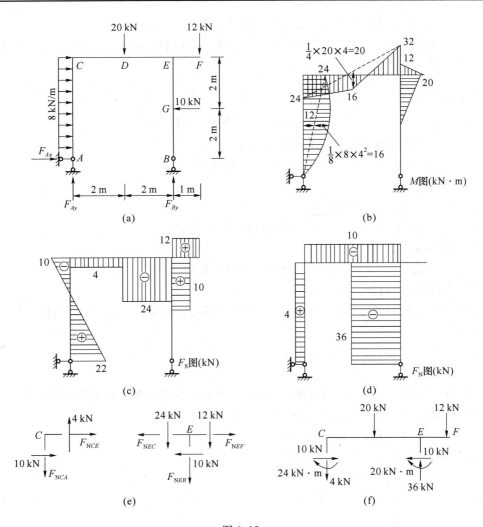

图 3.15

解:(1) 计算支反力。
考虑刚架整体平衡有
$$\sum x = 0$$
$$F_{Ax} = (10 - 8 \times 4)\,\text{kN} = -22\,\text{kN}(\leftarrow)$$
$$\sum M_B = 0$$
$$F_{Ay} = \frac{-8 \times 4 \times 2 + 20 \times 2 - 12 \times 1 + 10 \times 2}{4}\,\text{kN} = -4\,\text{kN}(\downarrow)$$
$$\sum M_A = 0$$
$$F_{By} = \frac{8 \times 4 \times 2 + 20 \times 2 + 12 \times 5 - 10 \times 2}{4}\,\text{kN} = 36\,\text{kN}(\uparrow)$$

验算 $\sum y = -20 - 12 + 36 - 4 = 0$,满足。

(2) 画弯矩图。
先计算各杆段的杆端弯矩,然后绘图。
AC 杆:$M_{AC} = 0$

$$M_{CA}=(22\times4-8\times4\times2)\text{kN}\cdot\text{m}=24\text{ kN}\cdot\text{m}(拉右侧)$$

用区段叠加法给出 AC 杆段弯矩图,应用虚线连接杆端弯矩 M_{AC} 和 M_{CA},再叠加该杆段为简支梁在均布荷载作用下的弯矩图。

CE 杆:$M_{CE}=(22\times4-\frac{1}{2}\times8\times4^2)\text{kN}\cdot\text{m}=24\text{ kN}\cdot\text{m}$(拉下侧)

$$M_{EC}=(12\times1+10\times2)\text{kN}\cdot\text{m}=32\text{ kN}\cdot\text{m}(拉上侧)$$

用区段叠加法可绘出 CE 杆的弯矩图。

EF 杆:$M_{EF}=12\times1\text{ kN}\cdot\text{m}=12\text{ kN}\cdot\text{m}$(拉上侧)

$$M_{FE}=0$$

杆段中无荷载,将 M_{EF} 和 M_{FE} 用直线连接。

BE 杆:可分为 BG 和 GE 两段计算,其中 $M_{BG}=M_{GB}=0$,该段内弯矩为零。

GE 段:$M_{GE}=0$

$$M_{EG}=10\times2\text{ kN}\cdot\text{m}=20\text{ kN}\cdot\text{m}(拉右侧)$$

杆段内无荷载,弯矩图为一斜直线。

对于 BE 杆也可将其作为一个区段,先算出杆端弯矩 M_{BE} 和 M_{EB},然后用区段叠加法作出弯矩图。

刚架整体弯矩图如图 3.15(b)所示。

(3) 画剪力图。

用截面法逐杆计算杆端剪力和杆内控制截面剪力,各杆按单跨静定梁画出剪力图。

AC 杆:$F_{SAC}=22\text{ kN}$,$F_{SCA}=(22-8\times4)\text{kN}=-10\text{ kN}$

CE 杆:其中 CD 段,$F_{SCD}=F_{SDC}=-4\text{ kN}$

DE 段:$F_{SDE}=F_{SED}=(-4-20)\text{kN}=-24\text{ kN}$

EF 杆:$F_{SEF}=F_{SFE}=12\text{ kN}$

BE 杆:其中 BG 段,$F_{SBG}=F_{SGB}=0$

GE 段:$F_{SGE}=F_{SEG}=10\text{ kN}$

绘出刚架剪力图如图 3.15(c)所示。

(4) 绘轴力图。

用截面法选杆计算各杆轴力。

AC 杆:$F_{NAC}=F_{NCA}=4\text{ kN}$(拉)

CE 杆:$F_{NCE}=F_{NEC}=(22-8\times4)\text{kN}=-10\text{ kN}$(压)

EF 杆:$F_{NEF}=F_{NFE}=0$

BE 杆:$F_{NBE}=F_{NEB}=-36\text{ kN}$(压)

绘出刚架轴力图如图 3.15(d)所示。轴力图也可以根据剪力图绘制。分别取结点 C、E 为隔离体,如图 3.15(e)所示(图中未画出弯矩)。

结点 C:由 $\sum x=0$ 知,$F_{NCE}=-10\text{ kN}$(压)

由 $\sum y=0$ 知,$F_{NCA}=4\text{ kN}$(拉力)

结点 E:由 $\sum x=0$ 知,$F_{NEF}=(-10+10)\text{kN}=0$

由 $\sum y=0$ 知,$F_{NEB}=(-24-12)\text{kN}=-36\text{ kN}$(压)

(5) 校核内力图。

截取横梁 CF 为隔离体,如图 3.15(f)所示。

$\sum M_C = 24 + 20 + 20 \times 2 + 12 \times 5 - 36 \times 4 = 0$

$\sum x = 10 - 10 = 0$

$\sum y = 36 - 4 - 20 - 12 = 0$

满足平衡条件。

【例 3.9】 试作如图 3.16(a)所示三铰刚架的内力图。

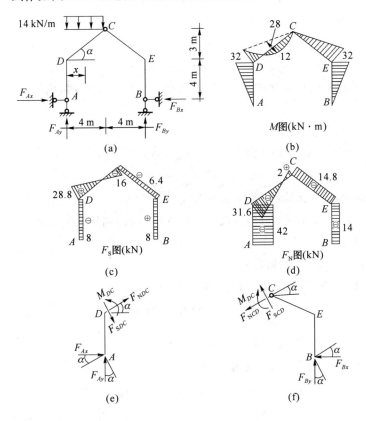

图 3.16

解:(1) 求支座反力。

由整体平衡得

$$\sum x = 0$$
$$F_{Ax} = F_{Bx}$$
$$\sum M_B = 0$$
$$F_{Ay} = \frac{14 \times 4 \times 6}{8} \text{kN} = 42 \text{ kN}(\uparrow)$$
$$\sum M_A = 0$$
$$F_{By} = \frac{14 \times 4 \times 2}{8} \text{kN} = 14 \text{ kN}(\uparrow)$$

以右半刚架为隔离体,得

$$\sum M_C = 0$$

$$F_{Bx} = \frac{14 \times 4}{7}\text{kN} = 8 \text{ kN}(\leftarrow)$$

因此,$F_{Ax} = 8$ kN($\rightarrow$)

(2) 作弯矩图。

计算各杆端弯矩。

AD 杆:$M_{DA} = 8 \times 4$ kN·m $= 32$ kN·m(拉外侧)

$\qquad M_{AD} = 0$

DC 杆:$M_{CD} = 0$

$\qquad M_{DC} = 8 \times 4$ kN·m $= 32$ kN·m(拉外侧)

应该指出,凡只有两杆汇交的刚结点,若结点上无外力偶作用,则两杆端弯矩必大小相等且同侧受拉。

CE 杆:$M_{CE} = 0$

$\qquad M_{EC} = 8 \times 4$ kN·m $= 32$ kN·m(拉外侧)

EB 杆:$M_{EB} = M_{EC} = 32$ kN·m(拉外侧)

AD、CE、EB 各杆上无荷载,弯矩图为直线。

DC 杆上受均布荷载作用,可用区段叠加法作图,绘出刚架弯矩图如图 3.16(b)所示。

(3) 作剪力图。

AD 杆:$F_{SAD} = F_{SDA} = -8$ kN

DC 杆:如图 3.16(e)所示,取 AD 为隔离体,则

$$F_{SDC} = -8\sin\alpha + 42\cos\alpha$$

$$= (-8 \times \frac{3}{5} + 42 \times \frac{4}{5})\text{kN} = 28.8 \text{ kN}$$

如图 3.16(f)所示,取 CEB 为隔离体,则

$$F_{SCD} = -14\cos\alpha - 8\sin\alpha$$

$$= (-14 \times \frac{4}{5} - 8 \times \frac{3}{5})\text{kN} = -16 \text{ kN}$$

CE 杆:同理可求

$$F_{SCD} = F_{SEC} = (-14 \times \frac{4}{5} + 8 \times \frac{3}{5})\text{kN} = -6.4 \text{ kN}$$

EB 杆:

$$F_{SEB} = F_{SBE} = 8 \text{ kN}$$

绘出刚架剪力图,如图 3.16(c)所示。

(4) 作轴力图。

AD 杆:$F_{NAD} = F_{NDA} = -42$ kN(压)

DC 杆:如图 3.16(e)所示,

$$F_{NDC} = (-42 \times \frac{3}{5} - 8 \times \frac{4}{5})\text{kN} = -31.6 \text{ kN}$$

如图 3.16(f)所示,

$$F_{NCD} = \left(14 \times \frac{3}{5} - 8 \times \frac{4}{5}\right) \text{kN} = 2 \text{ kN}(拉)$$

CE 杆：同理可求
$$F_{NCE} = F_{NEC} = \left(-14 \times \frac{3}{5} - 8 \times \frac{4}{5}\right) \text{kN} = -14.8 \text{ kN}(压)$$

EB 杆：
$$F_{NEB} = F_{NBE} = -14 \text{ kN}(压)$$

绘出刚架轴力图如图 3.16(d)所示。

(5) 校核内力图。

略。

3.3.3　少求或不求反力绘制弯矩图

静定结构内力分析应用很广，尤其是绘制弯矩图时，它是本课程的重要基本功。

在静定结构中，常常可以少求或不求反力而迅速画出弯矩图。例如，结构上有悬臂及简支部分(含两端铰结直杆受横向荷载)，其弯矩图可先画出；充分利用弯矩图的形状特征(常用的有直杆无荷载弯矩图是直线，铰接处弯矩为零；刚结点的力矩平衡条件；区段叠加法作弯矩图；区段剪力为常数弯矩的斜率不变化等)。

【例 3.10】　试作如图 3.17 所示刚架的弯矩图。

解 1：由整体平衡得
$$\sum x = 0, F_{Ax} = F(\rightarrow)$$

取刚架左半部分为隔离体，得
$$\sum M_C = 0$$
$$F_{Ay} = 2F(\uparrow)$$

再由整体平衡得
$$\sum y = 0, F_{By} = 2F(\downarrow)$$
$$\sum M_A = 0$$
$$M_B = 2F \times 2a - Fa = 3Fa(\circlearrowleft)$$

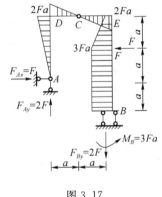

图 3.17

反力求出后，逐杆逐段的弯矩图即可画出，如图 3.17 所示。

解 2：本题也可只求一个反力 F_{Ax}，即可画出全部弯矩图。

(1) AD 杆：$M_{AD} = 0$，$M_{DA} = 2Fa$(拉外侧)。

(2) DCE 杆：由 D 结点平衡知，$M_{DC} = 2Fa$(拉外侧)。

C 结点为铰，$M_{CD} = 0$。

由于 CE 段剪力和 CD 段相同，且为常数，CE 段弯矩斜率同于 CD 段，所以有
$$M_{EC} = 2Fa(拉内侧)$$

(3) BE 杆：由 E 结点平衡知，$M_{EF} = 2Fa$(拉内侧)。

又由于 $M_{EF} = M_B + (-Fa)$，故
$$M_B = M_{EF} + Fa = 3Fa(拉内侧)$$
$$M_{BF} = M_{FB} = 3Fa(拉内侧)$$

【例 3.11】　请作出如图 3.18 所示多跨静定梁的弯矩图。

解：AC、DF 为基本部分，CD 为附属部分。只有 AC 部分作用有荷载，CD、DF 部分无荷载作用，所以 CD、DF 部分弯矩为零。

BC 杆段：$M_{CB}=0$，$M_{BC}=20\times1.5$ kN·m$=30$ kN·m（拉上侧）。

AB 杆段：$M_{AB}=0$，$M_{BA}=30$ kN·m（拉上侧）。

用区段叠加法加上跨中 $\dfrac{10\times4^2}{8}$ kN·m$=20$ kN·m（拉下侧）。

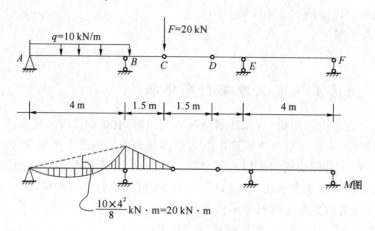

图 3.18

【**例 3.12**】 试作如图 3.19 所示刚架的弯矩图。

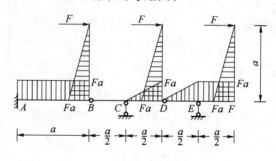

图 3.19

解：三个竖杆均为悬臂，弯矩图可先求出 $M=Fa$，倾斜直线。

EF 杆段：由结点 F 平衡知，$M_{FE}=Fa$（拉上侧）。

该段剪力为零（由截面在一侧外力投影可知），弯矩为常数，即水平线。

DE 杆段：$M_{ED}=M_{EF}=Fa$，D 结点为铰。

$M_{DE}=0$，该段剪力是常数（由截面左一侧外力投影可知），弯矩为斜直线（x 的一次函数）。

CD 杆段：由 D 结点平衡知，$M_{DC}=Fa$（拉上侧）。

CD 段和 DE 段剪力相同，该弯矩的斜率同于 DE 段弯矩斜率，推知 $M_{CD}=0$。

BC 杆段：$M_{CB}=M_{CD}=0$，B 结点为铰，知 $M_{BC}=0$，该段无荷载，弯矩为水平线，亦可推知此段剪力为零。

AB 杆段：由结点 B 的平衡知，$M_{BA}=Fa$（拉上侧）。

该段剪力同于 BC 段，剪力为零，该段弯矩为水平线，$M_{AB}=Fa$（拉上侧）。

3.4 三铰拱

3.4.1 拱结构概述

拱在房屋、桥梁和水工建筑中被广泛采用。拱结构的特点是杆轴为曲线且在竖向荷载作用下能产生水平反力(或称水平推力)。拱与梁的区别主要在于竖向荷载作用下是否产生水平推力。由于拱中有水平推力的存在,各截面的弯矩比相应简支梁的弯矩小,能跨越较大空间;同时,由于拱以承受压力为主,所以拱可利用抗压强度高而抗拉强度低的砖、石和混凝土等材料。

在工程中常见的拱结构如图 3.20 所示,可分为无拉杆及有拉杆两大类。图 3.20(a)、(b)、(c)所示为无拉杆拱。其中图 3.20(a)、(b)所示无铰拱和两铰拱是超静定的,图 3.19(c)所示三铰拱是静定的。图 3.20(d)、(e)所示为拉杆拱,在竖向荷载作用下拱中拉杆所承受的拉力代替了支座的推力,使支座在竖向荷载作用下只产生竖向的反力,它的优点在于消除了推力对支承结构的影响。图 3.20(e)所示折线形式的拉杆是为获得更大的净空。

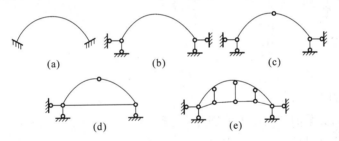

图 3.20

拱的各部分名称如图 3.21 所示。拱身各横截面形心的连线称为拱轴线。拱的两端支座处称为拱趾。两趾间的水平距离称为拱的跨度。两拱趾的连线称为起拱线。拱轴上距起拱线最远点称为拱顶,三铰拱通常在拱顶处设置铰。拱顶至起拱线之间的竖直距离称为拱高。拱高与跨度之比 f/l 称为高跨比,拱的主要力学性能与高跨比有关。两拱趾在同一水平线上的拱称为平拱,不在同一水平线上的称为斜拱。拱的轴线有抛物线、圆弧线和悬链线等,它的选择与外荷载有关。

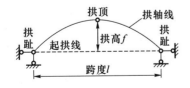 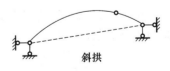

图 3.21

3.4.2 三铰拱的反力和内力计算

三铰拱为静定结构,其全部反力和内力都可由静力平衡条件确定。现以在竖向荷载作用下拱趾在同一水平线上的三铰拱为例,如图 3.22(a)所示,导出其支座反力和内力计算公式。在图 3.22(b)中绘出了相应的水平简支梁(与拱同跨度、同荷载),以便于比较。

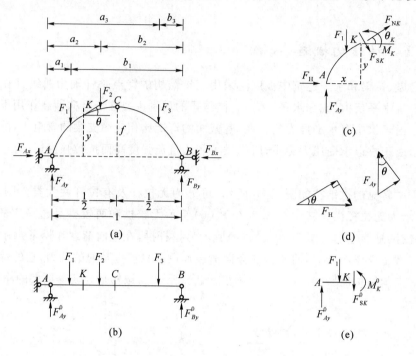

图 3.22

1. 支座反力计算

设相应水平简支梁的支座反力分别为 F_{Ay}^0 和 F_{By}^0。

取拱整体为研究对象,

$$\sum M_A = 0$$

$$F_{By} = F_{By}^0 = \frac{1}{l}(F_1 a_1 + F_2 a_2 + F_3 a_3)$$

$$\sum M_B = 0$$

$$F_{Ay} = F_{Ay}^0 = \frac{1}{l}(F_1 b_1 + F_2 b_2 + F_3 b_3)$$

$$\sum x = 0$$

$$F_{Ax} = F_{Bx} = F_H$$

取左半拱为研究对象,

$$\sum M_C = 0$$

$$F_{Ay}\frac{l}{2} - F_1\left(\frac{l}{2} - a_1\right) - F_2\left(\frac{l}{2} - a_2\right) - F_H f = 0$$

$$F_H = \frac{F_{Ay}\dfrac{l}{2} - F_1\left(\dfrac{l}{2} - a_1\right) - F_2\left(\dfrac{l}{2} - a_2\right)}{f}$$

注意到相应简支梁对应截面 C 的弯矩为 $M_C^0 = F_{Ay}\dfrac{l}{2} - F_1\left(\dfrac{l}{2} - a_1\right) - F_2\left(\dfrac{l}{2} - a_2\right)$。将 M_C^0 代入 F_H 表达式得

$$F_H = \frac{M_C^0}{f}$$

将反力公式汇总得

$$\left. \begin{array}{l} F_{Ay} = F_{Ay}^0 \\ F_{By} = F_{By}^0 \\ F_H = \dfrac{M_C^0}{f} \end{array} \right\} \tag{3.2}$$

由式(3.2)可知,当荷载及跨度不变时,水平推力 F_H 仅与三个铰的位置有关,而与拱轴形状无关。水平推力与拱高 f 成反比,拱高越大,推力越小,若 $f \to 0$,则 $F_H \to \infty$。

2. 内力计算

仍然采用截面法。如图 3.22(c)所示,求 K 截面内力。

拱的内力正负号规定如下。

① 弯矩:使拱的内侧受拉为正。
② 剪力:使所取隔离体有顺时针转动趋势为正。
③ 轴力:因拱常受压,故规定轴力以压为正。

取 K 截面以左为隔离体,如图 3.22(c)所示,K 截面形心的坐标为 x、y,拱轴切线倾角为 θ。

$$\begin{aligned} M_K &= F_{Ay}x - F_1(x - a_1) - F_H y \\ &= M_K^0 - F_H y \,(M_K^0 \text{ 为相应简支梁 } K \text{ 截面弯矩}) \\ M_{SK} &= (F_{Ay} - F_1)\cos\theta - F_H \sin\theta \\ &= F_{SK}^0 \cos\theta - F_H \sin\theta \,(F_{SK}^0 \text{ 为相应简支梁 } K \text{ 截面剪力}) \\ F_{NK} &= (F_{Ay} - F_1)\sin\theta + F_H \cos\theta \\ &= F_{SK}^0 \sin\theta + F_H \cos\theta \end{aligned}$$

以上三式可写成

$$M_K = M_K^0 - F_H y \tag{3.3}$$
$$F_{SK} = F_{SK}^0 \cos\theta - F_H \sin\theta \tag{3.4}$$
$$F_{NK} = F_{SK}^0 \sin\theta + F_H \cos\theta \tag{3.5}$$

式中,θ 为截面 K 处拱轴线的倾角,其在左半跨时取正,在右半跨时为负。

由式(3.3)可以看出,拱任意截面的弯矩等于相应水平简支梁的弯矩减去拱水平推力 F_H 所引起的弯矩 $F_H y$。由此可知,拱的弯矩比相应简支梁弯矩要小。

绘制拱的内力图时,由于内力方程不是简单曲线方程,按内力方程作图比较困难。一般工程上通常沿跨长取若干截面,计算出这些控制截面的内力,然后以拱轴线的水平投影为基线,标出内力竖标,连接曲线即得所求内力图。

【例 3.13】 试作如图 3.23 所示三铰拱的内力图,拱轴线为 $y = \dfrac{4f}{l^2}x(l - x)$。

解:将拱分为 8 等份,即为 9 个控制截面,分别计算出 9 个控制截面上的内力值,再根据这些数据绘出内力图。计算通常列表进行。

(1) 求反力。

$$F_{Ay} = F_{Ay}^0 = \frac{100 \times 9 + 20 \times 6 \times 3}{12} \text{kN} = 105 \text{ kN}$$

$$F_{By} = F_{By}^0 = \frac{100 \times 3 + 20 \times 6 \times 9}{12} \text{kN} = 115 \text{ kN}$$

$$F_H = \frac{M_C^0}{f} = \frac{105 \times 6 - 100 \times 3}{4} \text{kN} = 82.5 \text{ kN}$$

(2) 求内力值。

现以距 A 支座 3 m 处截面 2 为例,说明内力的计算方法。

当 $x=3$ m 时,由拱轴方程得

$$y = \frac{4f}{l^2}(l-x)x = \left[\frac{4 \times 4}{12^2}(12-3) \times 3\right] \text{m} = 3 \text{ m}$$

$$\tan \theta_2 = \frac{dy}{dx} = \frac{4f}{l}\left(1 - \frac{2x}{l}\right) = \frac{4 \times 4}{12}\left(1 - \frac{2 \times 3}{12}\right) = 0.667$$

$$\theta_2 = 33°43'$$

$$\sin \theta_2 = 0.555, \cos \theta_2 = 0.832$$

由式(3.3)得

$$M_2 = M_2^0 - F_H y_2 = (105 \times 3 - 82.5 \times 3) \text{kN} \cdot \text{m} = 67.5 \text{ kN} \cdot \text{m}$$

求截面 2 的剪力和轴力时,由于该截面作用有集中荷载 $F=100$ kN,所以剪力和轴力在截面 2 处将有突变,因此计算此截面时截面左和截面右有不同值。

由式(3.4)得

$$F_{S2}^L = F_{S2}^{0L} - F_H \sin \theta_2 = (105 \times 0.832 - 82.5 \times 0.555) \text{kN} = 41.6 \text{ kN}$$

$$F_{S2}^R = F_{S2}^{0R} - F_H \sin \theta_2 = [(105-100) \times 0.832 - 82.5 \times 0.555] \text{kN} = -41.6 \text{ kN}$$

由式(3.5)得

$$F_{N2}^L = F_{N2}^{0L} \sin \theta_2 + F_H \cos \theta_2 = (105 \times 0.555 + 82.5 \times 0.832) \text{kN} = 127 \text{ kN}$$

$$F_{N2}^R = F_{N2}^{0R} \sin \theta_2 + F_H \cos \theta_2 = [(105-100) \times 0.555 + 82.5 \times 0.832] \text{kN} = 71.4 \text{ kN}$$

其他各截面内力值,详见表 3.2,具体计算从略。根据表中数据可作出 M、F_S、F_N 图如图 3.23 所示。从图中可以看出,在剪力为零的截面弯矩有极值。

值得指出的是,当拱承受水平方向荷载时,求拱的反力及指定截面内力都不能使用式(3.3)、式(3.4)、式(3.5),可直接利用平衡条件求得反力和内力(求内力时注意轴力以压为正即可)。

三铰拱内力计算如表 3.2 所示。

表 3.2 三铰拱内力计算

拱轴分点		横坐标 x/m	纵坐标 y/m	$\tan\theta$	$\sin\theta$	$\cos\theta$	F_S^0/kN	M/kN			F_S/kN			F_N/kN		
								M^0	$-F_H y$	M	$F_S^0 \cos\theta$	$F_H \sin\theta$	F_S	$F_S^0 \sin\theta$	$-F_H \cos\theta$	F_N
0		0.00	0.00	1.333	0.800	0.600	105.00	0.00	0.00	0.00	63.00	−66.00	−3.00	84.00	49.50	133.50
1		1.50	1.75	1.000	0.707	0.707	105.00	157.50	−144.40	13.10	74.20	−58.30	15.90	74.20	58.30	132.50
2	左	3.00	3.00	0.667	0.555	0.832	105.00	315.00	−247.50	67.50	87.40	−45.80	41.60	58.40	68.60	127.00
	右						5.00				4.20		−41.60	2.80		71.40
3		4.50	3.75	0.333	0.316	0.948	5.00	322.50	−309.40	13.10	4.70	−26.10	−21.40	1.60	78.30	79.90
4		6.00	4.00	0.000	0.000	1.000	5.00	330.00	−330.00	0.00	5.00	0.00	5.00	0.00	82.50	82.50
5		7.50	3.75	−0.333	−0.316	0.948	−25.00	315.00	−309.40	5.60	−23.70	26.00	2.40	7.90	78.30	86.20
6		9.00	3.00	−0.667	−0.555	0.832	−55.00	225.00	−247.50	7.50	−45.80	45.80	0.00	30.50	68.60	99.10
7		10.50	1.75	−1.000	−0.707	0.707	−85.00	150.00	−144.40	5.60	−60.10	58.30	−1.80	60.10	58.30	118.40
8		12.00	0.00	1.333	−0.800	0.600	−115.00	0.00	0.00	0.00	−68.90	66.00	−2.90	92.00	49.50	141.50

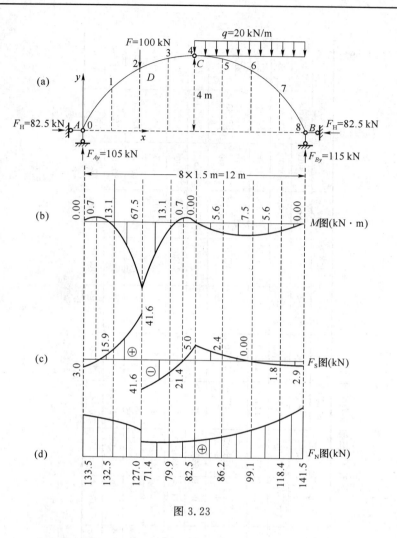

图 3.23

3.4.3 三铰拱的合理拱轴线

在拱的内力计算中,当荷载及三个铰的位置给定时,三铰拱的反力就可以确定,其与各铰间拱轴线形状无关。而三铰拱的内力与拱轴线有关,当拱所有截面的弯矩都等于零(可以证明剪力亦为零)而只有轴力时,此拱轴线称为合理拱轴线。

具有合理拱轴线的三铰拱截面上正应力均匀分布,能使材料得到充分利用。

合理拱轴线可根据弯矩为零的条件来确定。在竖向荷载作用下,三铰拱任一截面的弯矩为

$$M = M^0 - F_H y$$

若 $M=0$,有

$$y = \frac{M^0}{F_H} \tag{3.6}$$

式中,y 为拱轴线方程。

【例 3.14】 试求如图 3.24(a)所示对称三铰拱在图示满跨竖向均布荷载 q 作用下的合理拱轴线。

解：相应简支梁（如图 3.24(b)所示）的弯矩方程为

$$M^0 = \frac{ql}{2}x - \frac{qx^2}{2} = \frac{1}{2}qx(l-x)$$

由式(3.2)可知

$$F_H = \frac{M_C^0}{f} = \frac{ql^2}{8f}$$

由式(3.6)可知

$$y = \frac{M^0}{F_H} = \frac{4f}{l^2}x(l-x)$$

在满跨均布荷载作用下，三铰拱的合理轴线是抛物线。

【**例 3.15**】 试求如图 3.25(a)所示三铰拱在垂直于拱轴线的均布荷载作用下（如水压力）的合理拱轴线。

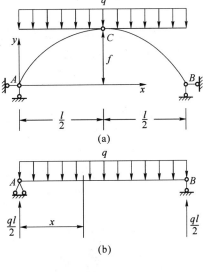

图 3.24

解：本题为非竖向荷载。我们先假定拱处于无弯矩状态，即 $M=0$，取一微段为隔离体，如图 3.25(b)所示，根据平衡条件 $\sum M_0 = 0$，有

$$F_N \rho - (F_N + dF_N)\rho = 0$$

式中，ρ 为微段的曲率半径。由上式可得 $dF_N = 0$，可推知 $F_N =$ 常数。

通过 O 点建立 $s-s$ 轴，根据平衡条件 $\sum F_S = 0$，有

$$2F_N \sin\frac{d\varphi}{2} - q\rho d\varphi = 0$$

因 $d\varphi$ 是微量，故可取 $\sin\frac{d\varphi}{2} = \frac{d\varphi}{2}$。于是有

$$F_N - \rho q = 0$$

因 F_N 是常数，荷载 q 亦为常数，所以有 $\rho = \frac{F_N}{q}$ 常数。

这表明合理拱轴线是圆弧线。

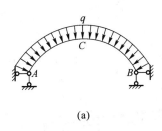 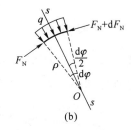

图 3.25

【**例 3.16**】 试求如图 3.26 所示三铰拱的合理拱轴线，其上受分布荷载 $q = q_C + \gamma y$ 作用，其中 q_C 为拱顶处的荷载集度，γ 为填料的容重。

解：根据图 3.26 所示的坐标系，式(3.3)可写为

$$M = M^0 - F_H(f - y)$$

由 $M = 0$ 得

$$f - y = \frac{M^0}{F_H}$$

本例因荷载与拱轴线有关,为 y 的函数,M^0 无法确定,因而不能直接求 y。为能求解 y,可将上式每边分别对 x 微分两次,得

$$-y'' = \frac{1}{F_H} \frac{d^2 M^0}{dx^2}$$

注意到 q 向下为正时,有

$$\frac{d^2 M^0}{dx^2} = -q$$

故有

$$y'' = \frac{q}{F_H}$$

将 $q = q_C + \gamma y$ 代入上式,得

$$y'' - \frac{\gamma y}{F_H} = \frac{q_C}{F_H}$$

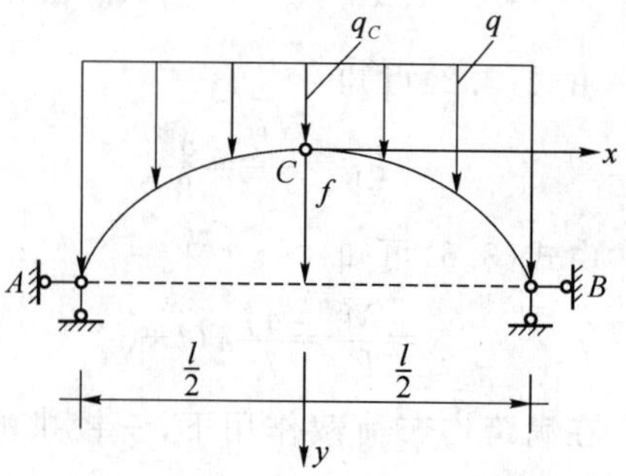

该微分方程的解为

$$y = A \cos h \sqrt{\frac{\gamma}{F_H}} x + B \sin h \sqrt{\frac{\gamma}{F_H}} x - \frac{q_C}{r}$$

常数 A 和 B 可由边界条件确定:$x = 0, y = 0$,得 $A = \frac{q_C}{\gamma}$;$x = 0, y' = 0$,得 $B = 0$。

所以

$$y = \frac{q_C}{\gamma} \left(\cos h \sqrt{\frac{\gamma}{F_H}} x - 1 \right)$$

图 3.26

即在填料荷载作用下,三铰拱的合理拱轴线是悬链线,又叫双曲线拱。

实际工程中,结构上的荷载是多样的,很难得到理想化的合理拱轴线,一般以主要荷载作用下的合理拱轴线作为拱的轴线。

3.5 静定平面桁架及组合结构

3.5.1 桁架的概念

桁架是由若干直杆在其两端用铰连接而成的结构,常用于建筑工程中的屋架、桥梁及建筑施工用的支架等。如图 3.27 所示为轻型钢屋架。

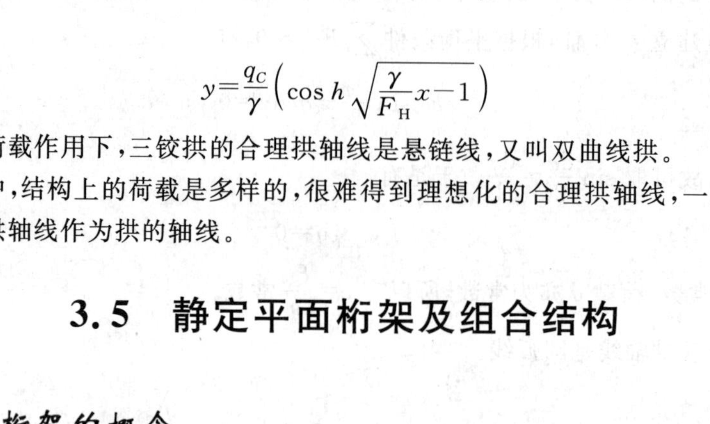

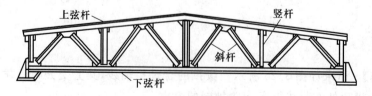

图 3.27

根据杆件所在位置的不同,桁架中的杆件可分为弦杆和腹杆两类。上部弦杆称为上弦杆,下部弦杆称为下弦杆,竖向腹杆称为竖杆,斜向腹杆称为斜杆,如图 3.27 所示。

为了既便于计算,又能反映桁架的主要受力特征,通常对实际桁架的计算简图采用下列假定。

(1) 各杆的轴线是直线。
(2) 各杆在两端用光滑的理想铰相互连接。
(3) 各杆的轴线通过铰的中心。
(4) 全部荷载和支座反力都作用在铰结点上。

满足上述假定的桁架称为理想桁架。

静定平面桁架类型很多,根据不同特征,可作如下分类。

1. 按外形分

(1) 平行弦桁架,如图 3.28(a)所示。
(2) 折线形桁架,如图 3.28(b)所示。
(3) 三角形桁架,如图 3.28(c)所示。
(4) 梯形桁架,如图 3.28(d)所示。

2. 按整体受力特征分

(1) 梁式桁架,如图 3.28 所示(竖向荷载作用时支座无水平推力)。
(2) 拱式桁架,如图 3.29(a)所示(竖向荷载作用时支座有水平推力)。

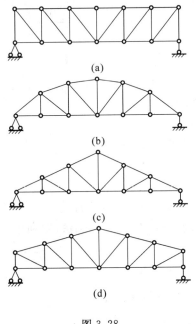

图 3.28

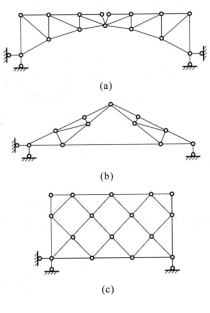

图 3.29

3. 按桁架几何组成分

(1) 简单桁架:由一基本三角形开始,依次增加二元体所组成的桁架,如图 3.28 所示。
(2) 联合桁架:由几个简单桁架按几何不变体系组成规则组成的桁架,如图 3.29(a)、(b)所示。
(3) 复杂桁架:不按上述两种方法组成的其他静定桁架,如图 3.29(c)所示。

3.5.2 桁架的内力计算

理想平面桁架的受力特征为：桁架中各杆均为二力杆，仅承受轴力，每一个结点组成一个平面汇交力系，整个桁架或桁架的一部分(含两个结点以上)组成平面一般力系。对于静定平面桁架，计算内力的方法有结点法、截面法及两种方法的联合应用。

1. 结点法

用结点法求解桁架内力(轴力)时，取桁架的结点为隔离体，利用结点的平衡条件求解杆件轴力。每一个结点组成一个平面汇交力系，具有两个独立的静力平衡方程，能求解两个未知数。实际计算时，需从未知力不超过两个的结点开始，依次推算。结点法适用于简单桁架的轴力计算。

计算时，先假定未知杆件轴力为拉力，若解答结果为负值，则为压力。

为简便计算，在利用平衡条件求杆件轴力时，经常把斜杆的轴力 F_N 正交分解为水平分力 F_x 和竖向分力 F_y，如图 3.30 所示。设斜杆的长度为 l，杆件在水平和竖向的投影长度分别为 l_x、l_y，我们会发现力三角形和杆件三角形为相似三角形，所以有如下比例关系：

$$\frac{F_N}{l}=\frac{F_x}{l_x}=\frac{F_y}{l_y}$$

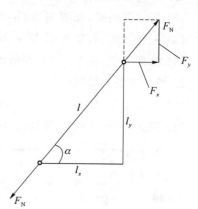

图 3.30

利用比例关系，若已知杆件三角形和 F_N、F_x、F_y 中的其中一个力，便可很方便地推算出其余两个力而不需使用三角函数。此方法也称比例法求内力。

【例 3.17】 试用结点法计算如图 3.31 所示桁架的内力。

解：求支座反力。

$$F_{Ax}=0, F_{Ay}=F_{Jy}=32 \text{ kN}(\uparrow)$$

从只含两个未知力的结点 A 开始计算，按照 A、B、C、D、E 的次序进行。由于桁架对称，只计算左半部分内力即可。可简化计算，不画结点隔离体图，用比例法，即利用比例关系直接运算。

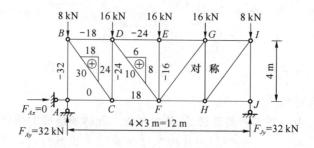

图 3.31

结点 A：$F_{NAB}=-32$ kN(压)

$F_{NAC}=0$

结点 B：$F_{yBC}=(32-8)\text{kN}=24\text{ kN}$

$$F_{xBC}=24\times\frac{3}{4}\text{kN}=18\text{ kN}$$

$$F_{NBC}=24\times\frac{5}{4}\text{kN}=30\text{ kN}(拉)$$

$$F_{NBD}=-F_{xBC}=-18\text{ kN}(压)$$

结点 C：$F_{NCF}=F_{xBC}=18\text{ kN}(拉)$

$$F_{NCD}=-F_{yBC}=-24\text{ kN}(压)$$

结点 D：$F_{yDF}=(24-16)\text{kN}=8\text{ kN}$

$$F_{xDF}=8\times\frac{3}{4}\text{kN}=6\text{ kN}$$

$$F_{NDF}=8\times\frac{5}{4}\text{kN}=10\text{ kN}(拉)$$

$$F_{NDE}=-(18+6)\text{kN}=-24\text{ kN}(压)$$

结点 E：$F_{NEF}=-16\text{ kN}(压)$

2. 结点法中结点平衡的特殊情况

在桁架中，有一些特殊形状的结点，掌握这些特殊结点的平衡规律，可以更方便地计算杆件轴力。

(1) L 形结点：如图 3.32(a) 所示，两杆汇交，当结点上无荷载时两杆轴力都为零(轴力为零的杆件称为零杆)。

(2) T 形结点：如图 3.32(b) 所示，三杆汇交，其中两杆共线，当结点上无荷载时，第三杆为零杆，共线两杆轴力大小相等且拉压性质相同。

(3) X 形结点：如图 3.32(c) 所示，四杆汇交，且两两共线，当结点上无荷载时，则共线两杆轴力大小相等且拉压性质相同。

(4) K 形结点：如图 3.32(d)、(e) 所示，四杆汇交，其中两杆共线，另外两杆在直线同侧且交角相等，当结点上无荷载时，若共线两杆轴力不等，则不共线两杆轴力大小相等，但拉压性质相反；若共线两杆轴力大小相等，拉压性质相同，则不共线两杆为零杆。

上述各条结论均可由平衡条件证明，读者可自行证明。

应用以上结论，不难判断如图 3.33(a)、(b) 所示桁架中虚线所示各杆皆为零杆。于是剩余杆件的轴力计算可以简化。

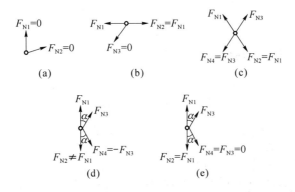

图 3.32

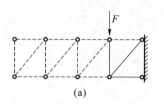
(a)

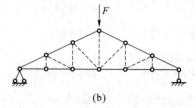
(b)

图 3.33

3. 截面法

用一适当的截面截取桁架的某一部分为隔离体(隔离体包含两个以上结点),利用平面一般力系的三个独立平衡方程来计算未知力的方法,称为截面法。

截面法通常用于计算联合桁架和求简单桁架中少数指定杆件的内力。

如图 3.34(a)所示联合桁架,计算杆件内力时,如用结点法,会发现无论从哪个结点开始计算都含至少三个未知力,此时若采用截面法将桁架沿 Ⅰ—Ⅰ 截面截开,任取左或右部分均可,向 C 点取矩,可求出 F_{NAB},接下去再用结点法求解就很容易了。

又如图 3.34(b)所示联合桁架,可作图中所示环形截面,取中间部分为隔离体,先求连接杆 1、2、3 的内力,再计算两个铰接三角形各杆的内力。

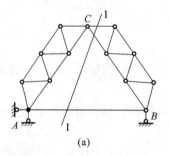
(a)

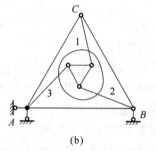
(b)

图 3.34

【例 3.18】 用截面法计算如图 3.35(a)所示桁架 1、2、3 杆的内力。

解:(1) 求支反力。

由对称性知

$$F_{Ay}=F_{By}=100\text{ kN}(\uparrow)$$
$$F_{Ax}=0$$

(2) 计算内力。

取 Ⅰ—Ⅰ 截面右边为隔离体。

由 $\sum M_C = 0$ 得

$$F_{N1}\times 3-100\times 4\text{ kN}=0$$
$$F_{N1}=\frac{400}{3}\text{kN}(拉)$$

为计算 F_{N2} 和 F_{N3},先求 BO 距离 x。

如图 3.35(b)所示,由于 $\triangle COF \backsim \triangle DOE$,故

$$\frac{x+4}{x+8}=\frac{3}{4}$$

$$x = 8 \text{ m}$$

将 F_{N2} 滑移到 E 点正交分解（利用比例法）得

$$F_{x2} = F_{N2} \times \frac{4}{5}$$

$$F_{y2} = F_{N2} \times \frac{3}{5}$$

由 $\sum M_O = 0$ 得

$$F_{y2} \times 16 + 60 \times 12 \text{ kN} - 100 \times 8 \text{ kN} = 0$$

$$F_{y2} = 5 \text{ kN}$$

$$F_{N2} = 5 \times \frac{5}{3} \text{ kN} = \frac{25}{3} \text{ kN（拉）}$$

将 F_{N3} 滑移到 O 点正交分解（利用比例法）得

$$F_{x3} = F_{N3} \times \frac{4}{\sqrt{17}}$$

$$F_{y3} = F_{N3} \times \frac{1}{\sqrt{17}}$$

由 $\sum M_E = 0$ 得

$$F_{y3} \times 16 + 100 \times 8 \text{ kN} - 60 \times 4 \text{ kN} = 0$$

$$F_{y3} = -\frac{560}{16} \text{ kN} = -35 \text{ kN}$$

$$F_{N3} = -35 \times \sqrt{17} \text{ kN（压）}$$

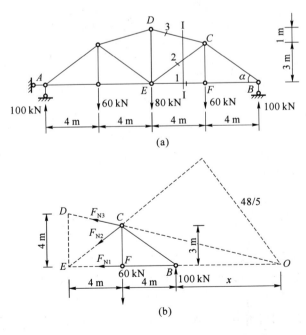

图 3.35

【例 3.19】 试用截面法求如图 3.36 所示桁架中杆件 a、b、c 的内力。

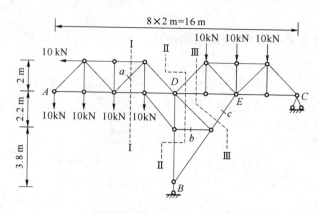

图 3.36

解：(1) 求杆 a 的内力。

作截面 Ⅰ—Ⅰ，取截面以左部分为隔离体。

由 $\sum y = 0$ 得

$$F_{ya} - 3 \times 10 \text{ kN} = 0$$
$$F_{ya} = 30 \text{ kN}$$

利用比例关系得

$$F_{Na} = 30 \times \sqrt{2} \text{ kN} = 42.43 \text{ kN}(拉)$$

(2) 求 b 杆的内力。

作截面 Ⅱ—Ⅱ，取截面的左部分为隔离体。

由 $\sum M_D = 0$ 得

$$F_{Nb} \times 2.2 + 10 \times 2 \text{ kN} + 10 \times (2+4+6+8) \text{ kN} = 0$$
$$F_{Nb} = -100 \text{ kN}(压)$$

(3) 求杆 c 的内力。

作截面 Ⅲ—Ⅲ，取截面以左部分为隔离体，将 F_{Nc} 移至 E 点正交分解为 F_{xc}、F_{yc}。

由 $\sum M_D = 0$ 得

$$F_{yc} \times 4 + 10 \times 2 \text{ kN} + 10 \times (2+4+6+8) \text{ kN} = 0$$
$$F_{yc} = -\frac{220}{4} \text{ kN} = -55 \text{ kN}$$

利用比例关系得

$$F_{Nc} = (-55) \times \frac{\sqrt{6^2+4^2}}{6} \text{ kN} = -66.1 \text{ kN}(压)$$

应用截面法时应注意以下几点。

(1) 适当选取截面，原则上隔离体中未知数不能超过三个，且尽量使一个方程仅含一个未知数。

(2) 在应用力矩方程时，用力的分力取矩几何关系简单，对于斜杆一般将其内力正交分解再取矩。

(3) 特殊情况下，如除一杆外其余各杆均平行或汇交于一点，此杆内力可求，此时所选截面所截未知力数可以超过三个。

4. 截面法与结点法的联合应用

结点法和截面法是计算桁架的常用方法,在许多情况下,将这两种方法灵活地联合应用,可以更简捷地求解桁架。

【例 3.20】 如图 3.37 所示为 K 字形桁架,试求 1、2、3、4 杆件的内力。

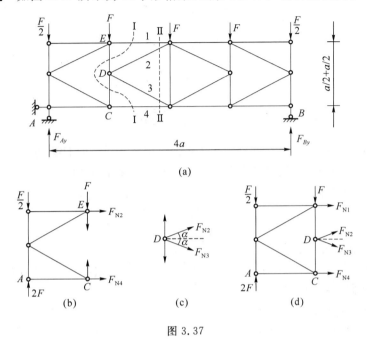

图 3.37

解:(1) 求支座反力。

取如图 3.37(a) 所示的整体平衡,由对称性知

$$F_{Ay} = F_{By} = 2F$$

$$F_{Ax} = 0$$

(2) 求 F_{N1} 和 F_{N4}。

取截面 I—I 左部,如图 3.37(b) 所示。

由 $\sum M_C = 0$ 得

$$F_{N1} a - \frac{F}{2} a + 2Fa = 0$$

$$F_{N1} = -\frac{3}{2} F (压)$$

由 $\sum x = 0$ 得

$$F_{N1} + F_{N4} = 0$$

$$F_{N4} = -F_{N1} = \frac{3}{2} F (拉)$$

(3) 求 F_{N2} 和 F_{N3}。

取结点 D,如图 3.37(c) 所示。

由 $\sum x = 0$ 得

$$F_{N2} \cos \alpha + F_{N3} \cos \alpha = 0$$

$$F_{N2} = -F_{N3}$$

这是一个特殊结点,熟练之后应知道 F_{N2} 和 F_{N3} 的关系。

再取截面Ⅱ—Ⅱ以左为隔离体,如图 3.37(d)所示。

由 $\sum y = 0$ 得

$$2F - \frac{F}{2} - F + F_{N2}\sin\alpha - F_{N3}\sin\alpha = 0$$

$$2F_{N3}\sin\alpha = \frac{3}{2}F$$

$$F_{N3} = \frac{1}{4\sin\alpha}F = \frac{\sqrt{5}}{4}F(\text{拉})$$

$$F_{N2} = -F_{N3} = -\frac{\sqrt{5}}{4}F(\text{压})$$

对 K 字形桁架,一般用截面法和结点法联合应用才能求出杆件内力。

【例 3.21】 求如图 3.38(a)所示交叉杆联合桁架的各杆内力。

解:(1) 求支反力。

$$F_{Ay} = F_{By} = 1.5F$$

$$F_{Ax} = 0$$

(2) 几何组成分析。

去掉地基后,为两个三角形伸出二元体组成两个刚片,用链杆 1、2、8 连接组成几何不变且无多余联系的联合桁架。

(3) 求杆件内力。

由对称性,仅计算 1~7 杆的内力即可。

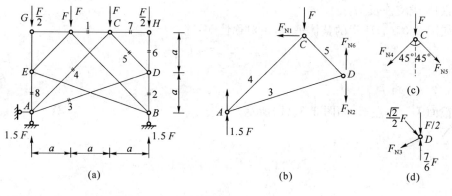

图 3.38

由结点 H 平衡可求出

$$F_{N6} = -\frac{F}{2}, F_{N7} = 0$$

根据桁架的几何组成,切开 1、2 和 8 杆,取 △ADC 为隔离体,如图 3.38(b)所示。

由 $\sum x = 0$ 得

$$F_{N1} = 0$$

由 $\sum M_A = 0$ 得

$$F \times 2a + F_{N2} \times 3a + \frac{F}{2} \times 3a = 0$$

$$F_{N2} = -\frac{7}{6}F(压)$$

取结点 C 平衡,如图 3.38(c)所示。

由 $\sum x = 0$ 得
$$F_{N4} = F_{N5}$$

由 $\sum y = 0$ 得
$$2F_{N4}\cos 45° + F = 0$$
$$F_{N4} = F_{N5} = -\frac{\sqrt{2}}{2}F(压)$$

取结点 D 平衡,如图 3.38(d)所示。

由 $\sum x = 0$ 得
$$\frac{\sqrt{2}}{2}F \times \frac{\sqrt{2}}{2} - F_{N3} \times \frac{3}{\sqrt{10}} = 0$$
$$F_{N3} = \frac{\sqrt{10}}{6}F(拉)$$

最后取图 3.38(b)验算结果。
$$\sum y = 1.5F - \frac{7}{6}F - F - \frac{F}{2} + \frac{7}{6}F = 0$$

满足条件。

3.5.3 静定组合结构

组合结构是由梁式杆件和链杆共同组成的结构。梁式杆件的内力为弯矩、剪力和轴力;而链杆的两端为铰接,其内力只有轴力。

组合结构的计算步骤一般是:先计算轴力并将其作用于梁式杆件上,然后再计算梁式杆件的弯矩、剪力和轴力。

【例 3.22】 试计算如图 3.39(a)所示组合结构的内力。

解:(1) 求反力。

取整体为隔离体。

由 $\sum M_A = 0$ 得
$$F_{By} = \frac{2qa \times 3a}{4a} = \frac{3qa}{2}(\uparrow)$$

由 $\sum M_B = 0$ 得
$$F_{Ay} = \frac{2qaa}{4a} = \frac{qa}{2}(\uparrow)$$

经验算可知
$$\sum y = \frac{3}{2}qa + \frac{qa}{2} - 2qa = 0$$

(2) 链杆内力。

取 ADC 为隔离体,如图 3.39(b)所示。

由 $\sum M_C = 0$ 得

$$F_{NDE} \times \frac{\sqrt{2}}{2}a - 0.5qa \times 2a = 0$$

$$F_{NDE} = \sqrt{2}qa(拉)$$

再取结点 E,如图 3.39(c)所示。

由 $\sum x = 0$ 得

$$F_{NED} \times \frac{\sqrt{2}}{2} - F_{NEF} \times \frac{\sqrt{2}}{2} = 0$$

$$F_{NED} = F_{NEF} = \sqrt{2}qa(拉)$$

由 $\sum y = 0$ 得

$$F_{NEC} + 2F_{NED} \times \frac{\sqrt{2}}{2} = 0$$

$$F_{NEC} = -2qa(压)$$

(3) 作内力图。

由支反力及链杆内力作用在梁式杆件上,可求梁的弯矩。

$$M_{FB} = 1.5qa^2 - \frac{qa^2}{2} = qa^2(拉下侧)$$

$$M_{DA} = 0.5qa^2(拉下侧)$$

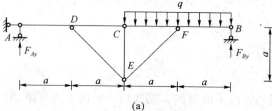

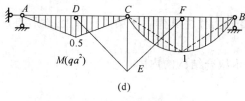

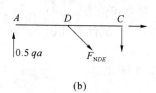

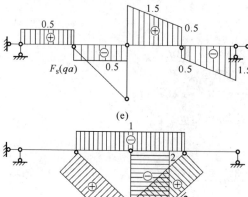

图 3.39

按区段叠加法作弯矩图,如图 3.39(d)所示,还可作剪力图(如图 3.39(e)所示)和轴力图(如图 3.39(f)所示),计算过程略。

3.5.4 静定结构的特性

1. 静定结构具有静力解答的唯一性

静定结构为几何不变且无多余联系体系,各几何不变部分之间用 3 个必要约束连接,每一部分有 3 个未知约束反力,而平面一般力系正好有 3 个独立平衡方程,当连接的约束反力求出后,再用截面法可唯一求出任一截面的内力。因此,在给定外荷载后,静定结构的反力和内力通过静力平衡条件可唯一确定。

2. 非外力因素对静定结构的影响

当静定结构受到支座移动、温度变化、制造误差、材料徐变等因素作用(称它们为非外力因素)时,结构会发生位移、变形,但不会引起反力和内力。

3. 平衡力系的作用

若静定结构某一几何不变部分承受一组任意的平衡力系,则仅该几何不变部分有内力,其余部分内力为零。

上面的性质可由静力解答的唯一性证明。这时将平衡力系作用部分视为静定结构,其余部分视为支座即可得到结论。

4. 静定结构上荷载的等效性

静定结构上某一几何不变部分上的外力当用一等效力系代换时,仅等效替换作用区段的内力发生变化,而其余部分内力不变。

这说明,在求解某一几何不变部分以外构件的内力或支座反力时,可用原力系的合力去代替,使计算简化。

5. 结构的等效替换

静定结构某一几何不变部分用其他几何不变的结构去替换时,仅被替换部分内力发生变化,而其他部分内力不变。

6. 结构的内力特性

静定结构的内力大小与结构的材料性质及构件截面尺寸无关。因为静定结构的内力由静力平衡方程唯一确定,不涉及结构的材料性质及截面尺寸。

习　　题

3.1　试作图 3.40 所示单跨静定梁的内力图。

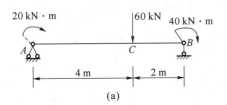

(a)

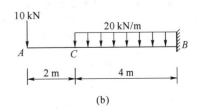

(b)

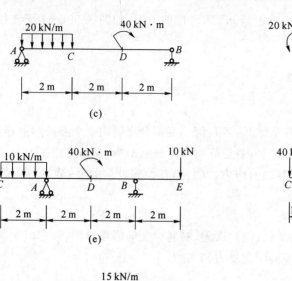

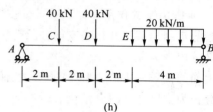

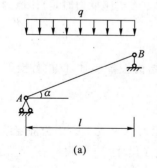

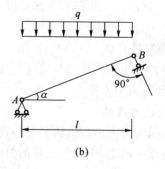

图 3.40

3.2 试作图 3.41 所示两根斜梁的内力图。

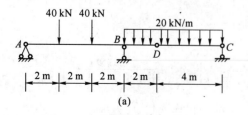

图 3.41

3.3 试作图 3.42 所示多跨静定梁的内力图。

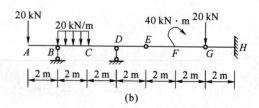

图 3.42

3.4 试选择铰的位置 x,使图 3.43 所示三跨静定梁中间跨的跨中弯矩与两个边跨的支座弯矩的绝对值相等。

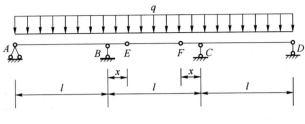

图 3.43

3.5 试不计算反力绘出图 3.44 所示梁的弯矩图。

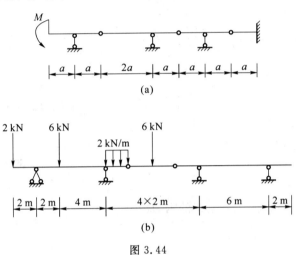

图 3.44

3.6 试作图 3.45 所示刚架的内力图。

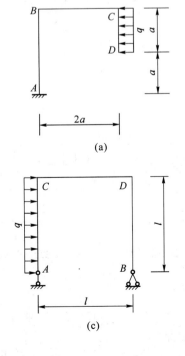
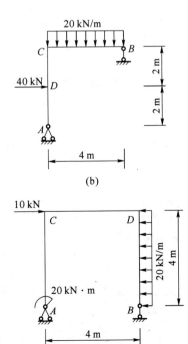

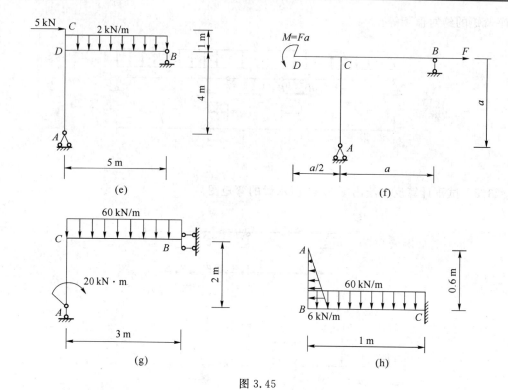

图 3.45

3.7 试作图 3.46 所示三铰刚架的内力图。

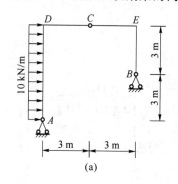
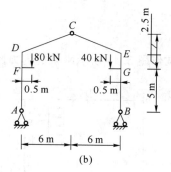

图 3.46

3.8 试作图 3.47 所示刚架的弯矩图。

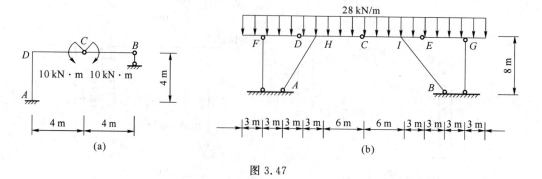

图 3.47

3.9 试作图 3.48 所示结构的弯矩图。

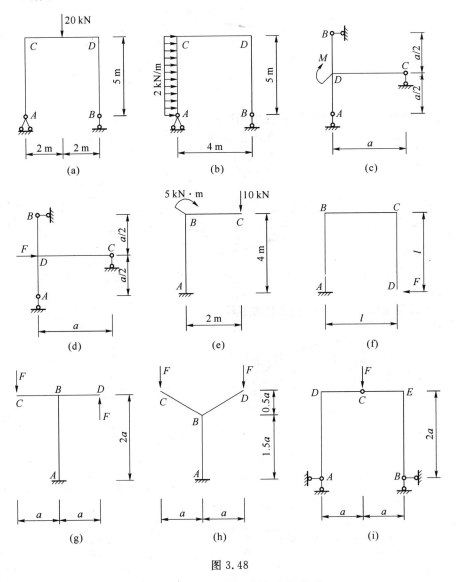

图 3.48

3.10 如图 3.49 所示,已知结构的弯矩图,试绘出其荷载。

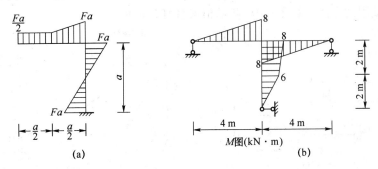

图 3.49

3.11 试绘出图 3.50 所示结构弯矩图的形状。

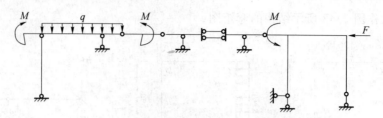

图 3.50

3.12 试求图 3.51 所示带拉杆的半圆三铰拱截面 K 的内力。

3.13 试求图 3.52 所示三铰拱在均布荷载作用下的合理拱轴线方程。

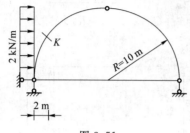

图 3.51

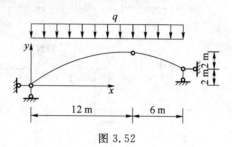

图 3.52

3.14 试绘出图 3.53 所示桁架中的零杆。

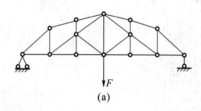

(a)　　　　　　　　　　(b)

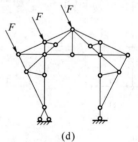

(c)　　　　　　　　　　(d)

图 3.53

3.15 试用结点法计算图 3.54 所示桁架各杆件的内力。

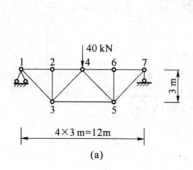

(a)

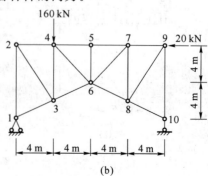

(b)

图 3.54

3.16 试用较简洁的方法计算图 3.55 所示桁架中指定杆件的内力。

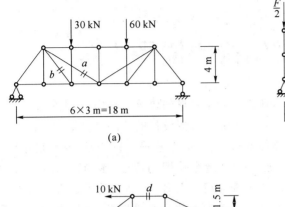
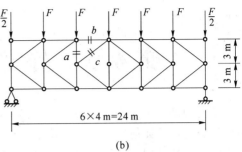
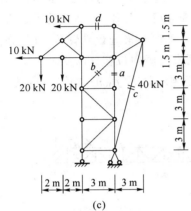
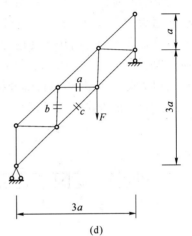

图 3.55

3.17 试计算图 3.56 所示组合结构,注明链杆轴力,并绘出梁式杆件的弯矩图。

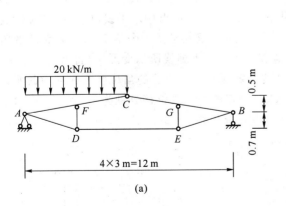
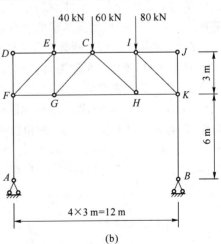

图 3.56

第 4 章　静定结构的位移计算

结构构件在满足承载力要求的前提下,还必须满足变形的要求。否则,过大的变形将影响构件的适用性而使其不能正常使用。例如,支撑精密仪器设备的楼层梁或板的变形过大,将影响仪器的使用;单层工业厂房中吊车梁的变形过大,会影响吊车的正常运行;对于钢筋混凝土构件,过大的变形会导致梁的开裂,过大的裂缝会使钢筋锈蚀,影响结构的耐久性。再者,明显的变形和裂缝会给房屋使用者产生不安全感。此外,在结构施工过程中,也常常需要知道结构的位移。例如,图 4.1 所示的三孔桥钢横架梁进行悬臂拼装时,在梁的自重、临时轨道、吊机等荷载作用下,悬臂部分将下垂而发生竖向位移 f_A。若 f_A 太大,则吊机容易滚走,同时梁也不能按设计要求就位。因此,必须先计算 f_A 的数值,确保施工安全和拼装就位。

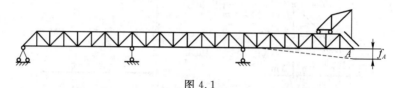

图 4.1

4.1　结构位移的基本概念

结构都是由可变形固体材料制成的,当结构受到外部因素的作用时,它将产生变形和伴随而来的位移。变形是指形状的改变,位移是指某点位置的移动。

例如,图 4.2(a)所示刚架在荷载作用下发生如虚线所示的变形,使截面 A 的形心从 A 点移动到了 A' 点,线段 AA' 称为 A 点的线位移,记为 Δ_A。它也可以用水平线位移 Δ_{Ax} 和竖向线位移 Δ_{Ay} 两个分量来表示,如图 4.2(b)所示。同时截面 A 还转动了一个角度,称为截面 A 的角位移,用 φ_A 表示。又如,图 4.3 所示刚架在荷载作用下发生虚线所示变形,截面 A 发生了 φ_A 角位移,同时截面 B 发生了 φ_B 的角位移。这两个截面的方向相反的角位移之和称为截面 A 和 B 的相对角位移,即 $\varphi_{AB}=\varphi_A+\varphi_B$。同理,$C$、$D$ 两点的水平线位移分别为 Δ_C 和 Δ_D,这两个指向相反的水平位移之和称为 C、D 两点的水平相对线位移,即 $\Delta_{CD}=\Delta_C+\Delta_D$。

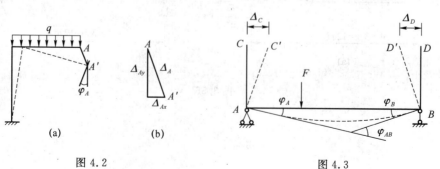

图 4.2　　　　　　　　　图 4.3

引起结构位移的主要因素有荷载作用、温度改变、支座移动、杆件几何尺寸制造误差和材料收缩变形等。

计算位移的目的一般有两个：一是进行结构刚度验算，确保构件和结构的变形符合使用要求；二是为超静定结构分析提供预备知识。采用力法求解超静定结构必须考虑变形条件，而建立变形条件时就必须计算结构的位移。

4.2 变形体系的虚功原理、结构位移计算的一般公式和单位荷载法

4.2.1 变形体系的虚功原理

若力在自身引起的位移上做功，所做的功称为实功。若力在彼此无关的位移上做功，所做的功称为虚功。

对于杆系结构，变形体系的虚功原理可表述如下：变形体系在外力作用下处于平衡的必要及充分条件是，对于任意微小的虚位移，外力虚功等于内力虚功。该原理可用如下虚功方程表示：$W_{外} = W_{内}$。对于平面杆系结构，内力虚功为 $W_{内} = \sum \int F_N du + \sum \int M d\varphi + \sum \int F_S \gamma ds$。用 W 表示 $W_{外}$，则虚功方程表示为 $W = \sum \int F_N du + \sum \int M d\varphi + \sum \int F_S \gamma ds$。

在应用变形体系的虚功原理时须注意以下几点。

(1) 所谓虚位移是指约束条件所允许的任意微小位移。

(2) 对于弹性、非弹性、线性、非线性变形体系，虚功原理均适用。

虚功原理在实际应用中有两种方式：一种是虚荷载法，即对给定的位移状态，虚设一个力状态，利用虚功方程求解位移状态中的未知位移，这时的虚功原理又称为虚力原理；另一种是虚位移法，即对给定的力状态，虚设一个位移状态，利用虚功原理求力状态中的未知力，这时虚功原理又称为虚位移原理。本章讨论的结构位移的计算就是以虚力原理为理论基础的。

4.2.2 结构位移计算的一般公式和单位荷载法

设图 4.4(a) 所示刚架在荷载、支座移动及温度变化等因素影响下，产生了如虚线所示的变形，现在要求任一点 K 沿任一指定 $k-k$ 方向上的位移 Δ_K。

利用虚功原理求解这个问题，首先要建立一个力状态和一个位移状态，并且力状态和位移状态是彼此无关的，这样才可以应用虚功原理。由于要求图 4.4(a) 所示刚架在荷载、支座移动及温度变化等因素影响下的实际位移，故应以图 4.4(a) 为结构的位移状态，并称为实际状态。

为建立虚功方程，还需建立一个力状态，此状态可以根据计算需要来假设。为了能使力状态的外力在位移状态中的所求位移 Δ_K 上做虚功，我们就在 K 点沿 $k-k$ 方向加一个集中荷载 F_K，其箭头指向可任意假定。为使计算简便，令 $F_K=1$，称为单位荷载或单位力，如图 4.4(b) 所示，以此作为结构的力状态，这个状态是虚拟的，故称为虚拟状态。

根据虚功原理,虚拟状态的外力和内力在实际状态对应的位移和变形上做虚功。外力虚功包括荷载和支座反力所做的虚功。设在力状态中由单位荷载 $F_K=1$ 引起的支座反力为 $\overline{F}_{R1}$、$\overline{F}_{R2}$、$\overline{F}_{R3}$,而在实际位移状态中相对应的支座位移为 C_1、C_2 和 C_3,则外力虚功为

$$W = F_K \Delta_K + \overline{F}_{R1} C_1 + \overline{F}_{R2} C_2 + \overline{F}_{R3} C_3$$
$$= 1 \times \Delta_K + \sum \overline{F}_R C$$

这样,单位荷载 $F_K=1$ 所做的虚功恰好等于所求的位移 Δ_K。

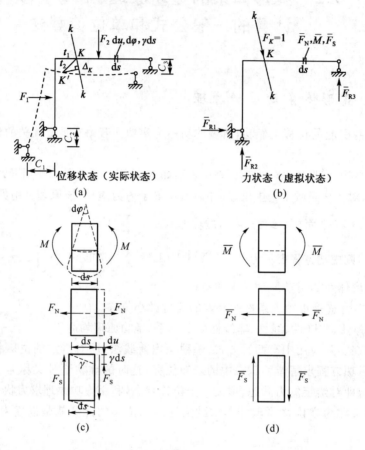

图 4.4

计算内力虚功时,设虚拟状态中由单位荷载 $F_K=1$ 作用而引起的某微段上的内力为 $\overline{F}_N$、$\overline{M}$ 和 $\overline{F}_S$,如图 4.4(d)所示,而实际状态中微段相应的变形为 du、$d\varphi$ 和 γds,如图 4.4(c)所示,则内力虚功为

$$W_{内} = \sum \int \overline{F}_N du + \sum \int \overline{M} d\varphi + \sum \int \overline{F}_S \gamma ds$$

由虚功原理 $W_{外}=W_{内}$ 有

$$1 \times \Delta_K + \sum \overline{F}_R C = \sum \int \overline{F}_N du + \sum \int \overline{M} d\varphi + \sum \int \overline{F}_S \gamma ds$$

可得

$$\Delta_K = -\sum \overline{F}_R C + \sum \int \overline{F}_N du + \sum \int \overline{M} d\varphi + \sum \int \overline{F}_S \gamma ds \tag{4.1}$$

式(4.1)就是平面杆系结构位移计算的一般公式。如果确定了虚拟力状态的反力 $\overline{F}_R$

和内力 $\overline{F}_N$、$\overline{M}_1$ 和 $\overline{F}_S$，同时已知实际位移状态支座的位移 C_i 并求得微段的变形 du、$d\varphi$、γds，则位移 Δ_K 可求。若计算结果为正，表示单位荷载所做虚功为正，即所求位移 Δ_K 的指向与单位荷载 $F_K=1$ 的指向相同，为负则相反。

利用虚功原理来求结构的位移，关键是虚设恰当的力状态，而方法的巧妙之处在于虚设的单位荷载一定是在所求位移点沿所求位移方向设置，这样荷载虚功恰好等于位移。这种计算位移的方法称为单位荷载法。

在实际问题中，除了计算线位移外，还要计算角位移、相对位移等。因集中力是在其相应的线位移上做功，力偶是在其相应的角位移上做功，则若拟求绝对线位移，则应在拟求线位移处沿拟求线位移方向虚设相应的单位集中力；若拟求绝对角位移，则应在拟求角位移处沿拟求角位移方向虚设相应的单位集中力偶；若拟求相对位移，则应在拟求相对位移处沿拟求位移方向虚设相应的一对平衡单位力或力偶。

图 4.5 分别表示拟求位移 Δ_{Ky}、Δ_{Kx}、φ_K 和 Δ_{KJ} 的单位荷载设置。

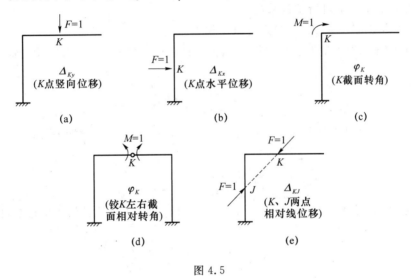

图 4.5

4.3 荷载作用下的位移计算

如果结构只受到荷载作用，仅限于研究线弹性结构，且不考虑支座位移、温度的影响时，则式(4.1)可以简化为如下形式：

$$\Delta_{KP} = \sum \int \overline{F}_N du_P + \sum \int \overline{M} d\varphi_P + \sum \int \overline{F}_S \gamma_P ds \qquad (4.2)$$

式中，Δ_{KP} 用了两个脚标，第一个脚标 K 表示该位移发生的地点和方向，第二个脚标 P 表示引起该位移的原因。$\overline{M}$、$\overline{F}_N$、$\overline{F}_S$ 为虚拟力状态中微段上的内力，如图 4.4(d)所示。$d\varphi_P$、du_P、$\gamma_P ds$ 是实际位移状态中仅由荷载引起的微段上的变形。参见如图 4.4(c)所示变形（下脚标可与图中变形相区别）。此时，微段上的仅由荷载引起的内力为 M_P、F_{NP} 和 F_{SP}，参见如图 4.4(c)所示内力（下脚标可与图中变形相区别）。对于线弹性体，仅由荷载引起微段上的变形 $d\varphi_P$、du_P、$\gamma_P ds$ 通过相关知识可求得。参见图 4.4(c)所示，由 M_P、F_{NP} 和 F_{SP} 分别引起微段的弯曲变形、轴向变形和剪切变形为

$$\mathrm{d}\varphi_P = \frac{1}{\rho}\mathrm{d}x = \frac{M_P}{EI}\mathrm{d}s \tag{4.3}$$

$$\mathrm{d}u_P = \varepsilon\mathrm{d}x = \frac{\sigma}{E}\mathrm{d}s = \frac{F_{NP}}{EA}\mathrm{d}s \tag{4.4}$$

$$\mathrm{d}v_P = \gamma\mathrm{d}x = \frac{kF_{SP}}{GA}\mathrm{d}s \tag{4.5}$$

式中，E 为材料的弹性模量；I 和 A 分别为杆件截面的惯性矩和面积；G 为材料的剪切弹性模量；k 为剪应力沿截面分布不均匀而引用的修正系数，其值与截面形状有关。矩形截面 $k=\frac{6}{5}$。

将式(4.3)、式(4.4)、式(4.5)代入式(4.2)得

$$\Delta_{KP} = \sum\int\frac{\overline{M}M_P}{EI}\mathrm{d}s + \sum\int\frac{\overline{F}_N F_{NP}}{EA}\mathrm{d}s + \sum\int\frac{k\overline{F}_S \overline{F}_{SP}}{GA}\mathrm{d}s \tag{4.6}$$

上式为平面杆系结构仅在荷载作用下的位移计算公式。右边三项分别代表结构的弯曲变形、轴向变形和剪切变形对所求位移的影响。

对于不同类型的结构，式(4.6)还可以作如下简化。

(1) 梁和刚架：轴力和剪力的影响很小，位移计算中一般只考虑弯矩的影响，则式(4.6)可简化为

$$\Delta_{KP} = \sum\int\frac{\overline{M}M_P}{EI}\mathrm{d}s \tag{4.7}$$

(2) 桁架：桁架内力只有轴力，且各杆的轴力和 EA 沿杆长 L 一般均为常数，则式(4.6)可简化为

$$\Delta_{KP} = \sum\int_0^l\frac{\overline{F}_N F_{NP}}{EA}\mathrm{d}s = \sum\frac{\overline{F}_N F_{NP}l}{EA} \tag{4.8}$$

(3) 组合结构：对其中受弯杆件可只计弯矩的影响，对轴力杆只计轴力的影响，则式(4.6)可简化为

$$\Delta_{KP} = \sum\int\frac{\overline{M}M_P}{EI}\mathrm{d}s + \sum\frac{\overline{F}_N F_{NP}l}{EA} \tag{4.9}$$

【例 4.1】 图 4.6(a)所示为悬臂梁，各杆段抗弯刚度均为 EI，试求 B 点竖向位移 Δ_{By}。

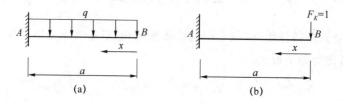

图 4.6

解：已知实际状态如图 4.6(a)所示，设虚拟单位力状态如图 4.6(b)所示。建立水平坐标系，并设悬臂梁下侧受拉为正，有

$$M_P(x) = -\frac{qx^2}{2}$$

$$\overline{M}(x) = -1\times x = -x$$

将内力代入式(4.7)有

$$\Delta_{By} = \sum \int \frac{\overline{M}M_P}{EI} dx = \int_0^a \frac{-x}{EI}\left(-\frac{qx^2}{2}\right)dx = \frac{qa^4}{8EI}$$

【例 4.2】 如图 4.7(a)所示桁架中两杆的抗拉刚度 EA 相同,杆件 AC、BC 夹角为 $45°$。在力 F 作用下,求结点 C 的竖向位移 Δ_{Cy}。

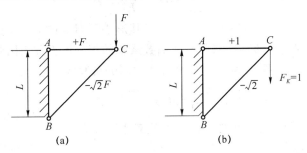

图 4.7

解:实际状态如图 4.7(a)所示,并求内力 F_{NP},设虚拟单位力状态如图 4.7(b)所示,并求内力 $\overline{F}_N$,代入式(4.8)有

$$\Delta_{Cy} = \sum \int_0^l \frac{\overline{F}_N F_{NP}}{EA} dx = \frac{1}{EA}\left[F \times 1 \times l + (-\sqrt{2}F) \times (-\sqrt{2}) \times \sqrt{2}l\right] = \frac{(1+2\sqrt{2})Fl}{EA}$$

4.4 图 乘 法

从 4.3 节可知,计算梁和刚架在荷载作用下的位移时,需先列出 $\overline{M}$ 和 M_P 的方程式,然后再代入积分式 $\Delta_{KP} = \sum \int \frac{\overline{M}M_P}{EI} dx$ 中求解。当杆件数目较多、荷载较复杂时,这个运算过程是很麻烦的。但如果结构各杆段均满足下列三个条件,则可通过使积分运算转化为两个弯矩图相乘的方法(即图乘法),使计算简化。这三个条件是:(1)各杆件的杆轴为直线;(2)各杆段的 EI 为常数;(3)每个杆段的 $\overline{M}$ 图和 M_P 图中至少有一个是直线图形。

图 4.8 所示为等截面直杆 AB 段上的两个弯矩图,$\overline{M}$ 图为一段直线,M_P 图为任意形状。对于图示坐标,$\overline{M} = x\tan\alpha$,于是有

$$\int_A^B \frac{\overline{M}M_P}{EI} dx = \frac{1}{EI}\int_A^B \overline{M}M_P dx = \frac{1}{EI}\int_A^B x\tan\alpha M_P dx$$

$$= \frac{1}{EI}\tan\alpha\int_A^B xM_P dx$$

$$= \frac{1}{EI}\tan\alpha\int_A^B x dA_\omega$$

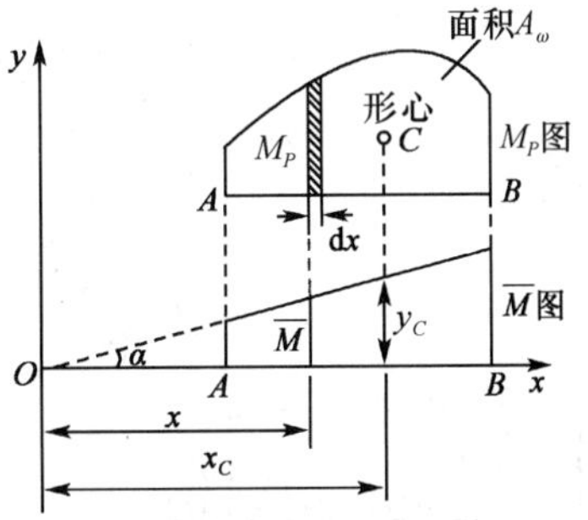

式中,$dA_\omega = M_P dx$ 表示 M_P 图的微面积,因而积分 $\int_A^B x dA_\omega$ 就是 M_P 图形面积 A_ω 对 y 轴的静矩。这个静矩可以写为

图 4.8

$$\int_A^B x dA_\omega = A_\omega x_C$$

式中,x_C 为 M_P 图形心到 y 轴的距离。故上面积分式可写为

$$\int_A^B \frac{\overline{M}M_P}{EI} dx = \frac{1}{EI} A_\omega x_C \tan\alpha$$

而 $x_C \tan\alpha = y_C$,y_C 为 $\overline{M}$ 图中与 M_P 图形心相对应的竖标。于是得到

$$\int_A^B \frac{\overline{M}M_P}{EI} dx = \frac{1}{EI} A_\omega y_C \tag{4.10}$$

上述积分式等于一个弯矩图的面积 A_ω 乘以其形心所对应的另一个直线弯矩图的竖标 y_C 再除以 EI。这种利用图形相乘来代替两函数乘积的积分运算称为图乘法。

如果结构各杆段均可图乘,则位移计算公式(4.10)可写为

$$\sum \int_A^B \frac{\overline{M}M_P}{EI} dx = \sum \frac{1}{EI} A_\omega y_C \tag{4.11}$$

根据上面的推证过程,在应用图乘法时要注意以下几点。
(1) 必须符合前述条件。
(2) 竖标只能取自直线图形。
(3) 若 A_ω 与 y_C 在杆件同侧,图乘取正号,异侧取负号。

下面给出几种常用简单图形的面积及形心位置,如图 4.9 所示。其中各抛物线图形均为标准抛物线图形。在采用图形数据时一定要分清楚是否为标准抛物线图形。所谓标准抛物线图形,是指抛物线图形具有顶点(顶点是指切线平行于底边的点),并且顶点在中点或者端点。

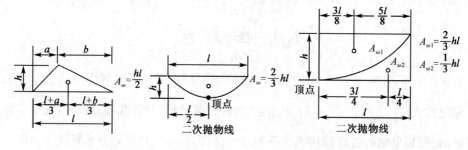

图 4.9

当图形面积和形心位置不易确定时,可将它分解为几个简单的图形,分别与另一图形相乘,然后把结果叠加,如图 4.10 所示。

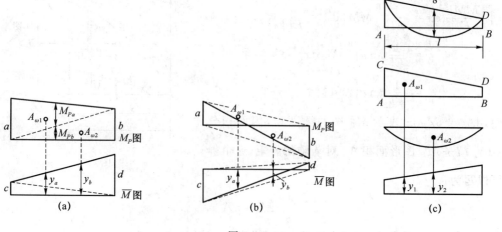

图 4.10

当 y_C 所在图形是折线或各杆段 EI 不相等时,均应分段图乘,再进行叠加,如图 4.11 所示。

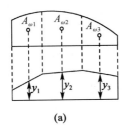
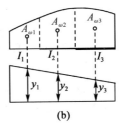

图 4.11

对于图 4.11(a)有

$$\Delta = \frac{1}{EI}(A_{\omega 1} y_1 + A_{\omega 2} y_2 + A_{\omega 3} y_3)$$

对于图 4.11(b)有

$$\Delta = \frac{A_{\omega 1} y_1}{EI_1} + \frac{A_{\omega 2} y_2}{EI_2} + \frac{A_{\omega 3} y_3}{EI_3}$$

【例 4.3】 试用图乘法计算图 4.12(a)所示简支刚架距截面 C 的竖向位移 Δ_{Cy}、B 点的角位移 φ_B 和 D、E 两点间的相对水平位移 Δ_{DE}。各杆 EI 为常数。

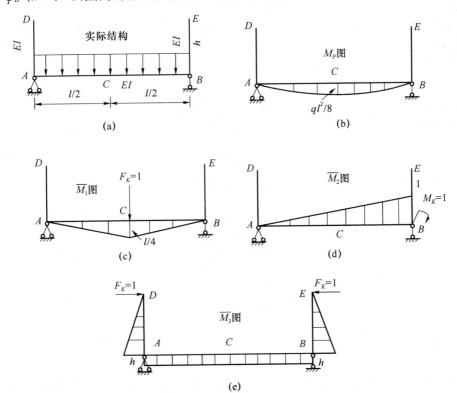

图 4.12

解: (1) 计算 C 点的竖向位移 Δ_{Cy}。作出 M_P 图和 C 点作用单位荷载 $F_K=1$ 时的 $\overline{M_1}$ 图,分别如图 4.12(b)、(c)所示。由于 $\overline{M}$ 图是折线,故需分段进行图乘,然后叠加。

$$\Delta_{Cy} = \frac{1}{EI} \times 2\left[\left(\frac{2}{3} \times \frac{1}{2} \times \frac{ql^2}{8}\right) \times \left(\frac{5}{8} \times \frac{l}{4}\right)\right] = \frac{5ql^4}{384EI}(\downarrow)$$

(2) 计算 B 结点的角位移 φ_B。在 B 点处加单位力偶，单位力偶作用下弯矩图 $\overline{M_2}$ 如图 4.12(d)所示。将 M_P 与 $\overline{M_2}$ 图乘得

$$\varphi_B = -\frac{1}{EI}\left(\frac{2}{3}\times l\times\frac{ql^2}{8}\right)\times\frac{1}{2} = -\frac{ql^3}{24EI}(\text{逆时针})$$

式中最初所用负号是因为两个图形在基线的异侧，最后结果为负号表示 φ_B 的实际转向与所加单位力偶的方向相反。

(3) 为求 D、E 两点的相对水平位移，在 D、E 两点沿着两点连线加一对指向相反的单位力为虚拟状态，作出 $\overline{M_3}$ 图，如图 4.12(e)所示。将 M_P 与 $\overline{M_3}$ 图乘得

$$\Delta_{DE} = \frac{1}{EI}\left(\frac{2}{3}\times\frac{ql^2}{8}\times l\right)\times h = \frac{ql^3 h}{12EI}(\rightarrow\leftarrow)$$

计算结果为正号，表示 D、E 两点相对位移方向与所设单位力的指向相同，即 D、E 两点相互靠近。

【例 4.4】 试求图 4.13 所示简支梁中点 C 点的竖向位移 Δ_{Cy}。梁的 EI 为常数。

解：作 M_P 和 $\overline{M_1}$ 图，如图 4.13(b)、(c)所示。由图乘法可得

$$\Delta_{Cy} = \frac{2}{EI}A_1 y_1 = \frac{2}{EI}\left(\frac{1}{2}\times\frac{l}{2}\times\frac{Fl}{4}\right)\times\frac{2}{3}\times\frac{1}{4} = \frac{Fl^3}{48EI}(\downarrow)$$

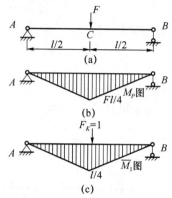

图 4.13

计算结果为正，表明 C 点实际竖向位移方向与虚拟单位力方向相同。

【例 4.5】 试求如图 4.14(a)所示刚架在支座 B 处的转角 θ。

解：作出实际荷载作用下的弯矩图 M_P 图（如图 4.14(b)所示），在支座处加单位力偶 $\overline{M}=1$，作 $\overline{M}$ 图（如图 4.14(c)所示），分段图乘。

$$\theta = -\frac{1}{EI}\times\frac{1}{2}\times l\times Fl\times 1 - \frac{1}{2EI}\times Fl\times l\times\frac{1}{2} = -\frac{3Fl^2}{4EI}(\text{逆时针})$$

结果为负值表明，B 支座处截面转角方向与单位力偶的方向相反。

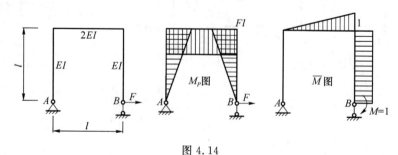

图 4.14

4.5 静定结构在支座移动、温度变化时的位移计算

4.5.1 静定结构在支座移动时的位移计算

静定结构在支座移动时并不产生内力也无变形，只发生刚体位移。因此，位移计算的一般公式(4.1)可以简化为如下形式：

$$\Delta = -\sum \overline{F}_{Ri} C_i \tag{4.12}$$

式中,$\overline{F}_R$ 为虚拟单位力状态的支座反力;C_i 为实际状态下的支座位移;$\sum \overline{F}_{Ri} C_i$ 为反力虚功。当 $\overline{F}_R$ 与实际支座位移 C 方向一致时,其乘积取正,相反时为负。

此外,式(4.12)右项有一负号,是原来移项时产生,不可漏掉。

【例 4.6】 图 4.15(a)所示为三铰刚架,若支座 B 发生图示水平位移 $a = 4$ cm,竖向位移 $b = 6$ cm,$l = 8$ m,$h = 6$ m,求由此而引起的 A 支座处杆端截面的转角 φ_A。

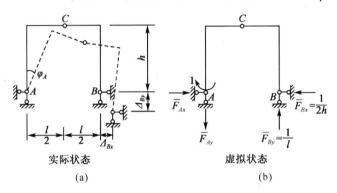

图 4.15

解:在 A 点处加一单位力偶,建立虚拟力状态。依次求得支座反力,如图 4.14(b)所示。由式(4.11)得

$$\varphi_A = -\left[\left(-\frac{1}{2h} \times a\right) + \left(-\frac{1}{l} \times b\right)\right] = \frac{a}{2h} + \frac{b}{l} = \left(\frac{4}{2 \times 600} + \frac{6}{800}\right) \text{rad} = 0.010\ 8 \text{ rad}(顺时针)$$

4.5.2 静定结构在温度变化时的位移计算

静定结构在温度变化时不产生内力,但产生变形,从而产生位移。

如图 4.16(a)所示,结构外侧温度升高 t_1,内侧温度升高 t_2,求由此引起的 K 点竖向位移 Δ_{Kt}。此时,位移计算的一般公式(4.1)可写为

$$\Delta_{Kt} = \sum \int \overline{F}_N du_t + \sum \int \overline{M} d\varphi_t + \sum \int \overline{F}_S \gamma_t ds$$

为求 Δ_{Kt},需要求出微段上由于温度变化而引起的变形 du_t、$d\varphi_t$、$\gamma_t ds$。

取实际位移状态中的微段 ds 如图 4.16(a)所示,微段上、下边缘处的纤维由于温度升高而伸长,分别为 $\alpha t_1 ds$ 和 $\alpha t_2 ds$,这里 α 是材料的线膨胀系数。为简化计算,可假设温度沿截面高度成直线变化,这样在温度变化时截面仍保持为平面。由几何关系可求微段在杆轴处的伸长为

$$du_t = \alpha t_1 ds + (\alpha t_2 ds - \alpha t_1 ds)\frac{h_1}{h}$$

$$= \alpha\left(\frac{h_2}{h} t_1 + \frac{h_1}{h} t_2\right) ds = \alpha t ds$$

式中,$t = \frac{h_2}{h} t_1 + \frac{h_1}{h} t_2$,为杆轴线处的温度变化。若杆件的截面对称于形心轴,即 $h_1 = h_2 = \frac{h}{2}$,则 $t = \frac{t_1 + t_2}{2}$。

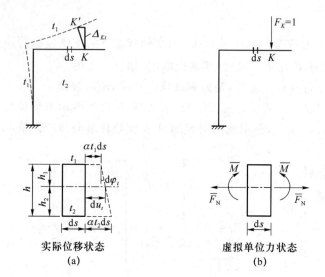

图 4.16

而微段两端截面的转角为

$$d\varphi_t = \frac{\alpha t_2 ds - \alpha t_1 ds}{h} = \frac{\alpha(t_2-t_1)ds}{h}$$
$$= \frac{\alpha \Delta t ds}{h}$$

式中,$\Delta t = t_2 - t_1$,为两侧温度变化之差。

对于杆件结构,温度变化并不引起剪切变形,即 $\gamma_t = 0$。

将以上微段的温度变形代入 Δ_{Kt} 表达式,可得

$$\Delta_{Kt} = \sum \int \overline{F}_N \alpha t ds + \sum \int \overline{M} \frac{\alpha \Delta t ds}{h} = \sum \alpha t \int \overline{F}_N ds + \sum \frac{\alpha \Delta t}{h} \int \overline{M} ds \quad (4.13)$$

若各杆均为等截面杆,则

$$\Delta_{Kt} = \sum \alpha t \int \overline{F}_N ds + \sum \frac{\alpha \Delta t}{h} \int \overline{M} ds = \sum \alpha t A_{\omega \overline{F}_N} + \sum \frac{\alpha \Delta t}{h} A_{\omega \overline{M}} \quad (4.14)$$

式中,$A_{\omega \overline{F}_N}$ 为 $\overline{F}_N$ 图的面积;$A_{\omega \overline{M}}$ 为 $\overline{M}$ 图的面积。

在应用式(4.13)和式(4.14)时,应注意右边各项正负号的确定。由于它们都有是内力所做的变形虚功,故当实际温度变形与虚拟内力方向一致时其乘积为正,相反时为负。因此,对于温度变化,若规定以升温为正,降温为负,则轴力以 $\overline{F}_N$ 拉力为正,压力为负;弯矩 $\overline{M}$ 则应以使 t_2 一侧受拉者为正,反之为负。

对于梁和刚架,在计算温度变化所引起的位移时,一般不能略去轴向变形的影响。对于桁架,在温度变化时,其位移计算公式为

$$\Delta_{Kt} = \sum \overline{F}_N \alpha t l \quad (4.15)$$

当桁架的杆件长度因制造而存在误差时,由此引起的位移计算与温度变化时相类似。设各杆长度误差为 Δl,则位移计算公式为

$$\Delta_K = \sum \overline{F}_N \Delta l \quad (4.16)$$

式中,Δl 以伸长为正,$\overline{F}_N$ 以拉力为正;否则反之。

4.6 线弹性结构的互等定理

对于线弹性体,由虚功原理可推导出四个互等定理,其中虚功互等定理是最基本的,其他几个互等定理皆可由虚功互等定理推出。

1. 虚功互等定理(也称功的互等定理)

定理:第一状态的外力在第二状态的位移上所做的功等于第二状态的外力在第一状态的位移上所做的功,即

$$W_{12} = W_{21}$$

证明:设有两组外力 F_1 和 F_2 分别作用于同一线弹性结构上,如图 4.17(a)、(b)所示,分别称为第一状态和第二状态。

图 4.17

我们用第一状态的外力和内力在第二状态相应的位移和变形上做虚功,根据虚功原理有

$$F_1 \Delta_{12} = \sum \int \frac{M_1 M_2}{EI} \mathrm{d}s + \sum \int \frac{F_{N1} F_{N2}}{EA} \mathrm{d}s + \sum \int k \frac{F_{S1} F_{S2}}{GA} \mathrm{d}s$$

Δ_{12} 的两个脚标含义为:脚标 1 表示位移发生的地点和方向(这里表示 F_1 作用点、沿 F_1 方向),脚标 2 表示产生位移的原因(这里表示位移是由 F_2 作用引起的)。

我们再用第二状态的外力和内力在第一状态相应的位移和变形上做虚功,根据虚功原理有

$$F_2 \Delta_{12} = \sum \int \frac{M_2 M_1}{EI} \mathrm{d}s + \sum \int \frac{F_{N2} F_{N1}}{EA} \mathrm{d}s + \sum \int k \frac{F_{S2} F_{S1}}{GA} \mathrm{d}s$$

以上两式的右边是相等的,因此左边也相等,故有

$$F_1 \Delta_{12} = F_1 \Delta_{21}$$

由于 $F_1 \Delta_{12} = W_{12}$,$F_2 \Delta_{21} = W_{21}$,所以有

$$W_{12} = W_{21}$$

2. 位移互等定理

当两个状态中的荷载均为单位力时,应用虚功互等定理,可以得到位移互等定理。

定理:第二个单位力所引起的第一个单位力作用点沿其方向的位移 δ_{12} 等于第一个单位力所引起的第二个单位力作用点沿其方向的位移 δ_{21},即

$$\delta_{12} = \delta_{21}$$

证明:如图 4.18 所示,设两个状态中的荷载都是单位力,即 $F_1 = 1, F_2 = 1$。

图 4.18

由虚功互等定理，有

$$W_{12}=F_1\delta_{12}=\delta_{12}$$
$$W_{21}=F_2\delta_{21}=\delta_{21}$$

由 $W_{12}=W_{21}$ 得到

$$\delta_{12}=\delta_{21}$$

3. 反力互等定理

反力互等定理用来说明在超静定结构中，假设两个支座分别产生单位位移时，两个状态中反力的互等关系。

定理：支座 1 发生单位位移所引起的支座 2 的反力等于支座 2 发生单位位移所引起的支座 1 的反力，即

$$r_{12}=r_{21}$$

证明：如图 4.19(a)所示，支座 1 发生单位位移 $\Delta_1=1$，此时使支座 2 产生反力 r_{21}，称为第一状态。如图 4.19(b)所示，支座 2 发生单位位移 $\Delta_2=1$，此时使支座 1 产生反力 r_{12}，称为第二状态。

根据虚功互等定理，有

$$W_{12}=W_{21}$$
$$r_{21}\Delta_2=r_{12}\Delta_1$$
$$\Delta_1=\Delta_2=1$$

所以有

$$r_{12}=r_{21}$$

图 4.19

4. 反力位移互等定理

定理：单位力所引起的结构某支座反力等于该支座发生单位位移时所引起的单位力作用点沿其方向的位移，但符号相反，即

$$r_{12}=-\delta_{21}$$

证明：如图 4.20(a)所示，单位荷载 $F_2=1$ 作用时，支座 1 的反力偶为 r_{12}，称为第一状态。如图 4.20(b)所示，当支座沿 r_{12} 的方向发生单位转角 $\varphi_1=1$ 时，F_2 作用点沿其方向的位移为 δ_{21}，称为第二状态。

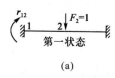

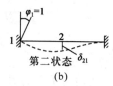

图 4.20

根据虚功互等定理，有

$$W_{12}=W_{21}$$
$$r_{12}\varphi_1+F_2\delta_{21}=0$$

又

$$\varphi_1=1, F_2=1$$

所以有

$$r_{12}=\delta_{21}$$

习 题

4.1 简支梁 AB 的弯曲刚度为 EI，B 端受力偶 M 作用。试用积分法求 A、B 截面转角和 C 截面挠度。

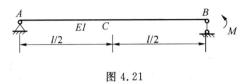

图 4.21

4.2 下列图乘是否正确？如果不正确如何改正？

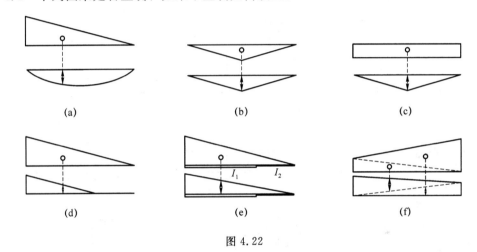

图 4.22

4.3 对于图 4.23，试用图乘法求 Δ_{Cy} 和 φ_C。

4.4 对于图 4.24，试用图乘法求 Δ_{Cy}。

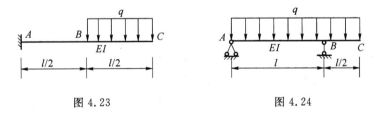

图 4.23　　　　　　　图 4.24

4.5 对于图 4.25，试用图乘法求 Δ_{Cy}。

4.6 对于图 4.26，试用图乘法求 φ_B。

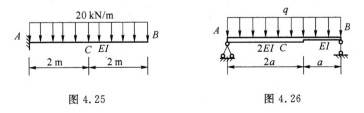

图 4.25　　　　　　　图 4.26

4.7 求图 4.27 所示桁架结点 B 和结点 C 的水平位移，各杆 EA 相同。

4.8 求图 4.28 所示桁架结点 1 竖向位移 Δ_{1y}。

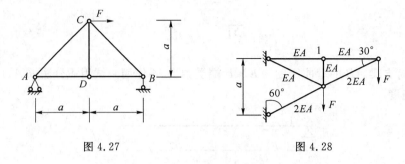

图 4.27　　　　　　　　图 4.28

4.9　求图 4.29 所示杆件横梁中点的竖向位移,各杆的长度均为 l,EI 相同。

4.10　求图 4.30 所示悬臂刚架自由端的竖向位移,各杆的长度均为 l,EI 相同。

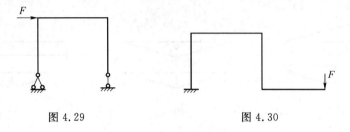

图 4.29　　　　　　　　图 4.30

4.11　求图 4.31 所示刚架刚结点的转角,各杆段的长度均为 l。

4.12　求图 4.32 所示刚架下端支座处截面的转角,各杆的长度均为 l,EI 相同。

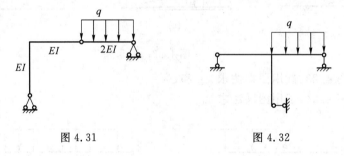

图 4.31　　　　　　　　图 4.32

4.13　结构的温度改变如图 4.33 所示,试求 C 点的竖向位移。各杆截面相同且对称于形心轴,其厚度为 $h=l/10$,材料的线膨胀系数为 α。

4.14　图 4.34 所示简支刚架支座 B 下沉 b,试求 C 点水平位移。

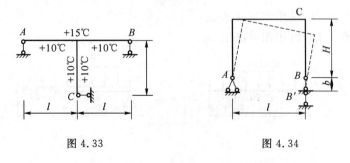

图 4.33　　　　　　　　图 4.34

4.15　已知图 4.35(a)所示弹性变形梁在外力作用下 1、2、3 点的竖向位移,求图 4.35(b)所示荷载作用下 3 截面的竖向位移。

4.16 已知图 4.36(a)所示支座 B 下沉 $\Delta_B=1$,C 点竖向位移 $\Delta_C=\dfrac{4}{15}$,试求图 4.36(b)所示荷载作用下支座 B 反力,并作弯矩图。

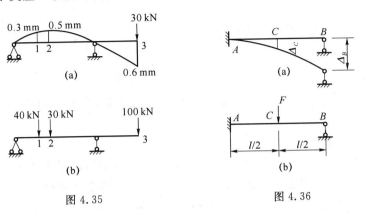

图 4.35   图 4.36

第5章 力 法

5.1 超静定结构的概念和超静定次数的确定

1. 超静定结构的概念

前面讨论的是静定结构,从本章开始我们讨论超静定结构的受力情况。关于结构的静定性可以从两个方面来定义。从几何组成的角度来定义,静定结构就是没有多余联系的几何不变体系;从受力的角度来定义,静定结构就是只用静力平衡方程就能求出全部反力和内力的结构。

现在,我们要讨论的是超静定结构。它同样可以从以上两个方面来定义。从几何组成的角度来定义,超静定结构就是具有多余联系的几何不变体系;从受力的角度来定义,超静定结构就是只用静力平衡方程不能求出全部的反力或内力的结构。如图 5.1(a)所示的简支梁是静定的,当跨度增加时,其内力和变形都将迅速增加。为减少梁的内力和变形,在梁的中部增加一个支座,如图 5.1(b)所示,从几何组成的角度分析,它就变成具有一个多余联系的结构。也正是由于这个多余联系的存在,我们只用静力平衡方程就不能求出全部 4 个约束反力 F_{Ax}、F_{Ay}、F_{By}、F_{Cy} 和全部内力。具有多余约束、仅用静力平衡条件不能求出全部支座反力或内力的结构称为超静定结构。图 5.1(b)和图 5.2 所示的连续梁和刚架都是超静定结构。

图 5.3 给出了工程中常见的几种超静定梁、刚架、桁架、拱、组合结构和排架。本章讨论如何用力法计算这种类型的结构。

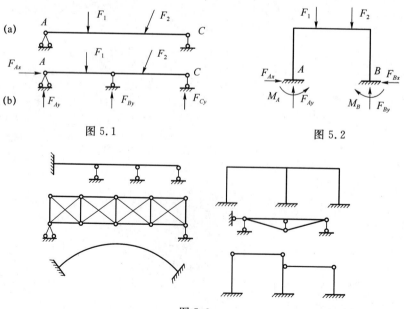

图 5.1

图 5.2

图 5.3

2. 超静定次数的确定

力法是解超静定结构最基本的方法。用力法求解时,首先要确定结构的超静定次数。通常将多余联系的数目或多余未知力的数目称为超静定结构的超静定次数。如果一个超静定结构在去掉 n 个联系后变成静定结构,那么这个结构就是 n 次超静定。

显然,我们可用去掉多余联系使原来的超静定结构(以后称原结构)变成静定结构的方法来确定结构的超静定次数。去掉多余联系的方式,通常有以下几种。

(1) 去掉支座处的一根支杆或切断一根链杆,相当于去掉一个联系。图 5.4 所示结构就是一次超静定结构。图中原结构的多余联系去掉后用未知力 X_1 代替。

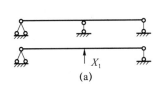
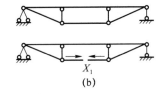

图 5.4

(2) 去掉一个单铰,相当于去掉两个联系(如图 5.5 所示)。

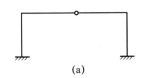
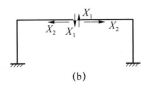

图 5.5

(3) 把刚性连接改成单铰连接,相当于去掉一个联系(如图 5.6 所示)。

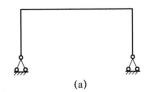
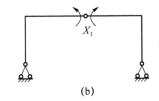

图 5.6

(4) 在刚性连接处切断,相当于去掉三个联系(如图 5.7 所示)。

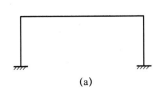
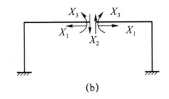

图 5.7

应用上述去掉多余联系的基本方式,可以确定结构的超静定次数。应该指出,同一个超静定结构,可以采用不同的方式去掉多余联系。如图 5.8(a)可以有三种不同的去约束方法,分别如图 5.8(b)、(c)、(d)所示。无论采用何种方式,原结构的超静定次数都是相同的。所以说去约束的方式不是唯一的。这里面所说的去掉"多余联系"(或"多余约束"),是以保证结构是几何不变体系为前提的。图 5.9(a)中的水平约束就不能去掉,因为它是使这个结构保持几何不变的"必要约束"(或"必要联系")。如果去掉水平链杆(如图 5.9(b)所示),则原体系就变成几何可变体系了。

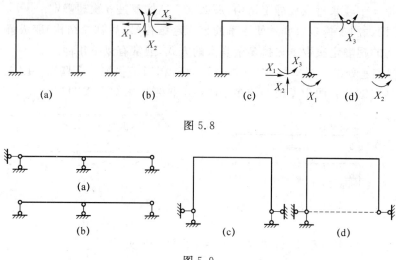

图 5.8

图 5.9

对于图 5.10(a)所示的多跨多层刚架,在将每一个封闭框格的横梁切断,共去掉 $3\times 4=12$ 个多余联系后,成为如图 5.10(b)所示的静定结构,所以它是 12 次超静定的结构。对于图 5.10(c)所示刚架,在将顶部的复铰(相当于两个单铰)去掉后,成为如图 5.10(d)所示的静定结构,所以它是 4 次超静定的结构。

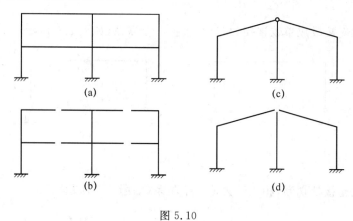

图 5.10

5.2 力法原理和力法方程

1. 力法基本原理

力法是计算超静定结构最基本的方法。下面通过一个简单的例子来说明力法的基本原理。

图 5.11(a)所示为一单跨超静定梁,它是具有一个多余联系的超静定结构。如果把支座 B 去掉,在去掉多余联系 B 支座处加上多余未知力 X_1,原结构就变成静定结构,说明它是一次超静定结构。此时梁上(如图 5.11(b)所示)作用有均布荷载 q 和集中力 X_1,这种在

去掉多余联系后所得到的静定结构称为原结构的基本结构,代替多余联系的未知力 X_1 称为多余未知力。如果能设法求出符合实际受力情况的 X_1,也就是支座 B 处的真实反力,那么基本结构在荷载和多余力 X_1 共同作用下的内力和变形就与原结构在荷载作用下的情况完全一样,从而将超静定结构问题转化为静定结构问题。

对于图 5.11(b)所示的基本结构上的 B 点,其位移应与原结构相同,即 $\Delta_B=0$。这就是原结构与基本结构内力和位移相同的位移条件。基本结构上同时作用有荷载和多余未知力 X_1,称其为基本体系。我们可以把基本体系分解成分别由荷载和多余未知力单独作用在基本结构上的这两种情况的叠加(图 5.11(c)和(e)的叠加)。

用 Δ_{11} 表示基本结构在 X_1 单独作用下 B 点沿 X_1 方向的位移(如图 5.11(c)所示),用 δ_{11} 表示当 $X_1=1$ 时 B 点沿 X_1 方向的位移,所以有 $\Delta_{11}=\delta_{11}X_1$。这里 δ_{11} 的物理意义为:基本结构上,由于 $\overline{X}_1=1$ 的作用,在 X_1 的作用点沿 X_1 方向产生的位移。

用 Δ_{1P} 表示基本结构在荷载作用下 B 点沿 X_1 方向的位移。根据叠加原理,B 点的位移可视为基本结构上上述两种位移之和,即
$$\Delta_1=\delta_{11}X_1+\Delta_{1P}=0$$
有
$$\delta_{11}X_1+\Delta_{1P}=0 \tag{5.1}$$

上式是含有多余未知力 X_1 的位移方程,称为力法方程。式中,δ_{11} 称为系数;Δ_{1P} 称为自由项。它们都表示静定结构在已知荷载作用下的位移。利用力法方程求出 X_1 后就完成了把超静定结构转换成静定结构来计算的过程。

上述计算超静定结构的方法称为力法。它的基本特点就是以多余未知力作为基本未知量,根据所去掉的多余联系处相应的位移条件,建立关于多余未知力的方程或方程组,我们称这样的方程(或方程组)为力法典型方程,简称力法方程。解此方程或方程组即可求出多余未知力。

下面计算系数 δ_{11} 和自由项 Δ_{1P}。
$$\delta_{11}=\frac{1}{EI}\times\frac{1}{2}\times l\times l\times\frac{2}{3}\times l=\frac{l^3}{3EI}$$
$$\Delta_{1P}=-\frac{1}{EI}\times\frac{1}{3}\times\frac{ql^2}{2}\times l\times\frac{3}{4}\times l=-\frac{ql^4}{8EI}$$

把 δ_{11} 和 Δ_{1P} 代入式(5.1)得
$$X_1=-\frac{\Delta_{1P}}{\delta_{11}}=\frac{3}{8}ql\ (\uparrow)$$

计算结果 X_1 为正值,表示开始时假设的 X_1 方向是正确的(向上)。

多余未知力 X_1 求出后,其内力可按静定结构的方法进行分析,也可利用叠加法计算。即将 $X_1=1$ 单独作用下的弯矩图 $\overline{M}_1$ 乘以 X_1 后与荷载单独作用下的弯矩图 M_P 叠加。用公式可表示为
$$M=\overline{M}_1 X_1+M_P$$

通过这个例子,可以看出力法的基本思路是:去掉多余约束,以多余未知力代替,再根据原结构的位移条件建立力法方程,并解出多余未知力。这样就把超静定问题转化为静定问题了。

由于去掉多余联系的方式不同,同一个超静定问题可能选择几个不同的基本结构。图 5.12(a)就是图 5.11(a)所示的单跨超静定梁的又一基本结构,其多余未知力 X_1 是原结构固定端支座的反力偶。读者可根据位移条件列出力法方程,并按图 5.12 所示的 $\overline{M}_1$ 图和 M_P 图求出系数和自由项,解出 X_1 并作出 M 图(如图 5.12(f)所示)。应该指出的是,不论选用哪种基本结构,力法方程的形式都是不变的,但是力法方程中的系数和自由项的物理意

义与数值的大小可能不同。

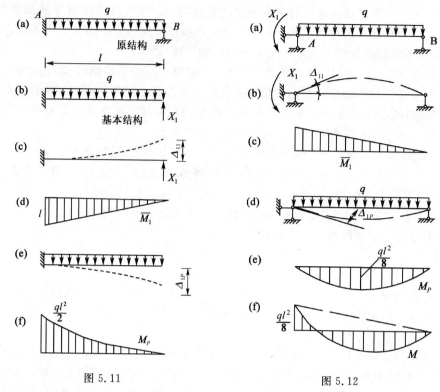

图 5.11　　　　　　　　　图 5.12

2. 力法典型方程

以上我们以一次超静定梁为例说明了力法原理,下面我们讨论多次超静定的情况。如图 5.13(a)所示的刚架为二次超静定结构。下面以 B 点支座的水平和竖直方向反力 X_1、X_2 为多余未知力,确定基本结构,如图 5.13(b)所示。按上述力法原理,基本结构在给定荷载和多余未知力 X_1、X_2 共同作用下,其内力和变形应等同于原结构的内力和变形。原结构在铰支座 B 点处沿多余力 X_1 和 X_2 方向的位移(或称为基本结构上与 X_1 和 X_2 相应的位移)都应为零,即

$$\begin{cases} \Delta_1 = 0 \\ \Delta_2 = 0 \end{cases} \tag{5.2}$$

式(5.2)就是求解多余未知力 X_1 和 X_2 的位移条件。

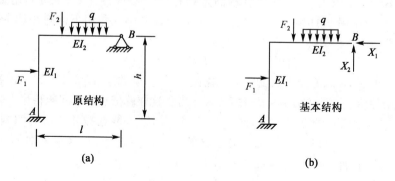

图 5.13

如图 5.14 所示,Δ_{1P} 表示基本结构上多余未知力 X_1 的作用点沿其作用方向,由于荷载单独作用时所产生的位移;Δ_{2P} 表示基本结构上多余未知力 X_2 的作用点沿其作用方向,由于荷载单独作用时所产生的位移;δ_{ij} 表示基本结构上 X_i 的作用点沿其作用方向,由于 $\overline{X}_j=1$ 单独作用时所产生的位移。根据叠加原理,式(5.2)可写成以下形式

$$\begin{cases} \Delta_1 = \delta_{11}X_1 + \delta_{12}X_3 + \Delta_{1P} = 0 \\ \Delta_2 = \delta_{11}X_1 + \delta_{22}X_3 + \Delta_{1P} = 0 \end{cases} \tag{5.3}$$

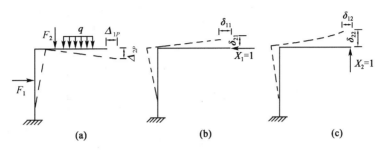

图 5.14

式(5.3)就是为求解多余未知力 X_1 和 X_2 所需要建立的力法方程。其物理意义是:在基本结构上,由于全部的多余未知力和已知荷载的共同作用,在去掉多余联系处的位移应与原结构中相应的位移相等。在本例中等于零。

在计算时,我们首先要求得式(5.3)中的系数和自由项,然后代入式(5.3),即可求出 X_1 和 X_2,剩下的问题就是静定结构的计算问题了。

图 5.15(a)所示为一个三次超静定刚架,我们将原结构的横梁在中间处切开,取这样切为两半的结构作为基本结构,如图 5.15(b)所示。由于原结构的实际变形是处处连续的,显然,同一截面的两侧不可能有相对转动或移动。因此,在荷载和各多余力的共同作用下,基本结构切口两侧的截面沿各多余力指向的相对位移都应为零,即

$$\begin{cases} \Delta_1 = 0 \\ \Delta_2 = 0 \\ \Delta_3 = 0 \end{cases} \tag{5.4}$$

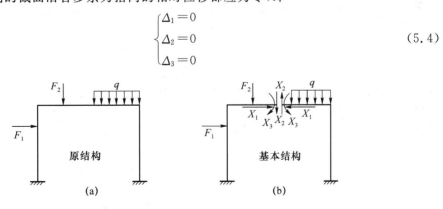

图 5.15

式(5.4)就是求解多余未知力 X_1、X_2 和 X_3 的位移条件。根据叠加原理,式(5.4)可改写成

$$\begin{cases} \delta_{11}X_1 + \delta_{12}X_2 + \delta_{13}X_3 + \Delta_{1P} = 0 \\ \delta_{21}X_1 + \delta_{22}X_2 + \delta_{23}X_3 + \Delta_{2P} = 0 \\ \delta_{31}X_1 + \delta_{32}X_2 + \delta_{33}X_3 + \Delta_{3P} = 0 \end{cases} \tag{5.5}$$

也就是说,这三个方向的位移都是由荷载和三个多余未知力共同产生的,并且都等于零。这就是求解多余未知力 X_1、X_2 和 X_3 所需要建立的力法方程。因为 X_1、X_2 和 X_3 都是成对的未知力(或力偶),所以式(5.5)中与它们相应的 δ 及 Δ 应理解为相对位移(相对移动或相对转动)。

3. 力法一般方程的建立

用同样的分析方法,我们可以建立力法的一般方程。对于 n 次超静定的结构,用力法计算时,可去掉 n 个多余联系,得到静定的基本结构,在去掉的多余联系处代以 n 个多余未知力。相应地,也就有 n 个已知的位移条件 $\Delta_i(i=1,2,\cdots,n)$。据此可以建立 n 个关于多余未知力的方程,即

$$\begin{cases} \delta_{11}X_1+\delta_{12}X_2+\delta_{13}X_3+\cdots+\delta_{1n}X_n+\Delta_{1P}=\Delta_1 \\ \delta_{21}X_1+\delta_{22}X_2+\delta_{23}X_3+\cdots+\delta_{2n}X_n+\Delta_{2P}=\Delta_2 \\ \quad\vdots \\ \delta_{n1}X_1+\delta_{n2}X_2+\delta_{n3}X_3+\cdots+\delta_{nn}X_n+\Delta_{nP}=\Delta_n \end{cases} \quad (5.6)$$

当与多余力相应的位移都等于零,即 $\Delta_i=0(i=1,2,\cdots,n)$ 时,则式(5.6)即变为

$$\begin{cases} \delta_{11}X_1+\delta_{12}X_2+\delta_{13}X_3+\cdots+\delta_{1n}X_n+\Delta_{1P}=0 \\ \delta_{21}X_1+\delta_{22}X_2+\delta_{23}X_3+\cdots+\delta_{2n}X_n+\Delta_{2P}=0 \\ \quad\vdots \\ \delta_{n1}X_1+\delta_{n2}X_2+\delta_{n3}X_3+\cdots+\delta_{nn}X_n+\Delta_{nP}=0 \end{cases} \quad (5.7)$$

式(5.6)或式(5.7)就是力法方程的一般形式,通常称为力法典型方程。

在以上的方程组中,位于从左上方至右下方的一条主对角线上的系数 $\delta_{ij}(i=j)$ 称为主系数,主对角线两侧的其他系数 $\delta_{ij}(i\neq j)$ 称为副系数,最后一项 Δ_{iP} 称为自由项。所有系数和自由项都是基本结构上与某一多余未知力相应的位移,并规定以与所设多余未知力方向一致为正。由于主系数 δ_{ii} 代表由于单位力 $X_i=1$ 的作用,在其本身方向所引起的位移,它总是与该单位力的方向一致,故总是正的。而副系数 $\delta_{ij}(i\neq j)$ 则可能为正、为负或为零。根据位移互等定理,有 $\delta_{ij}=\delta_{ji}$,它表明,力法方程中位于对角线两侧对称位置的两个副系数是相等的。

力法方程在组成上具有一定的规律,其副系数具有互等的关系。无论是哪种 n 次超静定结构,也无论其静定的基本结构如何选取,只要超静定次数是一样的,则方程的形式和组成就完全相同。因为基本结构是静定结构,所以力法方程和式(5.6)及式(5.7)中的系数和自由项都可按静定结构求位移的方法求得。对于梁和刚架,可按下列公式或图乘法计算:

$$\begin{cases} \delta_{ii} = \sum\int \dfrac{\overline{M}_i^2}{EI}\,\mathrm{d}s \\ \delta_{ij} = \sum\int \dfrac{\overline{M}_i\,\overline{M}_j}{EI}\,\mathrm{d}s \\ \Delta_{iP} = \sum\int \dfrac{\overline{M}_iM_P}{EI}\,\mathrm{d}s \end{cases} \quad (5.8)$$

式中,$\overline{M}_i$、$\overline{M}_j$ 和 M_P 分别代表在 $X_i=1$、$X_j=1$ 和荷载单独作用下基本结构中的弯矩。

从力法方程中解出多余力 $X_i(i=1,2,\cdots,n)$ 后,即可按照静定结构的分析方法求原结构的反力和内力,或按下述叠加公式求出弯矩:

$$M=X_1\overline{M}_1+X_2\overline{M}_2+\cdots+X_n\overline{M}_n+M_P \quad (5.9)$$

再根据平衡条件即可求其剪力和轴力。

根据以上所述,用力法计算超静定结构的步骤可归纳如下。

(1) 去掉结构的多余联系得静定的基本结构,并以多余未知力代替相应的多余联系的作用。在选取基本结构的形式时,以使计算尽可能简单为原则。

(2) 根据基本结构在多余力和荷载共同作用下,在去掉多余联系处的位移应与原结构相应的位移相同的条件,建立力法方程。

(3) 作出基本结构的单位内力图和荷载内力图(或写出内力表达式),按照求位移的方法计算方程中的系数和自由项。

(4) 将计算所得的系数和自由项代入力法方程,求解各多余未知力。

(5) 求出多余未知力后,按分析静定结构的方法,绘出原结构的内力图,即最后内力图。最后内力图也可以利用已作出的基本结构的单位内力图和荷载内力图按式(5.9)求得。

5.3 用力法计算超静定结构

1. 梁和刚架

【例 5.1】 试分析如图 5.16(a)所示单跨超静定梁。设 EI 为常数。

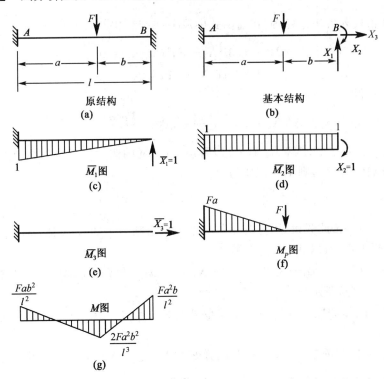

图 5.16

解:此梁具有 3 个多余联系,为 3 次超静定。取基本结构及 3 个多余力,如图 5.16(b)所示。根据支座 B 处位移为零的条件,可以建立以下力法方程:

$$\begin{cases} \delta_{11}X_1 + \delta_{12}X_2 + \delta_{13}X_3 + \Delta_{1P} = 0 \\ \delta_{21}X_1 + \delta_{22}X_2 + \delta_{23}X_3 + \Delta_{2P} = 0 \\ \delta_{31}X_1 + \delta_{32}X_2 + \delta_{33}X_3 + \Delta_{3P} = 0 \end{cases}$$

其中，X_1 和 X_3 分别代表支座 B 处的竖向反力和水平反力，X_2 代表支座 B 处的反力偶。作基本结构的单位弯矩图和荷载弯矩图，如图 5.16(c)、(d)、(e)、(f)所示。利用图乘法求得力法方程的各系数和自由项为

$$\delta_{11} = \frac{1}{EI}\left(\frac{1}{2} \times l \times l \times \frac{2}{3} \times l\right) = \frac{l^3}{3EI}$$

$$\delta_{12} = \delta_{21} = -\frac{1}{EI}\left(\frac{1}{2}l \times l \times 1\right) = -\frac{l^2}{2EI}$$

$$\delta_{22} = \frac{1}{EI}(l \times 1 \times 1) = \frac{l}{EI}$$

$$\delta_{13} = \delta_{31} = \delta_{23} = \delta_{32} = 0$$

$$\Delta_{1P} = -\frac{1}{EI}\left[\frac{Fa}{2} \times a \times \left(l - \frac{a}{3}\right)\right] = -\frac{Fa^2(3l-a)}{6EI}$$

$$\Delta_{2P} = \frac{1}{EI}\left(\frac{1}{2}Fa \times a \times 1\right) = \frac{Fa^2}{2EI}$$

$$\Delta_{3P} = 0$$

δ_{33} 的计算分两种情况：不考虑轴力对变形的影响时，$\delta_{33} = 0$；考虑轴力对变形的影响时，$\delta_{33} \neq 0$。

将以上各值代入力法方程，而在前两式中消去 $\frac{1}{6EI}$ 后，得

$$\begin{cases} 2l^3 X_1 - 3l^2 X_2 - Fa^2(3l-a) = 0 \\ -3l^2 X_1 + 6l X_2 + 3Fa^2 = 0 \end{cases}$$

解以上方程组求得

$$X_1 = \frac{Fa^2(l+2b)}{l^3}, \quad X_2 = \frac{Fa^2 b}{l^2}$$

由力法方程的第三式求解 X_3 时，可以看出，按不同的假设有不同的结果。若不考虑轴力对变形的影响（$\delta_{33} = 0$），则第三式变为

$$0 \times \frac{Fa^2(l+2b)}{l^3} + 0 \times \frac{Fa^2 b}{l^2} + 0 \times X_3 + 0 = 0$$

所以 X_3 为不定值。按此假设，不能利用位移条件求出轴力。如考虑轴力对变形的影响，则 $\delta_{33} \neq 0$，而 Δ_{3P} 仍为零，所以 X_3 的值为零。

用叠加公式 $M = X_1 \overline{M}_1 + X_2 \overline{M}_2 + \cdots + X_n \overline{M}_n + M_P$ 计算出两端的最后弯矩，画出最后弯矩图，如图 5.16(g)所示。

【例 5.2】 试作如图 5.17(a)所示梁的弯矩图。设 B 端弹簧支座的刚度为 k，EI 为常数。

解：此梁是一次超静定，去掉支座 B 的弹簧联系，代以多余力 X_1，得图 5.17(b)所示的基本结构。由于 B 处为弹簧支座，在荷载作用下弹簧被压缩，B 处向下移动 $\Delta = -\frac{1}{k}X_1$（负号表示移动方向与多余力 X_1 的方向相反），据此建立如下力法方程：

$$\delta_{11} X_1 + \Delta_{1P} - \frac{1}{k} X_1 = 0$$

或改写成

$$\left(\delta_{11} + \frac{1}{k}\right) X_1 + \Delta_{1P} = 0$$

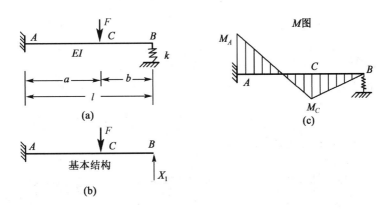

图 5.17

作基本结构的单位弯矩图和荷载弯矩图，利用图乘法可求得

$$\delta_{11}=\frac{l^3}{3EI},\Delta_{1P}=\frac{Fa^2(3l-a)}{6EI}$$

将以上各值代入力法方程解得

$$X_1=\frac{Fa^2(3l-a)}{2l^3+\frac{6EI}{k}}=\frac{Fa^2\left(1+\frac{3b}{2a}\right)}{l^3\left(1+\frac{3EI}{kl^3}\right)}$$

由上式可以看出，由于 B 端为弹簧支座，多余力 X_1 的值不仅与弹簧刚度 k 值有关，而且与梁 AB 的弯曲刚度 EI 有关。当 $k=\infty$ 时，相当于 B 端为刚性支承的情形，此时

$$X_1'=\frac{Fa^2(3l-a)}{2l^3}=\frac{Fa^2\left(1+\frac{3b}{2a}\right)}{l^3}$$

当 $k=0$ 时，相当 B 端为完全柔性支承（即自由端）情形，此时

$$X_1''=0$$

故实际上 B 端多余力（即 B 支座处竖向反力）在 X_1' 和 X_1'' 之间。求得 X_1 后，根据 $M=X_1\overline{M}_1+M_P$ 作出最后弯矩图，如图 5.17(c)所示。

$$M_A=\frac{Fa\left(\frac{3EI}{kl}+\frac{ab}{2}+b^2\right)}{l^2\left(1+\frac{3EI}{kl^3}\right)},M_C=\frac{Fa^3b\left(1+\frac{3b}{2a}\right)}{l^3\left(1+\frac{3EI}{kl^3}\right)}$$

【例 5.3】 用力法计算如图 5.18(a)所示刚架。

解：刚架是二次超静定结构，基本结构如图 5.18(b)所示。力法方程为

$$\begin{cases}\delta_{11}X_1+\delta_{12}X_2+\Delta_{1P}=0\\\delta_{21}X_1+\delta_{22}X_2+\Delta_{2P}=0\end{cases}$$

作 $\overline{M}_1$、$\overline{M}_2$ 和 M_P 图，用图乘法计算系数和自由项，得

$$\delta_{11}=\frac{K}{EI}a_3+\frac{1}{EI}\times\frac{a^2}{2}\times\frac{2}{3}a=\frac{3K+1}{3EI}a^3$$

$$\delta_{22}=\frac{K}{EI}\times\frac{a^2}{2}\times\frac{2}{3}a=\frac{Ka^3}{3EI}$$

$$\delta_{12}=\delta_{21}=\frac{K}{EI}\times\frac{a^2}{2}\times a=\frac{K}{2EI}a^3$$

$$\Delta_{1P} = -\frac{K}{EI} \times a^2 \times \frac{1}{2}qa^2 - \frac{1}{EI} \times \frac{1}{3} \times \frac{1}{2}qa^2 \times \frac{3}{4}a = -\frac{4K+1}{8EI}qa^4$$

$$\Delta_{2P} = -\frac{K}{EI} \times \frac{a^2}{2} \times \frac{1}{2}qa^2 = -\frac{K}{4EI}qa^4$$

代入力法方程,解得

$$X_1 = \frac{3(K+1)}{2(3K+4)}qa, \quad X_2 = \frac{3}{4(3K+4)}qa$$

M 图如图 5.18(f)所示,读者按 M 图作出 F_S 图。

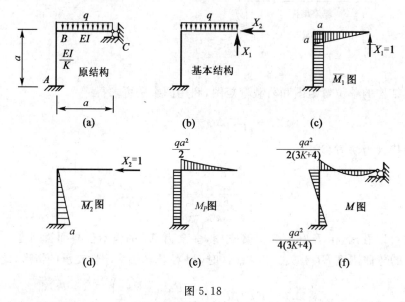

图 5.18

【例 5.4】 试作如图 5.19(a)所示刚架的弯矩图。设 EI 为常数。

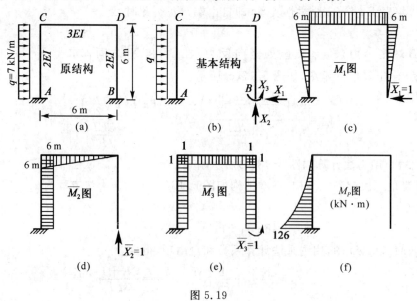

图 5.19

解:此刚架是三次超静定,去掉支座 B 处的三个多余联系代以多余力 X_1、X_2 和 X_3,得如图 5.19(b)所示的基本结构。根据原结构在支座 B 处不可能产生位移的条件,建立力法方程如下:

$$\begin{cases} \delta_{11}X_1+\delta_{12}X_2+\delta_{13}X_3+\Delta_{1P}=0 \\ \delta_{21}X_1+\delta_{22}X_2+\delta_{23}X_3+\Delta_{2P}=0 \\ \delta_{31}X_1+\delta_{32}X_2+\delta_{33}X_3+\Delta_{3P}=0 \end{cases}$$

分别绘出基本结构的单位弯矩图和荷载弯矩图,如图 5.19(c)、(d)、(e)和(f)所示。用图乘法求得各系数和自由项如下:

$$\delta_{11}=\frac{2}{2EI}\left(\frac{1}{2}\times 6\times 6\times \frac{2}{3}\times 6\right)+\frac{1}{3EI}(6\times 6\times 6)=\frac{144}{EI}$$

$$\delta_{22}=\frac{1}{2EI}(6\times 6\times 6)+\frac{1}{3EI}\left(\frac{1}{2}\times 6\times 6\times \frac{2}{3}\times 6\right)=\frac{132}{EI}$$

$$\delta_{33}=\frac{2}{2EI}(1\times 6\times 1)+\frac{1}{3EI}(1\times 6\times 1)=\frac{8}{EI}$$

$$\delta_{12}=\delta_{21}=-\frac{2}{2EI}\left(\frac{1}{2}\times 6\times 6\times 6\right)-\frac{1}{3EI}\left(\frac{1}{2}\times 6\times 6\times 6\right)=-\frac{90}{EI}$$

$$\delta_{13}=\delta_{31}=-\frac{2}{2EI}\left(\frac{1}{2}\times 6\times 6\times 1\right)-\frac{1}{3EI}\left(\frac{1}{2}\times 6\times 6\times 1\right)=-\frac{24}{EI}$$

$$\delta_{23}=\delta_{32}=\frac{2}{2EI}(6\times 6\times 1)+\frac{1}{3EI}\left(\frac{1}{2}\times 6\times 6\times 1\right)=\frac{24}{EI}$$

$$\Delta_{1P}=\frac{1}{2EI}\left(\frac{1}{3}\times 126\times 6\times \frac{1}{4}\times 6\right)=\frac{189}{EI}$$

$$\Delta_{2P}=-\frac{1}{2EI}\left(\frac{1}{3}\times 126\times 6\times 6\right)=-\frac{756}{EI}$$

$$\Delta_{3P}=-\frac{1}{2EI}\left(\frac{1}{3}\times 126\times 6\right)=-\frac{126}{EI}$$

将系数和自由项代入力法方程,化简后得

$$\begin{cases} 24X_1-15X_2-5X_3+31.5=0 \\ -15X_1+22X_2+4X_3-126=0 \\ -5X_1+4X_2+\dfrac{4}{3}X_3-21=0 \end{cases}$$

解此方程组得

$$X_1=9\text{ kN},X_2=6.3\text{ kN},X_3=30.6\text{ kN·m}$$

按叠加公式计算得最后弯矩图,如图 5.20 所示。

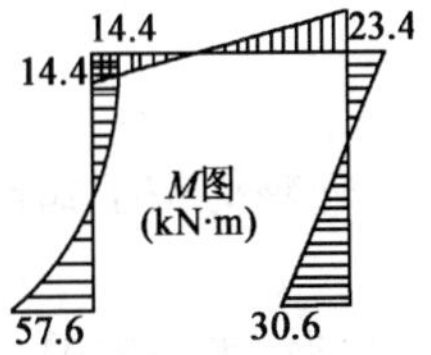

从以上例子可以看出,在荷载作用下,多余力和内力的大小都只与各杆弯曲刚度的相对值有关,而与其绝对值无关。对于同一材料构成的结构(即梁、柱的 E 值相同),材料的弹性模量 E 对多余力和内力的大小也无影响。

图 5.20

2. 超静定桁架和排架

用力法计算超静定桁架,在只承受结点荷载时,由于在桁架的杆件中只产生轴力,故力法方程中的系数和自由项的计算公式为

$$\begin{cases} \delta_{ii}=\sum \dfrac{\overline{F}_{Ni}^2 l}{EA} \\ \delta_{ij}=\sum \dfrac{\overline{F}_{Ni}\overline{F}_{Nj}l}{EA} \\ \Delta_{iP}=\sum \dfrac{\overline{F}_{Ni}\overline{F}_{NP}l}{EA} \end{cases} \tag{5.10}$$

桁架各杆的最后内力可按下式计算：

$$F_N = X_1 \overline{F}_{N1} + X_2 \overline{F}_{N2} + \cdots + X_n \overline{F}_{Nn} + \overline{F}_{NP}$$

【例 5.5】 试分析如图 5.21(a)所示桁架。设各杆 EA 为常数。

解：此桁架是一次超静定。切断 BC 杆代以多余力 X_1，得如图 5.21(b)所示的基本结构。根据原结构切口两侧截面沿杆轴方向的相对线位移为零的条件，建立力法方程如下：

$$\delta_{11} X_1 + \Delta_{1P} = 0$$

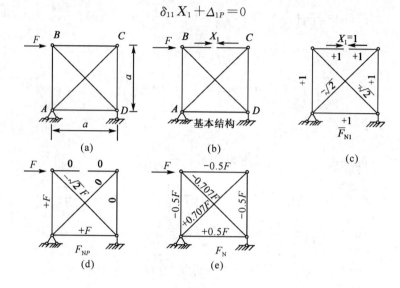

图 5.21

分别求出基本结构在单位力 $\overline{X}_1 = 1$ 和荷载单独作用下各杆的内力 $\overline{F}_{N1}$ 和 F_{NP}（如图 5.21(c)、(d)所示），即可按式(5.10)求得系数和自由项为

$$\delta_{11} = \sum \frac{\overline{F}_{Ni}^2}{EA} l = \frac{2}{EA}[1^2 \times a + 1^2 \times a + (-\sqrt{2})^2 \times \sqrt{2}a] = \frac{2a}{EA}(2 + 2\sqrt{2})$$

$$\Delta_{1P} = \sum \frac{\overline{F}_{N1} F_{NP}}{EA} l = \frac{1}{EA}[1 \times F \times a + 1 \times F \times a + (-\sqrt{2}F)^2 \times \sqrt{2}a] = \frac{Fa}{EA}(2 + 2\sqrt{2})$$

代入力法方程求得

$$X_1 = -\frac{\Delta_{1P}}{\delta_{11}} = -\frac{F}{2}$$

各杆轴力按下式计算：

$$F_N = X_1 \overline{F}_{N1} + F_{NP}$$

最后结果示于图 5.21(e)中。

【例 5.6】 用力法计算如图 5.22(a)所示桁架各杆轴力。设各杆 EA 为常数。

分析：(1) 本题桁架和荷载都是对称的，宜取对称的基本体系。取对称基本体系时，可计算半个桁架的杆件。

(2) 计算 δ_{11} 和 Δ_{1P} 时，只考虑轴向变形的影响。计算半个桁架的变形时，EF 杆长度可取其一半长度。最后结果为半个桁架杆件变形总和的两倍。

因取基本体系时作为多余约束的链杆已切断，基本结构在 $X_1 = 1$ 作用下，δ_{11} 中应包含切断杆的变形影响；在荷载作用下切断杆轴力为零，Δ_{1P} 中切断杆的变形影响为零。

解：(1) 切断对称轴上的 CD 链杆，代以多余未知力 X_1，得到基本体系和基本未知量，如图 5.22(b)所示。

(2) 列力法方程：$\delta_{11} X_1 + \Delta_{1P} = 0$。

(3) 计算 $\overline{F}_{N1}$、F_{NP}，并求 δ_{11}、Δ_{1P}。

$\overline{F}_{N1}$、F_{NP} 如图 5.22(c)、(d)所示。

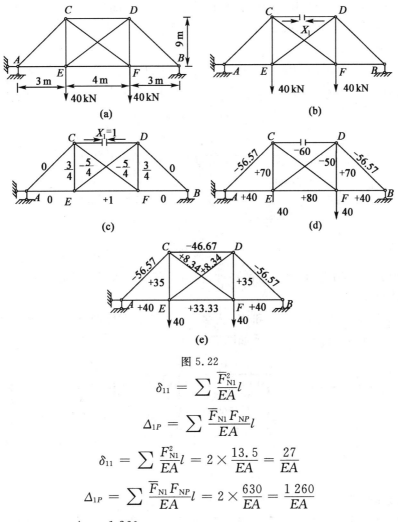

图 5.22

$$\delta_{11} = \sum \frac{\overline{F}_{N1}^2}{EA} l$$

$$\Delta_{1P} = \sum \frac{\overline{F}_{N1} F_{NP}}{EA} l$$

$$\delta_{11} = \sum \frac{\overline{F}_{N1}^2}{EA} l = 2 \times \frac{13.5}{EA} = \frac{27}{EA}$$

$$\Delta_{1P} = \sum \frac{\overline{F}_{N1} F_{NP}}{EA} l = 2 \times \frac{630}{EA} = \frac{1\,260}{EA}$$

(4) 解方程得 $X_1 = \dfrac{\Delta_{1P}}{\delta_{12}} = -\dfrac{1\,260}{27}\,\text{kN} = -46.57\,\text{kN}$。

(5) 利用叠加公式 $F_N = \overline{F}_{N1} X_1 + F_{NP}$ 计算各杆轴力。各杆轴力的结果如表 5.1 及图 5.22(e) 所示。

表 5.1

杆件	EA	l/m	F_{NP}/kN	$\overline{F}_{N1}$	$\overline{F}_{N1} F_{NP} l$	$\overline{F}_{N1} l$	$F_N = \overline{F}_{N1} X_1 + F_{NP}$
AC	EA	4.24	-56.57	0	0	0	-56.57
AE	EA	3.00	+40.00	0	0	0	+40.00
CE	EA	3.00	+70.00	3/4	157.50	1.69	+35
CF	EA	5.00	-50.00	-5/4	312.50	7.81	+8.34
EF	EA	2.00	+80.00	1	160	2	+33.33
CD	EA	2.00	0	1	0	2	-46.67
Σ				13.5	630	13.5	

【例 5.7】 图 5.23 所示为两跨厂房排架的计算简图,求在图示吊车荷载作用下的内力。计算数据如下。

(1) 截面惯性矩。

左柱:上段 $I_{S1}=10.1\times10^4$ cm^4,下段 $I_{X1}=28.6\times10^4$ cm^4。

右柱及中柱:上段 $I_{S2}=16.1\times10^4$ cm^4,下段 $I_{X2}=81.8\times10^4$ cm^4。

(2) 右跨吊车荷载。

竖向荷载 $P_H=108$ kN,$P_E=43.9$ kN。由于 P_H、P_E 与下柱轴线有偏心距 $e=0.4$ m,因此在 H、E 点的力偶荷载分别为 $M_H=P_He=43.2$ kN·m;$M_E=P_Ee=17.6$ kN·m。

(3) 链杆 DE、FG 的 $EA=\infty$。

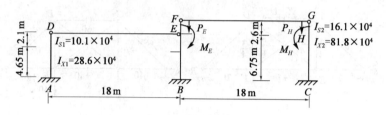

图 5.23

解:横梁 FG 和 DE 是两端铰接的杆件,在吊车荷载作用下横梁起链杆作用,只受轴力。此排架是两次超静定结构。

取链杆 FG 和 DE 的轴力 X_1 和 X_2 为多余未知力。截断两个链杆的轴向约束,在切口处加上轴力 X_1 和 X_2,得出基本体系如图 5.24(b) 所示。

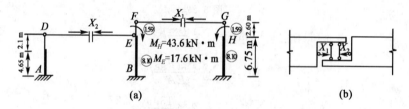

图 5.24

这里需要说明两点:第一,多余未知力 X_1 和 X_2 都是广义力,每个广义力都是由数值相等、方向相反的一对力组成的。第二,通常说的切断一根杆件是指在切口处把与轴力、剪力和弯矩相应的三个约束全部切断。这里说的切断杆件中的轴向约束即指切断与轴力相应的那一个约束,另外两个约束仍然保留。图 5.24(b) 所示为杆 FG 在切口处的详细情形。

力法基本方程为

$$\begin{cases} \Delta_1=\delta_{11}X_1+\delta_{12}X_2+\Delta_{1P}=0 \\ \Delta_2=\delta_{21}X_1+\delta_{22}X_2+\Delta_{2P}=0 \end{cases}$$

这里 Δ_1 和 Δ_2 分别表示与轴力 X_1 和 X_2 相对应的广义位移,即切口处两个截面的轴向相对位移。因此,这里力法基本方程所表示的变形条件为:切口处的两个截面沿轴向保持接触,即沿轴向的相对位移为零。

作基本结构的 M_P、$\overline{M}_1$ 和 $\overline{M}_2$ 图(如图 5.25(a)、(b)、(c) 所示),由此求得自由项和系数如下(图 5.24(a) 中小圆圈内的数字是各杆 EI 的相对值):

$$\Delta_{1P}=\sum\int\frac{\overline{M}_1M_P}{EI}\mathrm{d}s=\frac{1}{8.10}\times\left(\frac{2.60+9.35}{2}\times6.75\right)\times(43.2+17.6)\mathrm{m}=303\text{ m}$$

$$\Delta_{1P} = \sum \int \frac{\overline{M}_2 M_P}{EI} \mathrm{d}s = \frac{1}{8.10} \times \left(\frac{6.75 \times 6.75}{2}\right) \times 17.6 \text{ m} = -49.5 \text{ m}$$

$$\delta_{11} = \sum \int \frac{\overline{M}_1^2 \mathrm{d}s}{EI} = \frac{1}{1.59} \times \left(\frac{2.6 \times 2.6}{2}\right) \times \left(\frac{2}{3} \times 2.6\right) \times 2 + \frac{1}{8.10} \times$$

$$\left[(2.6 \times 6.75) \times 5.98 + \frac{6.75 \times 6.75}{2} \times 7.10\right] \times 2 \text{ m} = 73.4 \text{ m}$$

$$\delta_{22} = \sum \int \frac{\overline{M}_2^2 \mathrm{d}s}{EI} = \frac{1}{8.10} \times \left(\frac{6.75 \times 6.75}{2}\right) \times \left(\frac{2}{3} \times 6.75\right) + \frac{1}{1} \times \frac{2.1 \times 2.1}{2} \times \frac{2}{3} \times$$

$$2.1 + \frac{1}{2.83} \times \left[(2.1 \times 4.65) \times 4.43 + \frac{4.65 \times 4.65}{2} \times 5.20\right] \text{m} = 50.9 \text{ m}$$

$$\delta_{12} = \delta_{21} = -\frac{1}{8.1} \times \left(\frac{6.75 \times 6.75}{2}\right) \times 7.10 \text{ m} = -20 \text{ m}$$

力法方程为

$$\begin{cases} 73.4X_1 - 20X_2 + 303 = 0 \\ -20X_1 + 50.9X_2 - 49.5 = 0 \end{cases}$$

解方程得

$$X_1 = -4.33 \text{ kN}, X_2 = -0.73 \text{ kN}$$

在排架计算中,柱是阶梯形变成面杆件,柱底为固定端,柱顶与屋架为铰接。通常忽略屋架轴向变形的影响。

利用叠加公式 $M = \overline{M}_1 X_1 + \overline{M}_2 X_2 + M_P$ 作 M 图,如图 5.25(d)所示。

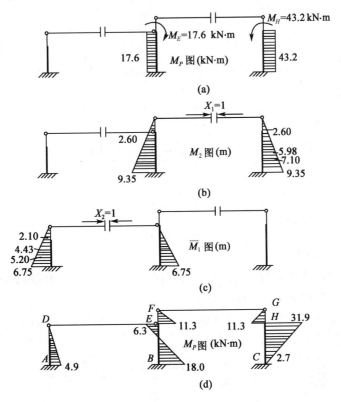

图 5.25

3. 超静定组合结构

桁架是链杆体系，计算其位移时只考虑轴向力的影响。组合结构中既有链杆又有梁式杆，计算位移时，对链杆只考虑轴力的影响，而对梁式杆通常可忽略轴力和剪力的影响，只考虑弯矩的影响。

【例 5.8】 如图 5.26(a)所示为一次超静定的组合结构，求在图示荷载作用下的内力。各杆的刚度给定如下。

(1) 杆 AD 为梁式杆：$EI=1.4\times 10^4$ kN·m², $EA=1.99\times 10^6$ kN。

(2) 杆 AC 和 CD 为链杆：$EA=2.56\times 10^5$ kN。

(3) 杆 BC 为链杆：$EA=2.20\times 10^5$ kN。

解：(1) 求基本体系和力法方程。

切断多余链杆 BC，在切口处代以未知轴力 X_1，得到如图 5.26(b)所示基本体系。基本体系由于荷载和未知力在 X_1 方向的位移应当为零，亦即切口处两截面的相对位移应为零。由此得力法方程为

$$\delta_{11} X_1 + \Delta_{1P} = 0$$

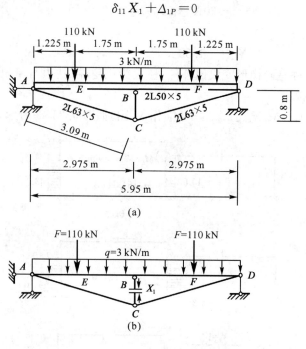

图 5.26

(2) 求系数和自由项。

在基本结构切口处加单位力 $X_1=1$。各杆轴力可由结点法求得，如图 5.27(a)所示。杆 AD 还有弯矩，$\overline{M}_1$ 图如图 5.27(b)所示。

基本结构在荷载作用下，各杆没有轴力，只有杆 AD 有弯矩，由集中荷载和均布荷载产生的两个 M_P 图分别如图 5.27(c)和(d)所示。

$$\delta_{11} = \int \frac{\overline{M}_1^2}{EI} ds + \sum \frac{\overline{F}_{N1}^2 l}{EA} = \frac{1}{1.4\times 10^4} \times \left[\frac{1.49\times 2.975}{2} \times \left(\frac{2}{3} \times 1.49 \right) \right] \times 2 + \frac{1}{1.99\times 10^6} \times$$

$$(1.86^2 \times 5.95) + \frac{1}{2.56\times 10^5} \times (1.93^2 \times 3.09) \times 2 + \frac{1}{2.02\times 10^5} \times (1^2 \times 0.80)$$

$$= 0.000\ 419\ \text{m/kN}$$

$$\Delta_{1P} = \int \frac{\overline{M}_1 M_P}{EI} ds = \frac{1}{1.4 \times 1.0^4} \times \left[\left(\frac{2}{3} \times 13.25 \times 2.975 \right) \times \left(\frac{5}{8} \times 1.49 \right) \times 2 \right.$$

$$\left. + \left(\frac{1}{2} \times 1.35 \times 1.225 \right) \times \left(\frac{2}{3} \times 0.64 \right) \times 2 + (135 \times 1.75) \times \left(\frac{0.61 \times 1.49}{1} \right) \right] m$$

$$= 0.043\,8 \text{ m}$$

(3) 求多余未知力。

$$X_1 = -\frac{\Delta_{1P}}{\delta_{11}} = -\frac{0.043\,8}{0.000\,419} \text{kN} = -104.5 \text{ kN}(压力)$$

(4) 求内力。

内力叠加公式为

$$\begin{cases} F_N = \overline{F}_{N1} X_1 + F_{NP} \\ M = \overline{M}_1 X_1 + M_P \end{cases}$$

各杆轴力及横梁 AD 弯矩图如图 5.28(a)、(b)所示。

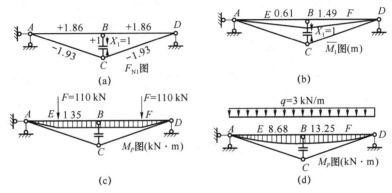

图 5.27

(5) 讨论。

由图 5.28(b)可以看出,横梁 AD 在中点 B 受到下部桁架的支承反力为 104.5 kN,这时横梁最大弯矩为 79.9 kN·m。如果没有下部桁架的支承,则横梁 AD 为一简支梁,其弯矩图如图 5.29(a)所示,其最大弯矩为 148.3 kN·m。可见由于桁架的支承,横梁的最大弯矩减少了 46%。

还需指出,这个超静定结构的内力分布与横梁和桁架的相对刚度有关。如果下部链杆的截面很小,则横梁的 M 图接近于简支梁的 M 图(图 5.29(a))。如果下部链杆的截面很大,则横梁的 M 图接近两跨连续梁的 M 图(图 5.29(b))。

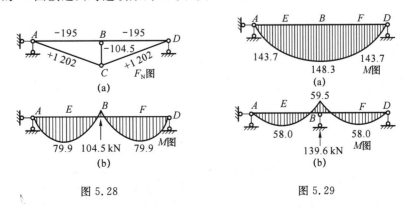

图 5.28　　　　　图 5.29

【例 5.9】 用力法计算如图 5.30(a)所示组合结构的链杆轴力,作 M 图,其中 $\dfrac{I}{A}=\dfrac{L^2}{10}$。并讨论当 $EA\to 0$ 和 $EA\to\infty$ 时链杆轴力及 M 图的变化。

说明: (1) 组合结构是由梁式杆和链杆组成的,用力法计算时,通常切断链杆作为基本体系,以链杆轴力为基本未知量。

(2) 计算系数和自由项时,注意系数中应包含切断链杆的轴向变形影响,因链杆已切断,自由项中的链杆轴向变形为零。

解: 这是一次超静定组合结构,取基本体系及相应的基本未知量,如图 5.30(b)所示。力法方程为

$$\delta_{11}X_1+\Delta_{1P}=0$$

计算 F_{N1}、$\overline{M}_1$、$\overline{M}_P$,如图 5.30(c)、(d)所示,计算 δ_{11}、Δ_{1P}。

$$\delta_{11}=\sum\int\frac{\overline{M}_1^2}{EI}\mathrm{d}x+\sum\frac{F_{N1}^2}{EA}L=\frac{1}{EI}\left[\left(2\times\frac{1}{2}L\times L\times\frac{2}{3}L\right)+(L\times L\times L)\right]+\frac{L}{EA}=\frac{5}{3EI}L^3+\frac{L}{EA}$$

$$\Delta_{1P}=\sum\int\frac{\overline{M}_1 M_P}{EI}\mathrm{d}x=-\frac{1}{EI}\left(\frac{1}{2}L\times FL\times\frac{2}{3}+\frac{1}{2}L\times FL\times L\right)=-\frac{5FL^3}{6EI}$$

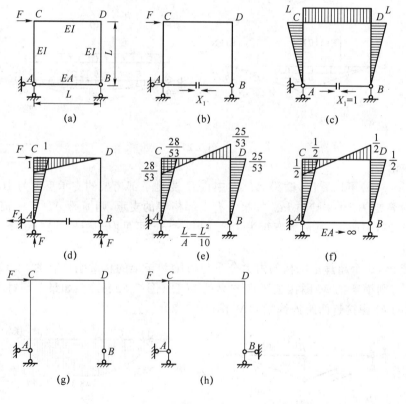

图 5.30

解方程

$$X_1=-\frac{\Delta_{1P}}{\delta_{11}}=\frac{\dfrac{1}{EI}\times\dfrac{5}{6}FL}{\dfrac{5}{3EI}L^3+\dfrac{L}{EA}}$$

当 $\dfrac{I}{A}=\dfrac{L^2}{10}$ 时,$X_1=\dfrac{25}{53}F$。

(1) 作 M 图,如图 5.30(e)所示。

(2) 校核。

校核公式:$\Delta=\sum\int\dfrac{\overline{M}_1 M}{EI}\mathrm{d}x+\dfrac{\overline{F}_{N1}F_N}{EA}L=0$(注意:$\Delta_1$ 的计算公式中应含有链杆的轴向变形项)。

(3) 讨论。

由 $X_1=\dfrac{\dfrac{5}{6EI}FL}{\dfrac{5}{3EI}L^3+\dfrac{L}{EA}}$ 可以看出,当 $EA\to\infty$ 时,$X_1\to\dfrac{F}{2}$,由 $M=\overline{M}_1 X_1+M_P$ 得到 M 图,如图 5.30(f)所示。这时链杆 AB 相当于一刚性杆,结构可以看成是 B 端为固定铰支座的刚架,如图 5.30(h)所示。

5.4 对称性的利用

对于超静定结构来说,对称结构是几何形状和刚度分布都对称的结构。而对于静定结构来说,不论刚度分布是否对称,只要几何形状对称就是对称结构。

我们用力法分析超静定结构时,力法方程是多余未知力的线性代数方程组,需要计算方程的系数和解联立方程。其结构的超静定次数越高,方程数量越多,计算工作量就越大。而主要工作量的大小取决于典型方程,并且需要计算大量的系数和自由项并求解该线性方程组。我们利用对称性来计算超静定结构,其目的就是要简化计算过程。要简化计算必须从简化典型方程着手。在典型方程中若能使一些系数和自由项等于零,则计算可得到一定程度的简化。通过对典型方程中系数的物理意义的分析我们知道,主系数恒为正数,因此只能从副系数、自由项和基本未知量这三个方面考虑。力法简化的原则是:使尽可能多的副系数和自由项等于零。这样不仅简化了系数的计算工作,也简化了联立方程的求解工作。为达到这一目的,本节我们讨论利用结构的对称、荷载的对称和反对称来简化计算。

实际工程中很多结构是对称的,利用它的对称性可简化计算过程。

1. 选取对称的基本结构

对称结构如图 5.31(a)所示,它有一个对称轴。对称包含两方面的含义。

(1) 结构的轴线形状对称,几何形状和支承情况对称。

(2) 各杆的刚度(EI 和 EA 等)对称。

取对称的基本结构如图 5.31(b)所示,此时,多余未知力有 3 对,它们有一对弯矩 X_1 和一对轴力 X_2 是正对称的,还有一对剪力 X_3 是反对称的。所谓正对称是指绕对称轴折叠后其两个力的大小、方向和作用线均重合;所谓反对称是指绕对称轴折叠后两个力的大小、作用点相同,而方向相反,作用线重叠。

绘出基本结构在各多余未知力单位力作用下的弯矩图,如图 5.32 所示。可以看出,$\overline{M}_1$ 图和 $\overline{M}_2$ 图是正对称的,而 $\overline{M}_3$ 图是反对称的。由于正对称和反对称的图形图乘时恰好正负抵消,使结果为零,所以可得典型方程中的副系数 $\delta_{13}=\delta_{31}=0$,$\delta_{23}=\delta_{32}=0$。于是,典型方程便简化为

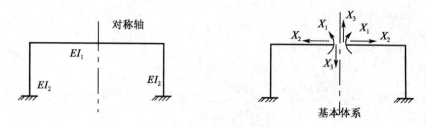

图 5.31

$$\begin{cases} \delta_{11}X_1 + \delta_{12}X_2 + \Delta_{1P} = 0 \\ \delta_{21}X_1 + \delta_{22}X_2 + \Delta_{2P} = 0 \\ \delta_{33}X_3 + \Delta_{3P} = 0 \end{cases}$$

由此可见,典型方程已分为两组,一组只含正对称的多余未知力 X_1 和 X_2,而另一组只含反对称的多余未知力 X_3。

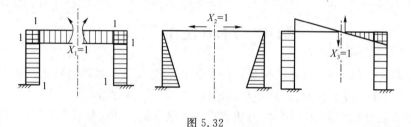

图 5.32

2. 选择对称或反对称的荷载(荷载分组)

如果作用在对称结构上的荷载也是正对称的(如图 5.33(a)所示),则 M_P 图也是正对称的(如图 5.33(b)所示),于是有 $\Delta_{3P}=0$。由典型方程的第 3 式可知反对称的多余未知力 $X_3=0$,因此只需计算正对称的多余未知力 X_1 和 X_2。最后的弯矩图为 $M=\overline{M}_1X_1+\overline{M}_2X_2+M_P$,它也是正对称的,其形状如图 5.33(c)所示。由此可推知,对称结构在正对称荷载作用下,结构上所有的反力、内力及位移(如图 5.33(a)中虚线所示)都是正对称的。同时必须注意,此时剪力图是反对称的,这是由于剪力的正负号规定所致,而剪力的实际方向则是正对称的。

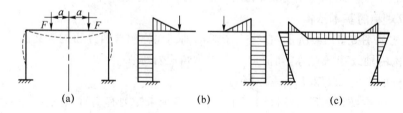

图 5.33

如果作用在结构上的荷载是反对称的,如图 5.34(a)所示,作出 M_P 图如图 5.34(b)所示,则同理可证,此时正对称的多余未知力 $X_1=X_2=0$,只剩下反对称的多余未知力 X_3。最后弯矩图为 $M=\overline{M}_3X_3+M_P$,它也是反对称的,如图 5.34(c)所示,且此时结构上所有的反力、内力和位移都是反对称的。但必须注意,剪力图是正对称的,剪力的实际方向则是反对称的。

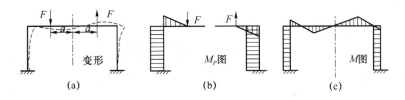

图 5.34

通过前面的分析可得出如下结论。

(1) 对称结构在正对称荷载作用下,其内力和位移都是正对称的。

(2) 对称结构在反对称荷载作用下,其内力和位移都是反对称的。

也就是说,对称结构在正对称荷载作用下,反对称多余未知力必等于零;在反对称荷载作用下,正对称的多余未知力必等于零,只需计算反对称多余未知力。

【例 5.10】 求作如图 5.35(a)所示刚架在水平力 F 作用下的弯矩图。

解:荷载 F 可分解为正对称荷载(如图 5.35(b)所示)和反对称荷载(如图 5.35(c)所示)。

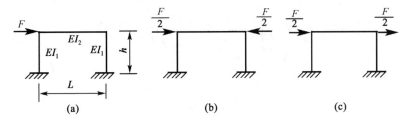

图 5.35

在正对称荷载作用下(如图 5.35(b)所示),可以得出只有横梁承受压力 $F/2$,而其他杆无内力的结论。这是因为在计算刚架时通常忽略轴力对变形的影响,也就是忽略横梁的压缩变形。在这个条件下,上述内力状态不仅满足了平衡条件,而同时满足了变形条件,所以它就是真正的内力状态。因此,为了求如图 5.35(a)所示刚架的弯矩图,只需求作如图 5.35(c)所示刚架在反对称荷载作用下的弯矩图即可。

在反对称荷载作用下,基本体系如图 5.36(a)所示。切口截面的弯矩、轴力都是对称的未知力,应为零;只有反对称未知力 X_1 存在。基本结构在荷载和未知力方向的单位力作用下的弯矩图如图 5.36(b)、(c)所示。

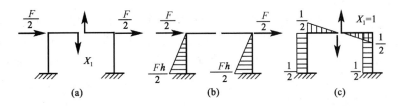

图 5.36

由此得

$$\Delta_{1P} = \frac{Fh^2 L}{4EI_1}$$

$$\delta_{11} = \frac{L^2 h}{2EI_1} + \frac{L^3}{12EI_2}$$

代入力法方程,并设 $k=\dfrac{I_2 h}{I_1 L}$,得

$$X_1 = -\frac{\Delta_{1P}}{\delta_{11}} = -\frac{6k}{6k+1} \times \frac{Fh}{2L}$$

刚架的弯矩图如图 5.37(a)所示。

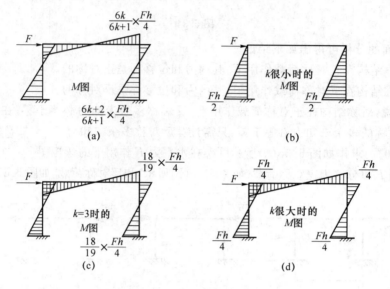

图 5.37

结合上例讨论如下:弯矩图随横梁与立柱刚度比值 k 而改变。

(1) 当横梁刚度比立柱刚度小很多,即 k 很小时,弯矩图如图 5.37(b)所示,此时柱顶弯矩为零。

(2) 当横梁刚度比立柱刚度大很多,即 k 很大时,弯矩图如图 5.37(d)所示,此时柱的弯矩零点趋于柱的中点。

(3) 一般情况下,柱的弯矩图有零点,此弯矩零点在柱上半部范围内变动,当 $k=3$ 时零点位置与柱中点已很接近(如图 5.37(c)所示)。

【例 5.11】 如图 5.38(a)所示为一对称结构,试讨论怎样选取对称的基本体系进行简化;在正对称荷载和反对称荷载分别作用下,讨论怎样选取半结构计算。

解:(1) 选取对称的基本体系。

图 5.38(a)所示结构是三次超静定的对称结构。在对称轴上截断中间铰 E 和链杆 CD,在铰 E 上加上对称的水平未知力 X_1 和反对称的竖向未知力 X_2,在 CD 切口 F 处加一对称的水平未知力 X_3,得到一对称基本体系和相应的基本未知量,如图 5.38(b)所示。

也可以将固定支座 A、B 改成铰支座,再截断链杆 CD,在铰支座 A、B 上作用有对称的未知力偶 X_1 和反对称的未知力偶 X_2,在链杆 CD 的切口上加上一对称的未知水平力 X_3,得到另一个对称的基本体系和相应的基本未知量,如图 5.38(c)所示。

(2) 选取半边结构。

① 在对称荷载作用下,根据对称结构的内力、变形对称的性质,分析对称轴上 E 点和 F 点的变形和内力特点,如图 5.38(a)所示。刚架在对称轴上的铰结点 E 可以有竖向位移和转角,水平位移为零;相应的内力情形为 E 点的竖向力、弯矩为零,水平力 $X_E(X_1)$ 不等于零。链杆 CD 在对称轴上的 F 点,可以有竖向位移水平位移和转角为零;相应的内力情形为

F 点的竖向力为零,水平力 $X_F(X_3)$ 和弯矩 $M_F(X_2)$ 不等于零。注意,此时的弯矩 X_2 是静定的量,如链杆 CD 上无横向荷载作用,则弯矩 X_2 为零。因此,根据上述变形、内力特点,在对称轴上切开后,E 点保留铰结点,加一水平支杆;在 F 点为两个平行水平支杆,得到对称荷载作用下的半边结构,如图 5.38(d)所示。

② 在反对称荷载作用下,根据对称结构的内力、变形反对称的性质,如图 5.38(a)所示,刚架在对称轴上 E 点和 F 点可以有水平位移和转角,竖向位移为零;相应的内力情形为 E 点和 F 点的水平力、弯矩为零,竖向力 X_1、X_2 不等于零。因此,在对称轴上切开后,E 点分别保留铰结点,加一竖直支杆,得到在反对称荷载作用下的半边结构,如图 5.38(e)所示。注意,此时的 X_2 是静定的量,如链杆 CD 上无横向荷载作用时,在 F 点的竖向力 X_2 为零。

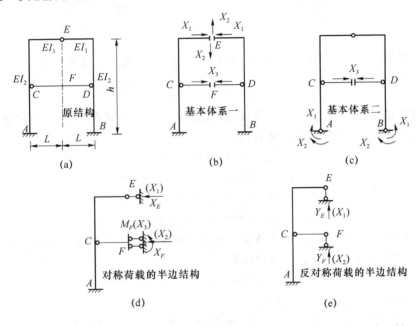

图 5.38

5.5 温度变化和支座移动时超静定结构的计算

超静定结构由于多余联系的存在,在温度改变、支座移动时,通常将使结构产生内力,这是超静定结构的特性之一。

用力法计算温度变化和支座移动的超静定结构时,根据前述的力法原理,也需要用位移条件来建立力法典型方程,确定多余未知力。位移条件是指基本结构在外在因素和多余未知力的共同作用下,在去掉多余联系处的位移应与原结构的实际位移相同。显然,这对于荷载以外的其他因素,如温度变化、支座移动等也是适用的。下面分别介绍超静定结构在温度变化和支座移动时的内力计算方法。

1. 温度变化时超静定结构的内力计算

图 5.39(a)所示为三次超静定结构,设各杆外侧温度升高 t_1,内侧温度升高 t_2,现在用力法计算其内力。

去掉支座 C 处的 3 个多余联系,代以多余力 X_1、X_2 和 X_3,得基本结构如图 5.39(b)所示。设基本结构的 C 点由于温度改变,沿 X_1、X_2 和 X_3 方向所产生的位移分别为 Δ_{1t}、Δ_{2t} 和 Δ_{3t},它们可按下式计算:

$$\Delta_{it} = \sum (\pm) \int \overline{F_{Ni}} \alpha t_0 \mathrm{d}s + \sum (\pm) \int \frac{\overline{M_i} \alpha \Delta t}{h} \mathrm{d}s \quad (i=1,2,3)$$

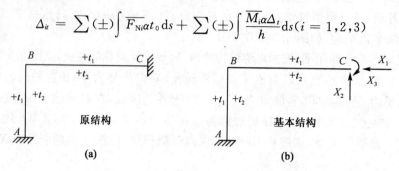

图 5.39

若每一杆件沿其全长温度改变相同,且截面尺寸不变,则上式可改写为

$$\Delta_{it} = \sum (\pm) \alpha t_0 A_{\omega \overline{F}_N t} + \sum (\pm) \alpha \frac{\Delta t}{h} A_{\omega \overline{M} t}$$

根据基本结构在多余力 X_1、X_2 和 X_3 以及温度改变的共同作用下,C 点位移应与原结构相同的条件,可以列出如下的力法方程:

$$\begin{cases} \delta_{11} X_1 + \delta_{12} X_2 + \delta_{13} X_3 + \Delta_{1t} = 0 \\ \delta_{21} X_1 + \delta_{22} X_2 + \delta_{23} X_3 + \Delta_{2t} = 0 \\ \delta_{31} X_1 + \delta_{32} X_2 + \delta_{33} X_3 + \Delta_{3t} = 0 \end{cases}$$

式中,各系数的计算仍与以前所述相同,自由项则按上面两式计算。

由于基本结构是静定的,温度的改变并不使其产生内力。因此,由力法方程解出多余力 X_1、X_2 和 X_3 后,按下式计算原结构的弯矩:

$$M = X_1 \overline{M}_1 + X_2 \overline{M}_2 + X_3 \overline{M}_3$$

再根据平衡条件即可求其剪力和轴力。

【例 5.12】 试计算如图 5.40(a)所示刚架的内力。设刚架各杆内侧温度升高 10 ℃,外侧温度无变化;各杆线膨胀系数为 α;EI 和截面高度 h 均为常数。

解:此刚架为一次超静定结构,取基本结构如图 5.40(b)所示。力法方程为

$$\delta_{11} X_1 + \Delta_{1t} = 0$$

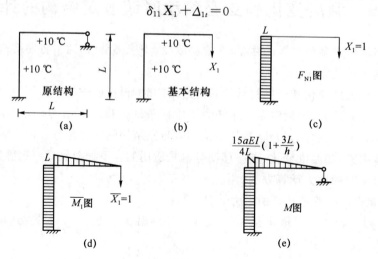

图 5.40

绘出 F_{N1} 和 $\overline{M}_1$ 图,分别如图 5.40(c)、(d)所示。求得系数和自由项如下:

$$\delta_{11} = \int \frac{\overline{M}_1^2}{EI} ds = \frac{1}{EI}\left(L^2 \times L + \frac{L^2}{2} \times \frac{2}{3}L\right) = \frac{4L^3}{3EI}$$

$$\Delta_{1t} = \sum(\pm)\alpha t_0 A_{\omega\overline{F}_N t} + \sum(\pm)\alpha \frac{\Delta t}{h} A_{\omega\overline{M}t} = -\alpha \times 5 \times L^2 + \left[-\alpha \times \frac{10}{h}\left(L^2 + \frac{1}{2}L^2\right)\right]$$

$$= -5\alpha t\left(1 + \frac{3L}{h}\right)$$

代入力法方程,求得

$$X_1 = -\frac{\Delta_{1t}}{\delta_{11}} = \frac{15\alpha EI}{4L^2}\left(1 + \frac{3L}{h}\right)$$

根据 $M = X_1\overline{M}_1$ 即可作出最后弯矩图,如图 5.40(e)所示。得出 M 图后,则不难据此求出相应的 F_S 图和 F_N 图,在此不再赘述。

由以上计算结果可以看出,超静定结构由于温度变化引起的内力与各弯曲刚度 EI 的绝对值有关,这是与荷载作用下的情况有所不同的。

2. 支座移动时超静定结构的内力计算

超静定结构在支座移动情况下的内力计算原则上与前述情况温度变化时并无不同,唯一的区别在于力法方程中自由项的计算。

图 5.41(a)所示为三次超静定刚架,设其支座 A 向右移动 C_1,向下移动 C_2,并按顺时针方向转动了角度 θ。计算此刚架时,设取基本结构如图 5.41(b)或图 5.41(c)所示,则力法方程为

$$\begin{cases}\delta_{11}X_1 + \delta_{12}X_2 + \delta_{13}X_3 + \Delta_{1C} = 0\\ \delta_{21}X_1 + \delta_{22}X_2 + \delta_{23}X_3 + \Delta_{2C} = 0\\ \delta_{31}X_1 + \delta_{32}X_2 + \delta_{33}X_3 + \Delta_{3C} = 0\end{cases}$$

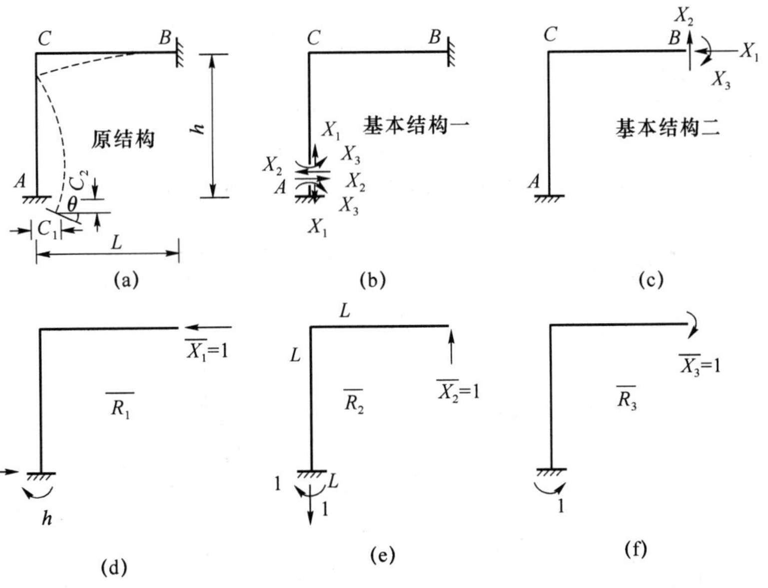

图 5.41

对于图 5.41(c)所示的基本结构,方程中各系数的计算与前述荷载作用的情况完全相同。自由项 $\Delta_{iC}(i=1,2,3)$ 代表基本结构由于支座 A 发生移动时在 B 端沿多余力 X_i 方向所产生的位移。按计算公式,得

$$\Delta_{iC} = -\sum \overline{R}_i C_i$$

分别令 $X_i=1$ 作用于基本结构，求出反力 $\overline{R}_i$，如图 5.41(d)、(e)、(f)所示。代入上式得

$$\Delta_{1C} = -(C_1 + h\theta)$$
$$\Delta_{2C} = -(C_2 + L\theta)$$
$$\Delta_{3C} = -(-\theta) = \theta$$

将系数和自由项代入力法方程，可解得 X_1、X_2 和 X_3。

如果取图 5.42 所示的基本结构，则力法方程为

$$\begin{cases} \delta_{11}X_1 + \delta_{12}X_2 + \delta_{13}X_3 + \Delta_{1C} = C_1 \\ \delta_{21}X_1 + \delta_{22}X_2 + \delta_{23}X_3 + \Delta_{2C} = -\theta \\ \delta_{31}X_1 + \delta_{32}X_2 + \delta_{33}X_3 + \Delta_{3C} = C_2 \end{cases}$$

其中，$\begin{cases} \Delta_{1C} = 0 \\ \Delta_{2C} = 0 \\ \Delta_{3C} = 0 \end{cases}$

也就是说，此时的基本结构没有支座移动。

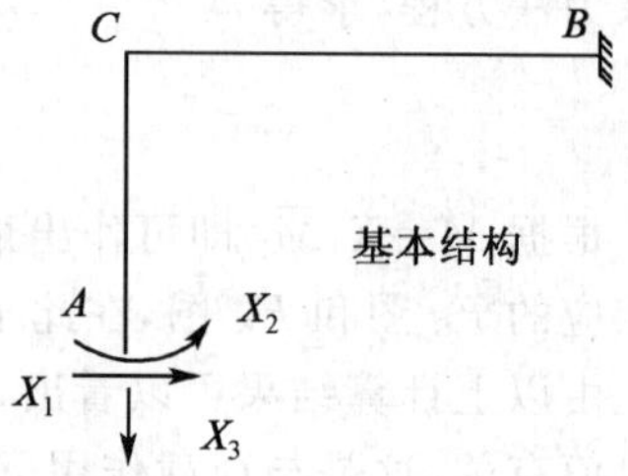

图 5.42

【**例 5.13**】 图 5.43(a)所示为单跨超静定梁，设固定支座 A 处发生转角 φ，试求梁的支座反力和内力。

解：设取基本结构为图 5.43(b)所示的悬臂梁。根据原结构支座 B 处竖向位移等于零的条件，列出力法方程

$$\delta_{11}X_1 + \Delta_{1C} = 0$$

绘出 $\overline{M}_1$ 图，如图 5.43(c)所示（相应的反力 $\overline{R}_1$ 也标在图中），由此可求得

$$\delta_{11} = \frac{1}{EI}\left(\frac{1}{2} \times L \times L \times \frac{2}{3}L\right) = \frac{L^3}{3EI}$$

$$\Delta_{1C} = -\sum \overline{R}_i C_i = -(L \times \varphi) = -L\varphi$$

代入力法方程，可求得

$$X_1 = \frac{\Delta_{1C}}{\delta_{11}} = \frac{3EI}{L^2}\varphi$$

所得结果为正值，表明多余力的作用方向与图 5.43(b)中所设的方向相同。

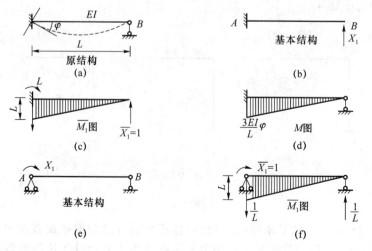

图 5.43

根据 $M=X_1\overline{M}_1$ 作出最后弯矩图,如图 5.43(d)所示。梁的支座反力分别为

$$R_B=X_1=\frac{3EI}{L^2}\varphi(\downarrow)$$

$$R_A=-R_B=-\frac{3EI}{L^2}\varphi(\downarrow)$$

$$M_A=\frac{3EI}{L}\varphi(\curvearrowleft)$$

如果我们选取基本结构为图 5.43(e)所示的简支梁,则相应的力法方程就成为

$$\delta_{11}X_1+\Delta_{1C}=\varphi$$

绘出 $\overline{M}_1$ 图并求出相应的反力 $\overline{R}$(如图 5.43(f)所示)。由此可求得

$$\delta_{11}=\frac{1}{EI}\left(\frac{1}{2}\times1\times L\times\frac{2}{3}\right)=\frac{L}{3EI}$$

$$\Delta_{1C}=-\sum\overline{R}_iC_i=0$$

代入上述力法方程即得

$$\frac{1}{3EI}X_1=\varphi$$

故

$$X_1=\frac{\varphi}{L/3EI}=\frac{3EI}{L}\varphi$$

据此作出的 M 图仍如图 5.43(d)所示。由此可以看出,选取的基本结构不同,相应的力法方程形式也不同,但最后内力图是相同的。

5.6 超静定结构的位移计算和最后内力图的校核

1. 超静定结构的位移计算

在静定结构的位移计算中,根据虚功原理推导出计算位移的一般公式为

$$\Delta=\sum\int\frac{\overline{M}_KM_P}{EI}\mathrm{d}s+\sum\int\frac{\overline{F}_{NK}F_{NP}}{EA}\mathrm{d}s+\sum\int\frac{\overline{F}_{SK}F_{SP}}{GA}\mathrm{d}s$$
$$+\sum(\pm)\int\alpha t_0\overline{F}_N\mathrm{d}s+\sum(\pm)\int\alpha\overline{M}_K\frac{\Delta t}{h}\mathrm{d}s-\sum\overline{R}_iC_i$$

对于超静定结构,只要求出多余未知力,将多余未知力也当做荷载同时加在基本结构上,则该静定基本结构在已知荷载、温度变化、支座移动以及各多余力共同作用下的位移也就是原超静定结构的位移。这样,计算超静定结构的位移问题通过基本结构即转化成计算静定结构的位移问题,而上式仍可应用。此时,$\overline{M}_K$、$\overline{F}_{SK}$、$\overline{F}_{NK}$ 和 $\overline{R}_K$ 即是基本结构由于虚拟状态的单位力 $F=1$ 的作用所引起的内力和支座反力;M_K、F_{SK} 和 F_{NP} 则是由原荷载和全部多余力产生的基本结构的内力;t_0、Δt、C_i 仍代表结构的温度变化和支座移动。

由于超静定结构的内力并不因所取基本结构的不同而有所改变,因此可以将其内力看做是按任一基本结构而求得的。这样,在计算超静定结构的位移时,也就可以将所设单位力 $F=1$ 施加于任一基本结构作为虚力状态。为了使计算简化,我们应当选取单位内力图比较简单的基本结构。

下面举例说明超静定结构的位移计算。

【**例 5.14**】 试求图 5.44(a)所示刚架 D 点的水平位移 Δ_{Dx} 和横梁中点 F 的竖向移 Δ_{Fy}。设 EI 为常数。

解：此刚架同例 5.4。在计算内力时，选取去掉支座 B 处的多余联系而得到的悬臂刚架作为基本结构。最后弯矩图如图 5.44(b) 所示。

求 D 点的水平位移时，可选图 5.44(c) 所示的基本结构作为虚拟状态。在 D 点加水平单位力 $F=1$，得虚力状态的 $\overline{M}_1$ 图（如图 5.44(c) 所示）。应用图乘法求得

$$\Delta_{Dx} = \frac{1}{2EI}\left[\frac{1}{2} \times 6 \times 6 \times \left(\frac{2}{3} \times 30.6 - \frac{1}{3} \times 23.4\right)\right] = \frac{113.4}{EI}\text{kN}\cdot\text{m}^3(\rightarrow)$$

计算结果为正值，表示位移方向与所设单位力的方向一致，即向右。

求横梁中点 F 的竖向位移时，为了使计算简化，可选取图 5.44(d) 所示的基本结构作为虚拟状态。在 F 点加竖向单位力 $F=1$，得虚力状态的 $\overline{M}_1$ 图。应用图乘法求得

$$\Delta_{Fy} = \frac{1}{3EI}\left(\frac{1}{2} \times \frac{3}{2} \times 6 \times \frac{14.4-23.4}{2}\right) = -\frac{6.75}{EI}\text{kN}\cdot\text{m}^3(\uparrow)$$

所得结果为负值，表示 F 点的位移方向与所设单位力的方向相反，即向上。

若采用图 5.44(e) 所示的基本结构作为虚拟状态，并作出相应的 $\overline{M}_1$ 图。此时，应用图乘法计算，则得

$$\Delta_{Fy} = \frac{1}{2EI}\left[\frac{1}{2} \times (57.6-14.4) \times 6 \times 3 - \frac{2}{3} \times \frac{1}{8} \times 7 \times 6^2 \times 6 \times 3\right]$$
$$- \frac{1}{3EI} \times \frac{1}{2} \times 3 \times 3 \times \left(\frac{2}{3} \times 14.4 - \frac{1}{3} \times \frac{23.4-14.4}{2}\right) = -\frac{6.75}{EI}\text{kN}\cdot\text{m}^3(\uparrow)$$

与上述计算结果完全相同。显然，选取如图 5.44(d) 所示基本结构作为虚拟状态时，计算比较简单。

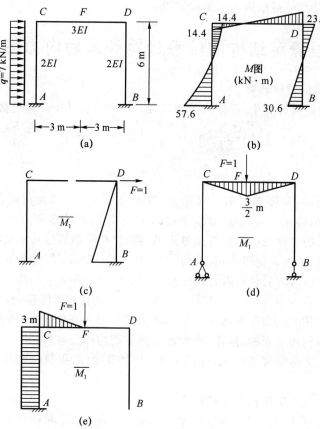

图 5.44

【**例 5.15**】 试计算如图 5.45(a)所示两端固定的单跨超静定梁中点 C 的竖向位移 Δ_{Cy}。设 EI 为常数。

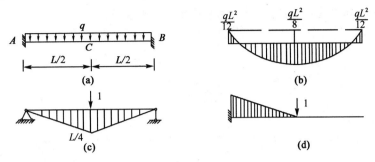

图 5.45

解:梁的弯矩图如图 5.45(b)所示。我们用两种基本结构计算并比较其结果。

(1) 取图 5.45(c)所示基本结构,用图乘法计算得

$$\Delta_{Cy} = \frac{2}{EI}\left[\begin{array}{l}-\dfrac{1}{2}\times\dfrac{L}{2}\times\dfrac{qL^2}{12}\times\dfrac{1}{3}\times\dfrac{L}{4}+\dfrac{1}{2}\times\dfrac{L}{2}\times\dfrac{qL^2}{24}\times\dfrac{2}{3}\times\dfrac{L}{4}\\ +\dfrac{2}{3}\times\dfrac{q}{8}\times\left(\dfrac{L}{2}\right)^2\times\dfrac{L}{2}\times\dfrac{1}{2}\times\dfrac{L}{4}\end{array}\right] = \frac{qL^4}{384EI}$$

(2) 取图 5.45(d)所示基本结构用图乘法计算得

$$\Delta_{Cy} = \frac{1}{EI}\left[\begin{array}{l}\dfrac{1}{2}\times\dfrac{L}{2}\times\dfrac{qL^2}{12}\times\dfrac{2}{3}\times\dfrac{L}{2}+\dfrac{1}{2}\times\dfrac{L}{2}\times\dfrac{qL^2}{24}\times\dfrac{1}{3}\times\dfrac{L}{2}\\ +\dfrac{2}{3}\times\dfrac{q}{8}\times\left(\dfrac{L}{2}\right)^2\times\dfrac{L}{2}\times\dfrac{1}{2}\times\dfrac{L}{2}\end{array}\right] = \frac{qL^4}{384EI}$$

可见其结果是相同的。

2. 超静定结构最后内力图的校核

内力图是结构设计的依据,因此在求得内力图后,应该进行校核,以保证它的正确性。正确的内力图必须同时满足平衡条件和位移条件。所以校核工作就是验算内力图是否满足这两个条件。现通过例题说明最后内力图的校核方法。

【**例 5.16**】 试校核如图 5.46(a)所示刚架的内力图。

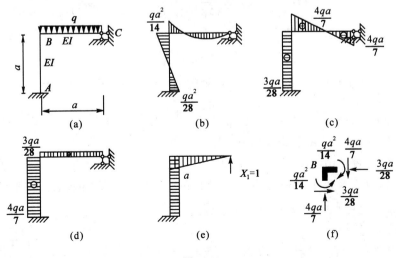

图 5.46

解:(1) 校核平衡条件。

首先作内力图,如图 5.46(b)、(c)、(d) 所示。取结点 B 为研究对象(分离体),如图 5.46(f) 所示,内力图按实际方向画出各内力。显然能满足结点平衡条件:

$$\begin{cases} \sum X = 0 \\ \sum Y = 0 \\ \sum M = 0 \end{cases}$$

(2) 校核位移条件。

校核 C 支座的竖向位移。取一种基本结构作 M_1 图,如图 5.46(e) 所示,用图乘法计算得

$$\Delta_{Cy} = \frac{1}{EI}\left[-\frac{1}{2} \times \frac{qa^2}{14} \times a \times \frac{2}{3}a + \frac{2}{3} \times \frac{qa^2}{8} \times a \times \frac{1}{2}a - \frac{1}{2}\left(\frac{qa^2}{14} - \frac{qa^2}{28}\right) \times a \times a\right] = 0$$

这个结果说明是满足位移条件的。

下面以图 5.47(a) 所示刚架为例,讨论所谓"闭合刚架"位移校核。

刚架上的 B、C 结点是满足平衡条件的。下面根据刚架固定端支座 E 转角为零的条件,校核弯矩图。刚架的基本结构和 $\overline{M}_1$ 图如图 5.47(b) 所示,E 截面的转角为

$$\theta_E = \sum \int \frac{\overline{M}_1 M}{EI} dx$$

式中,$\overline{M}_1 = 1$。若满足截面的位移条件,必有

$$\sum \int \frac{M}{EI} dx = 0$$

上式积分表示 $DBCE$ 部分 M/EI 图的面积为零(正、负面积抵消)。由此可得出结论:沿刚架任一无铰的封闭图形,其 M/EI 图的面积为零。

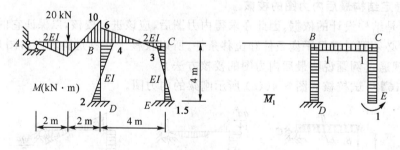

图 5.47

如图 5.47(a) 所示刚架,$DBCE$ 为无铰封闭形,其 M/EI 图的面积为

$$\sum \int \frac{M}{EI} dx = \frac{1}{EI}\left(-\frac{2 \times 4}{2} + \frac{4 \times 4}{2}\right) + \frac{1}{2EI}\left(-\frac{6 \times 4}{2} + \frac{3 \times 4}{2}\right) + \frac{1}{EI}\left(-\frac{1.5 \times 4}{2} + \frac{3 \times 4}{2}\right) = \frac{4}{EI} \neq 0$$

可见,图 5.47(a) 所示 M 图是错误的。

【例 5.17】 校核图 5.48 所示刚架的 M 图。

解:刚结点 B、C 满足平衡条件,下面按位移条件校核。$EBCF$ 为无铰封闭形(闭合刚架)。

$$\sum \int \frac{M}{EI} dx = \frac{1}{6EI}\left[\frac{1}{2}(40.5 + 52.71) \times 6\right] + \frac{1}{1.5EI} \times \frac{1}{2} \times 15.43 \times 3 + \frac{1}{1.5EI} \times \frac{1}{2} \times 5.68$$
$$\times 6 - \frac{1}{6EI} \times \frac{2}{3} \times 90 \times 6 - \frac{1}{1.5EI} \times \frac{1}{2} \times 7.71 \times 3 - \frac{1}{1.5EI} \times \frac{1}{2} \times 2.84 \times 6 \approx 0$$

满足位移条件。

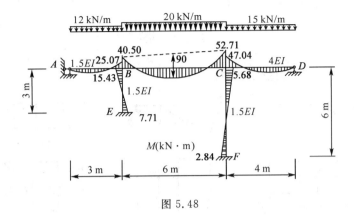

图 5.48

5.7 超静定结构的特性

超静定结构具有以下一些重要特性。

(1) 静定结构的内力只用静力平衡条件即可确定,其值与结构的材料性质以及杆件截面尺寸无关。超静定结构的内力单由静力平衡条件不能全部确定,还需要同时考虑位移条件。所以,超静定结构的内力与结构的材料性质以及杆件截面尺寸有关。

(2) 在静定结构中,除了荷载作用以外,其他因素如支座移动、温度变化、制造误差等,都不会引起内力。在超静定结构中,任何上述因素作用,通常都会引起内力。这是由于上述因素都将引起结构变形,此种变形由于受到结构的多余联系的限制,因而往往使结构中产生内力。

(3) 静定结构在任一联系遭到破坏后,即丧失几何不变性,因而就不能再承受荷载。而超静定结构由于具有多余联系,在多余联系遭到破坏后,仍然维持其几何不变性,因而还具有一定的承载能力。

(4) 局部荷载作用对超静定结构比对静定结构影响的范围大。例如,图 5.49(a)所示为连续梁,当中跨受荷载作用时,两边跨也将产生内力。但如图 5.49(b)所示的多跨静定梁则不同,当中跨受荷载作用时,两边跨只随着转动,但不产生内力。因此,从结构的内力分布情况看,超静定结构比静定结构要均匀些。

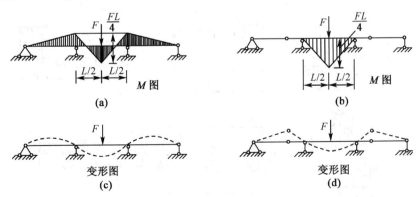

图 5.49

习 题

5.1 确定下列结构的超静定次数。

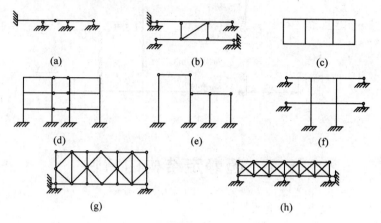

图 5.50

5.2 用力法计算下列结构,作 M、F_s 图。

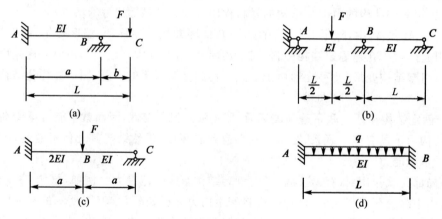

图 5.51

5.3 用力法计算如图 5.52 所示的结构,作 M 图。

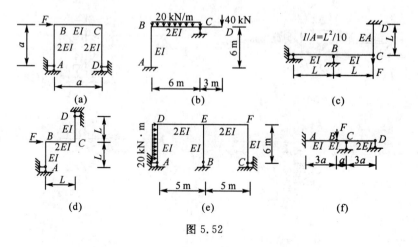

图 5.52

5.4 用力法计算如图 5.53 所示的排架。

5.5 用力法计算如图 5.54 所示的超静定桁架,EA 为常数。

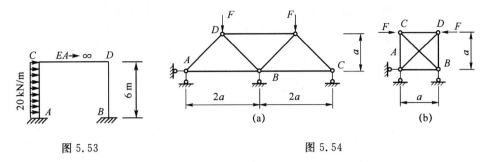

图 5.53　　　　　　　　图 5.54

5.6 试按去掉 CD 杆和切断 CD 杆两种不同的基本体系计算图 5.55 所示的组合结构,$A=10I/L^2$。并讨论当 $A \to 0$ 和 $A \to \infty$ 时的情况。

5.7 利用对称性计算图 5.56 所示的结构,作 M 图。

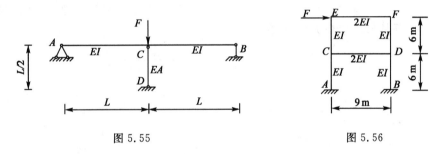

图 5.55　　　　　　　　图 5.56

5.8 利用对称性计算图 5.57 所示的结构,作 M 图。

5.9 利用对称性计算图 5.58 所示的结构,作 M 图。

5.10 利用对称性计算图 5.59 所示的结构,作 M 图。

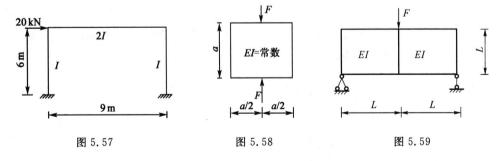

图 5.57　　　　图 5.58　　　　图 5.59

5.11 试计算图 5.60 所示的连续梁,作 M、F_s 图,求出各支座反力,并计算 K 点的竖向位移和截面 C 的转角。

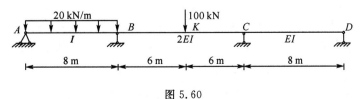

图 5.60

5.12 用力法计算图5.61所示排架的内力。

5.13 设结构温度改变如图5.62所示。各杆截面为矩形,截面高 $h=L/10$,线膨胀系数为 α,EI 为常数。试求:①内力图;②杆端 A 的转角。

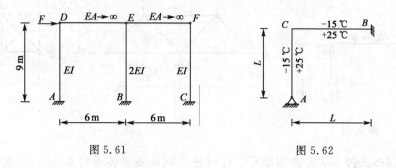

图5.61　　　　图5.62

5.14 图5.63所示为钢筋混凝土烟囱的圆形截面,平均半径为 R,壁厚为 h,EI 为常数,温度膨胀系数为 α。当内壁温度升高 t℃而外侧温度不变时,求烟囱内力。

5.15 刚架的支座移动情况如图5.64所示,试选取两种基本结构建立力法方程,并求出方程中自由项的值。各杆 $EI=$ 常数。

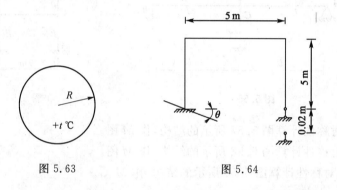

图5.63　　　　图5.64

5.16 如图5.65所示结构,$EI=$ 常数,各杆长度 $l=4$ m。支座 A 发生位移如图5.65(a)所示,$a=0.01$ m,$b=0.02$ m,$\varphi=0.01$ rad。选取图5.65(b)为基本结构,试建立力法方程,并计算方程中的系数和自由项。

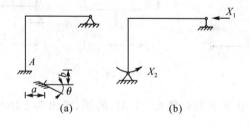

图5.65

5.17 求图5.52(a)～(d)中 C 点的水平位移。

第6章 影响线及其应用

6.1 影响线的概念

实际工程结构除承受固定荷载外,还常常受到移动荷载的作用,如桥梁所承受的行驶车辆的作用、工业厂房中的吊车梁所承受的移动吊车荷载的作用。显然,在移动荷载作用下,结构上某一量值(某一支座的反力、某一截面的内力或位移)将随荷载位置移动而变化。下面将讨论某一量值随荷载移动而变化的规律,以及产生最大量值时的荷载位置。我们把产生某一量值最大量值时荷载的位置称为最不利荷载位置。

例如,图 6.1 所示吊车梁在吊车轮压 F 沿梁移动时,梁的支座反力以及梁上各截面的内力都将随之变化。为了求得反力和内力的最大值,就必须研究荷载移动时,梁的反力和内力变化规律,但是同一梁的不同支座的反力和不同截面的内力变化规律是各不相同的,当吊车由 A 向 B 移动时,反力 F_{Ay} 逐渐减小,而 F_{By} 逐渐增大。因此,每次只能讨论某一个支座或某一个截面的某一个量值的变化规律。

在工程实际中,所遇到的移动荷载是多种多样的,通常是由许多个间距不变、大小不等的竖向荷载所组成的,我们不能针对每一个具体的移动荷载组都一一研究其对某一截面某一量值所产生的影响,然后根据叠加原理就可以求出多个集中力组合移动时对该量值的影响。

对于图 6.2(a)所示的简支梁,当竖向单位荷载 $F=1$ 由 B 到 A 分别移动到几个等分点上时,反力 F_{Ay} 的数值分别为 1、$\frac{3}{4}$、$\frac{1}{2}$、$\frac{1}{4}$ 和 0。作用将 $F=1$ 移动到不同位置时所引起的 F_{Ay} 的量值用直线连接起来,所得到的图形 6.2(b)就表示 $F=1$ 在梁上移动时 F_{Ay} 的变化规律,这一图形就称为 F_{Ay} 的影响线。

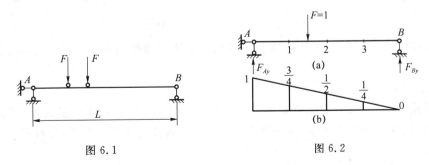

图 6.1　　　　　图 6.2

因此,得到影响线的定义为:当一个竖向指向不变(通常竖直向下)的单位集中力沿结构移动时,表示某一量值变化规律的图形,称为该量值的影响线。

绘制影响线的基本方法有静力法和机动法。某量值的影响线一经绘出,就可确定最不利荷载位置,从而求出该量值的最大值。下面先讨论影响线的绘制方法,然后再讨论影响线的应用。

6.2 用静力法作单跨静定梁的影响线

静力法绘制影响线的方法是:将荷载 $F=1$ 置于坐标为 x 的任意位置,然后由静力平衡条件求出所求量值与 $F=1$ 作用位置 x 之间的关系式,表示这种关系式的方程称为该量值的影响线方程,根据影响线方程即可绘出影响线。

1. 简支梁的影响线

(1) 反力影响线

对于图 6.3(a)所示的简支梁,选取 A 点为坐标原点,坐标 x 向右为正。将 $F=1$ 移至距离坐标原点 x 处,并假定支座 F_{Ay} 和 F_{By} 反力向上为正。取整体为隔离体,由平衡条件,有

$$\sum M_B = 0 \quad F_{Ay} = \frac{l-x}{l} \quad (0 \leqslant x \leqslant l) \tag{6.1}$$

$$\sum M_A = 0 \quad F_{By} = \frac{x}{l} \quad (0 \leqslant x \leqslant l) \tag{6.2}$$

式(6.1)和式(6.2)分别为支座反力 F_{Ay} 和 F_{By} 的影响线方程,它们是 x 的一次函数,故影响线是直线。

据影响线方程作出影响线,如图 6.3(b)、(c)所示。作影响线时,通常规定正值的影响线竖标绘在基线上方,负值竖标绘在基线下方,并在图中标明正、负号。在作影响线时,假定 $F=1$ 无量纲,由此可知影响线也无量纲。当利用影响线研究实际荷载的影响时,再乘以实际荷载相应的单位。

(2) 弯矩影响线

绘制图 6.4(a)所示某截面 C 的弯矩影响线。坐标设置同反力影响线。当 $F=1$ 在截面 C 左侧或右侧移动时,分别取 C 右侧或左侧为隔离体,以使梁下部纤维受拉的弯矩为正,分段求出 M_C 的影响线方程。

当 $F=1$ 在截面 C 左侧,即 $0 \leqslant x \leqslant a$ 时,有

$$M_C = F_{By} b = \frac{x}{l} b \quad (0 \leqslant x \leqslant l) \tag{6.3}$$

当 $F=1$ 在截面 C 右侧,即 $(a \leqslant x \leqslant l)$ 时,有

$$M_C = F_{Ay} a = \frac{l-x}{l} a \quad (0 \leqslant x \leqslant l) \tag{6.4}$$

式(6.3)和式(6.4)为 M_C 的影响线方程。根据影响线方程作出 M_C 的影响线,如图 6.4(b)所示。

(3) 剪力影响线

设绘制图 6.4(a)所示某截面 C 的剪力影响线。当 $F=1$ 在截面 C 左侧或右侧移动时,分别取 C 右侧或左侧为隔离体,以使隔离体顺时针方向转动的剪力为正,分段求出 F_{SC} 的影响线方程。

当 $F=1$ 在截面 C 左侧移动,即 $0 \leqslant x \leqslant a$ 时(如图 6.4(a)所示),有

$$F_{SC} = -F_{By} = -\frac{x}{l} \quad (0 \leqslant x \leqslant a) \tag{6.5}$$

当 $F=1$ 在截面 C 左侧移动,即 $a \leqslant x \leqslant l$ 时(如图 6.4(b)所示),有

$$F_{SC} = F_{Ay} = \frac{l-x}{l} \quad (a \leqslant x \leqslant l) \tag{6.6}$$

式(6.5)和式(6.6)为 F_{SC} 的影响线方程,其影响线如图6.4(c)所示。

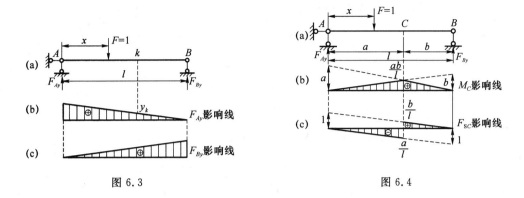

图6.3　　　　　　　　　　　图6.4

2. 伸臂梁的影响线

(1) 反力影响线

对于图6.5(a)所示的伸臂梁,仍选取 A 点为坐标原点,坐标 x 向右为正。由平衡条件可求得两支座反力为

$$F_{Ay} = \frac{l-x}{l}$$
$$F_{By} = \frac{x}{l}$$
$(-l_1 \leqslant x \leqslant l+l_2)$ (6.7)

由于式(6.7)与简支梁的影响线方程完全相同,因此只需将简支梁的反力影响线向两个伸臂部分延长,即得伸臂梁的反力影响线,如图6.5(b)、(c)所示。

(2) 跨内部分截面内力影响线

为求跨内任一截面 C 的弯矩和剪力影响线,可将它们表示为反力 F_{Ay} 和 F_{By} 的函数如下:当 $F=1$ 在截面 C 左侧移动,截取 C 右侧为隔离体,有

$$M_C = F_{By}b, \quad F_{SC} = -F_{By}$$

当 $F=1$ 在截面 C 右侧移动,截取 C 左侧为隔离体,有

$$M_C = F_{Ay}a, \quad F_{SC} = F_{Ay}$$

据此可绘出 M_C 和 F_{SC} 的影响线,如图6.5(d)、(e)所示。可以看出,只需将简支梁相应截面的弯矩和剪力影响线向两个伸臂部分延长,即得伸臂梁的弯矩和剪力影响线。

(3) 伸臂部分截面内力影响线

以图6.6(a)所示 AD 部分截面 K 为例来讨论伸臂部分截面的内力影响线的作法。取 K 点为坐标原点,坐标 x 向左为正。当 $F=1$ 在截面右侧移动时,截取 C 左侧为隔离体,可得 $M_K=0, F_{SK}=0$;当 $F=1$ 在截面左侧移动时,截取 C 左侧为隔离体,由平衡条件可得

$$M_K = -x \quad (0 \leqslant x \leqslant d) \tag{6.8}$$
$$F_{SK} = -1 \quad (0 \leqslant x \leqslant d) \tag{6.9}$$

式(6.8)和式(6.9)为 M_K 和 F_{SK} 的影响线方程,其影响线如图6.6(b)、(c)所示。据此,并由支座 A 的左边截面是外伸部分,其剪力 F_{SA}^L 的影响线类似 F_{SK} 的影响线,如图6.6(d)所示。但支座 A 的右边截面属于伸臂梁的跨中部分,即可利用简支梁跨中截面 C 的剪力影响线 F_{SC} 影响线做出 F_{SA}^R 的影响线,由 F_{SC} 影响线图6.4(e)使 C 截面趋于截面 A 右而得到,如图6.6(e)所示。

必须指出:对于直线杆件组成的静定结构,其反力和内力的影响线方程都是 x 的一次函数,故其影响线都是由直线组成的。

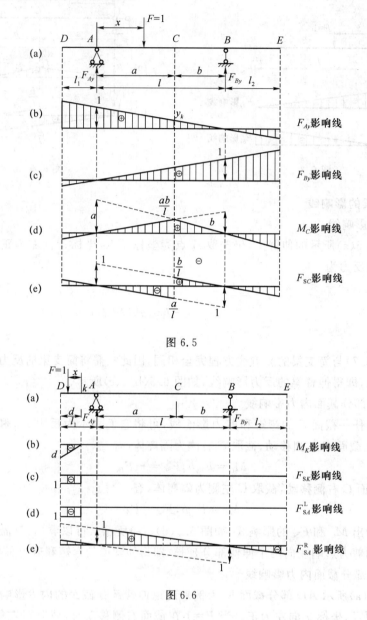

图 6.5

图 6.6

6.3 间接荷载作用下的影响线

移动荷载有时不是直接作用于主梁,而是通过纵横梁间接作用于主梁。图 6.7(a)所示为桥梁结构的计算简图,荷载在纵梁上移动,通过横梁(即结点)传递到主梁。对主梁来讲,这种荷载称为间接荷载。下面以主梁上截面 D 的弯矩为例,来说明间接荷载作用下主梁内力影响线的绘制方法。

首先,考虑 $F=1$ 移动到各结点处的情况。显然,无论是直接荷载还是间接荷载,结点处的影响线竖标值是相同的。因此,可先作出荷载直接作用在主梁上 M_D 的影响线,如图

6.7(b)所示,对间接荷载来说,各结点处竖标都是相同的。

其次,考虑 $F=1$ 在任意两相邻结点 C、E 上移动时 M_D 影响线的特点。此时,主梁在 C、E 处分别承受结点荷载为 $\dfrac{d-x}{d}$ 和 $\dfrac{x}{d}$,如图 6.7(c)所示。由影响线的定义和叠加原理,得

$$M_D = \frac{d-x}{d} y_C + \frac{x}{d} y_E$$

其中,y_C 和 y_E 为直接荷载作用下 M_D 影响线在 C、E 处的竖标值。由于 M_D 是 x 的一次函数,并且 $x=0$ 时,$M_D = y_C$;$x=d$ 时,$M_D = y_E$。由此,在间接荷载作用下,M_D 的影响线在 CE 段为连接其结点竖标顶点的直线段。

上述的结论,适用于间接荷载作用下任何量值的影响线。在间接荷载作用下结构某一量值的影响线的一般绘制方法归纳如下:首先作荷载直接作用下量值的影响线,然后取各结点处竖标,将各相邻两个结点的竖标顶点连以直线。

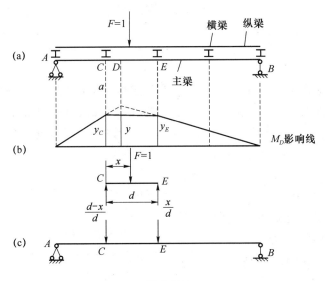

图 6.7

图 6.8 所示为间接荷载作用下影响线的另一例,读者可自行校核。

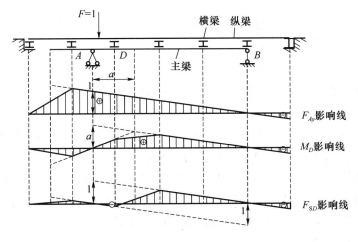

图 6.8

6.4 机动法作静定结构的影响线

机动法作影响线的理论依据是刚体系虚位移原理,即在力系作用下刚体系处于平衡的充要条件是:对于任何微小的虚位移,力系所做的虚功总和等于零。下面以图 6.9(a)所示简支梁反力 F_{Ay} 影响线为例来说明这一方法。

欲求 F_{Ay} 的影响线,首先去掉与它相应的约束,即 A 处的支座链杆,以正向的反力 F_{Ay} 代替,如图 6.9(b)所示。此时原结构已成为具有一个自由度的几何可变体系。然后使体系发生任意微小的虚位移,即梁 AB 绕 B 点作微小转动,以 δ_A 和 δ_P 分别表示 F_{Ay} 和 F 的作用点沿该作用力方向的虚位移。由于体系在 F_{Ay}、F_{By} 和 F 的共同作用下处于平衡状态,根据虚位移原理,得虚功方程为

$$F_{Ay}\delta_A + F\delta_P = 0 \qquad (6.10)$$

因为 $F=1$,式(6.10)可写为

$$F_{Ay} = -\frac{\delta_P}{\delta_A} \qquad (6.11)$$

式中,δ_A 为反力 F_{Ay} 作用点沿其方向的位移,在给定虚位移情况下它是一个常数;δ_P 为荷载 $F=1$ 作用点沿其方向的位移。由于 $F=1$ 的位置是变化的,则 δ_P 为沿着荷载移动作用点的竖向虚位移图。由式(6.11)可见,F_{Ay} 的影响线与位移图 δ_P 成正比,将位移图 δ_P 除以常数 δ_A 并反号,就得到 F_{Ay} 的影响线。令 $\delta_A=1$,则式(6.11)变为 $F_{Ay}=-\delta_P$,也就是此时的位移图 δ_P 便代表 F_{Ay} 影响线,如图 6.9(c)所示,只是符号相反。通常 $F=1$ 的方向向下,规定 δ_P 是以与 $F=1$ 方向一致为正,即 δ_P 向下为正。若位移图画在基线上方,显然图中 δ_P 为负值,由式(6.11)可知,F_{Ay} 为正,这就恰好与在影响线中正值的竖标画在基线上方相一致。

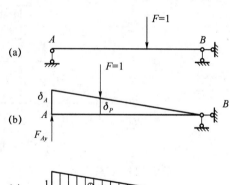

图 6.9

从上面的讨论可知,欲作某一量值 S 的影响线,只需将所求量值 S 相应的约束去掉,用相应的力代替,并使所得体系沿量值 S 的正向发生单位位移,则该虚位移图即为所求量值 S 的影响线。这种作影响线的方法称为机动法。

机动法的优点在于不必经过具体计算就能迅速绘出影响线的轮廓,这对设计工作很有帮助,同时亦可便于对静力法所作影响线进行校核。

下面以作如图 6.10(a)所示简支梁 M_C 和 F_{SC} 的影响线为例,进一步说明机动法的应用。在作 M_C 的影响线时,首先将 M_C 的相应约束去掉,即截面 C 由刚结改为铰结,用一对正向力偶 M_C 代替 C 点两侧截面相对约束。然后使 AC、BC 沿 M_C 正向发生相对转角 $\alpha+\beta$,如图 6.10(b)所示。列虚功方程为

$$M_C(\alpha+\beta) + F\delta_P = 0 \qquad (6.12)$$

令 $\alpha+\beta=1$,且 $F=1$,故有

$$M_C = -\delta_P \tag{6.13}$$

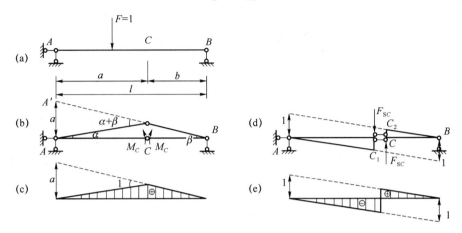

图 6.10

由上式可知,当 $\alpha+\beta=1$ 时,所得虚位移图即为 M_C 的影响线,如图 6.10(c)所示。各点竖标可由 AA' 推算,$AA'=(\alpha+\beta)\times a=1\times a=a$。

在作 F_{SC} 的影响线时,去掉与 F_{SC} 相应的约束,即将截面 C 改为竖向滑动支座,用一对正向剪力代替结点 C 两侧截面相对的约束,如图 6.10(d)所示。然后使体系沿 F_{SC} 正向发生虚位移,由虚位移原理有

$$F_{SC}(CC_1+CC_2) + F\delta_P = 0 \tag{6.14}$$

令 $CC_1+CC_2=1$,且 $F=1$,则有

$$F_{SC} = -\delta_P \tag{6.15}$$

则 $CC_1+CC_2=1$ 时所得虚位移图(如图 6.10(e)所示)为 F_{SC} 的影响线。由于 AC 和 BC 杆用两根平行链杆相连,它们之间只能作相对的平行移动,故在其虚位移图中 AC_1 和 BC_2 杆应为两平行直线,即 F_{SC} 影响线的左右两直线是相互平行的。

特别注意到虚位移图 δ_P 为荷载 $F=1$ 作用点的位移图,因此机动法作间接荷载下的影响线时,由于移动荷载 $F=1$ 是在纵梁上移动,δ_P 应是纵梁的位移图,而不是主梁的位移图。如图 6.11 所示为间接荷载下主梁 M_C 的影响线。

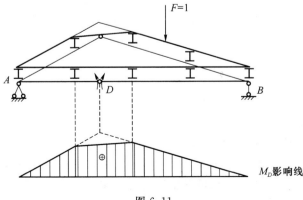

图 6.11

6.5 多跨静定梁的影响线

对于多跨静定梁，关键是弄清楚它的基本和附属部分及传力关系，再利用单跨静定梁的已知影响线，即可顺利地绘出多跨静定梁的影响线。

例如，图 6.12(a)所示为多跨静定梁，图 6.12(b)所示为层叠图。现在作弯矩 M_F 的影响线，由于截面 F 处于附属部分，当 $F=1$ 在基本部分 AD 上移动时，附属部分不受力，故 M_F 的影响线在 AD 段竖标为零。当 $F=1$ 在附属部分 DB 上移动时，基本部分 AD 相当于 DB 梁的支座，此时 M_F 的影响线与 DB 单独作为简支梁时相同，图 6.12(d)为 M_F 的影响线。接下来作 M_C 的影响线，当 $F=1$ 在量值所在的基本部分 AD 上移动时，附属部分不受力，此时 M_C 的影响线与 AD 单独作为伸臂梁时相同。当 $F=1$ 在附属部分 BD 上移动时，AD 梁相当于在铰 D 处受到 F_{Dy} 的作用，如图 6.12(c)所示。因 $F_{Dy}=1-\dfrac{x}{d}$，故 F_{Dy} 为 x 的一次函数，AD 梁上的各种量值亦为 x 的一次函数。由此可知，M_C 影响线在 DB 段必为一直线，直线定出两点即可绘出。当 $F=1$ 作用在铰 D 处时，M_C 已由 AD 的影响线求出；而 $F=1$ 作用在支座 B 时，有 $M_C=0$。于是，可绘出 M_C 影响线如图 6.12(e)所示。

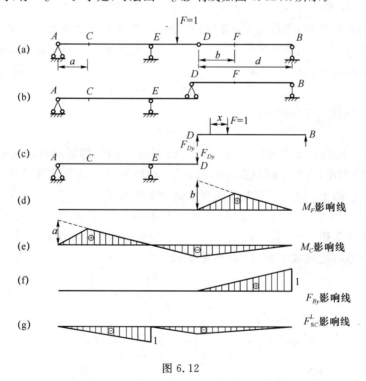

图 6.12

根据上述分析可知，多跨静定梁某一量值的影响线的一般做法如下。

(1) 当 $F=1$ 在量值本身所在的梁段上移动时，量值的影响线与相应的单跨静定梁相同。

(2) 当 $F=1$ 在对于量值本身来说是基本部分的梁段上移动时，量值的影响线为零。

(3) 当 $F=1$ 在对于量值本身来说是附属部分的梁段上移动时，量值的影响线为直线。根据在铰处的竖标已知和支座处竖标为零等条件，即可将其绘出。

按照上述分析方法，作出 F_{By} 和 F_{SC}^L 影响线如图 6.12(f)、(g)，读者可自行校核。

此外，用机动法作多跨静定梁的影响线是较为方便的。首先去掉与所求量值对应的约束，用相应的量值代替，然后使体系沿量值正向发生单位位移，根据每一杆的位移图应为一直线段以及在每一支座竖向位移为零，便可迅速画出各杆件的位移图，从而得到所求量值的影响线。对于图 6.13 所示的各量值的影响线，读者可自行校核。

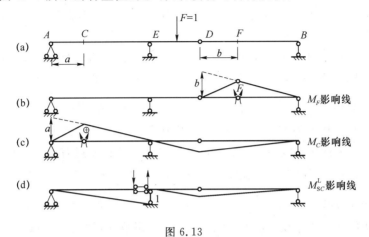

图 6.13

至于间接荷载作用下多跨静定梁的影响线，同样可先作出直接荷载作用下的影响线，然后取各结点处的竖标，并在每一纵梁范围内用直线相连而求得，在此不再赘述。

6.6 静定桁架的影响线

对于单跨静定梁式桁架，其支座反力的计算与相应单跨梁相同，故二者的支座反力影响线也完全相同。本节只就桁架内力的影响线进行讨论。

计算桁架内力的方法通常采用结点法和截面法，而截面法又分为力矩法和投影法，在比较复杂的情况下，需将结点法和截面法联合应用。用静力法作桁架的内力影响线，仍采用这些方法，只不过所作用的荷载是一个移动的单位荷载。因此，只要求出杆件内力的影响线方程，即可绘出影响线。考虑到计算方便，对于斜杆可绘出其水平或竖直分力的影响线，然后按比例关系求其内力影响线。

特别注意，在桁架中，荷载一般是通过纵梁和横梁作用在结点上的，故前面所讨论的关于间接荷载作用下影响线的性质，对桁架都适用。而且移动荷载 $F=1$ 在上弦移动时，称为上承荷载，在下弦移动时称为下承荷载，对同一杆两种情况所作影响线有时是不同的。

下面以图 6.14(a)所示简支桁架为例，来说明桁架内力影响线的绘制方法，设 $F=1$ 在下弦移动。

1. 力矩法

例如，求 F_{N1} 的影响线。可作截面 Ⅰ—Ⅰ，当 $F=1$ 在 E 点右侧移动时，取截面 Ⅰ—Ⅰ 左侧部分为隔离体，由 $\sum M_D = 0$ 得

$$F_{N1} = -2F_{Ay} \tag{6.16}$$

由式(6.16)可知，F_{N1} 影响线在 EB 段与 F_{Ay} 影响线形状相同，竖标是 F_{Ay} 的 2 倍，而符号相反。此段称为右直线。

当 $F=1$ 在 D 点左侧移动时，取截面 Ⅰ—Ⅰ 右侧部分为隔离体，由 $\sum M_D = 0$ 得

$$F_{N1} = -4F_{By} \tag{6.17}$$

由式(6.17)可知,F_{N1}影响线在CA段与F_{By}的影响线形状相同,竖标是F_{By}的4倍,而符号相反。此段称为左直线。

从几何关系可以看出,此左、右两直线的交点恰好在矩心D点。

当$F=1$在DE之间移动时,根据间接荷载作用下影响线的性质可知,F_{N1}影响线应为连接结点E和D竖标顶点的直线。于是,可绘出F_{N1}影响线,如图6.14(b)所示。

2. 截面法

例如,求F_{N2}的影响线。可作截面Ⅱ—Ⅱ,当$F=1$在D点右侧移动时,取截面Ⅱ—Ⅱ左侧部分为隔离体,由$\sum F_y=0$得,$F_{N2}=-F_{Ay}$。当$F=1$在C点左侧移动时,取截面Ⅱ—Ⅱ右侧部分为隔离体,由$\sum F_y=0$得,$F_{N2}=F_{By}$。当$F=1$在CD之间移动时,F_{N2}影响线为连接C和D点竖标顶点的直线段。作出F_{N2}影响线,如图6.14(c)所示。

再例如,求F_{N3}的影响线。可作截面Ⅲ—Ⅲ,当$F=1$在E点右侧移动时,取截面Ⅲ—Ⅲ左侧部分为隔离体,由$\sum F_y=0$得,$F_{N3y}=-F_{Ay}$。当$F=1$在D点左侧移动时,取截面Ⅲ—Ⅲ右侧部分为隔离体,由$\sum F_y=0$得,$F_{N3y}=F_{By}$。当$F=1$在DE之间移动时,F_{N3y}影响线为连接D和E点竖标顶点的直线段。作出F_{N3y}影响线,如图6.14(d)所示,然后根据比例关系便可得到F_{N3}影响线。

3. 结点法

例如,求F_{N4}的影响线。可取结点A为隔离体来求。荷载$F=1$沿下弦移动,结点A在承重弦上,因而其平衡方程应分别按$F=1$在A点和不在A点两种情况来建立。当$F=1$不在A点,即在结点C到B之间移动时,由结点A的$\sum F_y=0$得,$F_{N4}=-F_{Ay}$。当$F=1$作用在A点时,由结点A的$\sum F_y=0$得,$F_{N4}=-F_{Ay}+1=0$。按影响线在各结间应为直线绘出F_{N4}影响线,如图6.14(e)所示。

移动荷载$F=1$上承和下承影响线有时不同,用图6.14(f)所示F_{N5}的影响线来说明。读者可自行校核。

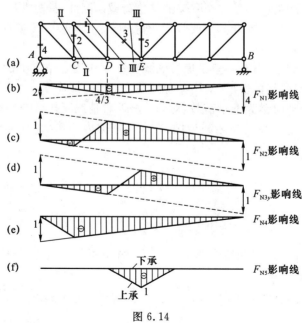

图6.14

6.7 利用影响线求量值

本节将讨论影响线的基本应用,当若干集中荷载或分布荷载在已知位置时,如何利用影响线来求量值。

1. 集中荷载作用的情况

设在结构的已知位置上作用一组集中力 $F_1, F_2, \cdots, F_n$,结构某量值 S 的影响线在各荷载作用点的竖标分别为 $y_1, y_2, \cdots, y_n$,如图 6.15 所示。现要求在这组集中力作用下量值 S 的值。

由影响线的定义可知,F_i 引起的量值 S 等于 $F_i y_i$,根据叠加原理,求得此组荷载作用下量值 S 的值为

$$S = F_1 y_1 + F_2 y_2 + \cdots + F_n y_n = \sum F_i y_i \tag{6.18}$$

必须指出,当若干个集中力作用在影响线某一直线范围内时,如图 6.16 所示,为了简化计算,可用它们的合力来代替,而不会改变所求量值的数值。证明如下:

$$S = F_1 y_1 + F_2 y_2 + \cdots + F_n y_n = (F_1 x_1 + F_2 x_2 + \cdots + F_n x_n) \tan \alpha = \tan \alpha \sum F_i x_i$$

因 $\sum F_i x_i$ 为各力对 O 点力矩之和,根据合力矩定理,它应等于合力 F_R 对 O 点之距,即

$$\sum F_i x_i = F_R \overline{x}$$

故有

$$S = \tan \alpha F_R \overline{x} = F_R \overline{y} \tag{6.19}$$

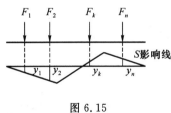

图 6.15

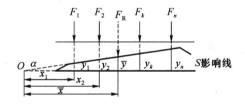

图 6.16

2. 分布荷载作用的情况

利用某量值 S 的影响线求作用在结构上分布荷载引起的量值 S 时,如图 6.17(a)、(b) 所示,可将荷载分布长度分成无限多个微段,每一微段上的荷载 $q(x)dx$ 可视为一个集中荷载,故在 AB 段内的分布荷载所引起的 S 值为

$$S = \int_{x_A}^{x_B} y q(x) dx$$

若 $q(x) = q$ 为均布荷载,如图 6.17(c)、(d) 所示,则有

$$S = \int_{x_A}^{x_B} y q(x) dx = q\omega = q(\omega_2 - \omega_1) \tag{6.20}$$

式中,ω 为均布荷载分布区域对应的影响线面积的代数和。在基线上方影响线面积取正号,反之取负号。

【例 6.1】 利用影响线求如图 6.18(a) 所示结构在图示固定荷载作用下 F_{Ay}、M_C、F_{SC}^L 及 F_{SC}^R 的值。

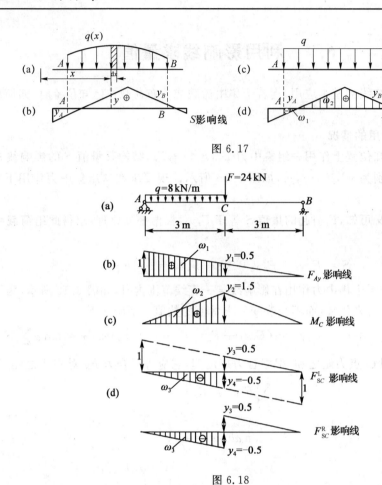

图 6.17

图 6.18

解:首先作出 F_{Ay}、M_C 和 F_{SC} 的影响线,如图 6.18(b)、(c)、(d)所示。

$$F_{Ay} = q\omega_1 + Fy_1 = 8 \times \left(\frac{1}{2} \times 1 \times 3 + \frac{1}{2} \times 0.5 \times 3\right) \text{kN} + 24 \times 0.5 \text{ kN} = 30 \text{ kN}$$

$$M_C = q\omega_2 + Fy_2 = 8 \times \frac{1}{2} \times 1.5 \times 3 \text{ kN} + 24 \times 1.5 \text{ kN} = 54 \text{ kN}$$

$$F_{SC}^L = q\omega_3 + Fy_3 = 8 \times \left(-\frac{1}{2} \times 0.5 \times 3\right) \text{kN} + 24 \times 0.5 \text{ kN} = 6 \text{ kN}$$

$$F_{SC}^R = q\omega_3 + Fy_4 = 8 \times \left(-\frac{1}{2} \times 0.5 \times 3\right) \text{kN} - 24 \times 0.5 \text{ kN} = -18 \text{ kN}$$

6.8 最不利荷载位置的确定

在移动荷载作用下,结构上的指定量值(内力、反力)将随荷载位置的变化而变化。若荷载移动到某位置而使该量值达到最大值或最小值(即最大负值),则称该荷载位置为最不利的荷载位置。最不利荷载位置确定后,可按固定荷载求出该量值的最大值。

当荷载情况比较简单时,最不利荷载位置易于确定。例如,结构只承受一个移动集中荷载 F 作用时,只要将荷载 F 置于 S 影响线的最大竖标处,就可得到 S 的最大值为 $S_{max} = Fy_1$;而将荷载 F 置于 S 影响线最小竖标处,则得到 S 的最小值为 $S_{min} = Fy_2$,如图 6.19 所示。

对于任意布置的均布荷载,如人群、货物等,由式(6.20)可知,将荷载布满影响线正号面积对应的区域时,量值 S 将产生最大值;反之,将荷载布满影响线负号面积对应的区域时,则量值 S 将产生最小值,如图 6.20 所示。

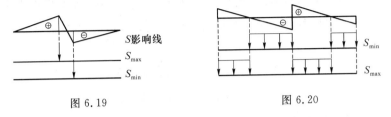

图 6.19　　　　　图 6.20

对于由多个间距不变的移动集中荷载(也包括均布荷载)所组成的行列荷载,其最不利荷载位置的确定一般较为复杂。但荷载位于最不利荷载位置时,所求量值 S 为最大,此时荷载由该位置不论向左或向右移动到邻近位置时,S 值均减小。因此,可以从讨论荷载移动时 S 的增量来解决这个问题。

设量值 S 的影响线为一折线图形,如图 6.21(a)所示。各直线段的倾角分别为 $\alpha_1, \alpha_2, \cdots, \alpha_n$,倾角以逆时针方向为正。现有一组图 6.21(b)所示的行列荷载,荷载在 S 影响线各直线段内的合力分别为 $F_{R1}, F_{R2}, \cdots, F_{Rn}$,则量值 S_1 为

$$S_1 = F_{R1} y_1 + F_{R2} y_2 + \cdots + F_{Rn} y_n$$

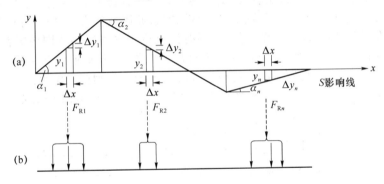

图 6.21

当整个行列荷载向右移动微小距离 Δx 时,相应的量值 S_2 为

$$S_2 = F_{R1}(y_1 + \Delta y_1) + F_{R2}(y_2 + \Delta y_2) + \cdots + F_{Rn}(y_n + \Delta y_n)$$

式中,Δy_i 代表由于位移 Δx 所引起的 F_{Ri} 对应影响线竖标的增量。

量值 S 的增量为

$$\Delta S = S_2 - S_1 = F_{R1} \Delta y_1 + F_{R2} \Delta y_2 + \cdots + F_{Rn} \Delta y_n = \sum_{i=1}^{n} F_{Ri} \Delta y_i$$

将 $\Delta y_i = \Delta x \tan \alpha_i$ 代入上式,则有

$$\Delta S = \Delta x \sum_{i=1}^{n} F_{Ri} \tan \alpha_i$$

上式两边同除 Δx,则量值 S 的平均变化率为

$$\frac{\Delta S}{\Delta x} = \sum_{i=1}^{n} F_{Ri} \tan \alpha_i$$

使 S 成为极大值的条件是:荷载自该位置无论向左或向右移动微小距离,S 均减小,即 $\Delta S < 0$。由于左移 $\Delta x < 0$,右移 $\Delta x > 0$,故有

$$\sum F_{Ri}\tan\alpha_i > 0 (荷载左移)$$
$$\sum F_{Ri}\tan\alpha_i < 0 (荷载右移)$$
(6.21)

由式(6.21)可知,当荷载向左或向右微小移动时,$\sum F_{Ri}\tan\alpha_i$ 必须由正变负,S 才可能成为极大值。反之,当荷载向左或向右微小移动时,$\sum F_{Ri}\tan\alpha_i$ 必须由负变正,S 才可能成为极小值,此时应有

$$\sum F_{Ri}\tan\alpha_i < 0 (荷载左移)$$
$$\sum F_{Ri}\tan\alpha_i > 0 (荷载右移)$$
(6.22)

现在来分析在什么情况下 $\sum F_{Ri}\tan\alpha_i$ 有可能变号。式中 $\tan\alpha_i$ 是影响线各直线斜率,为常数,因此要使 $\sum F_{Ri}\tan\alpha_i$ 变号,只有各段上的荷载合力 F_{Ri} 数值发生改变。显然要改变 F_{Ri} 的数值,必须有一个集中荷载恰好作用在影响线的某一个顶点上。因为在荷载向左或向右移动时,该集中荷载将分别属于不同的直线段范围内。因此,当荷载向左、右微小移动时,$\sum F_{Ri}\tan\alpha_i$ 改变符号的必要条件是某一个集中荷载作用在影响线顶点,但这不是充分条件。

满足必要条件且使 $\sum F_{Ri}\tan\alpha_i$ 变号的集中荷载称为临界荷载,此时荷载的位置就是临界位置,而将式(6.21)和式(6.22)称为临界位置的判别式。

确定临界荷载一般需通过试算,即试选某一集中荷载置于影响线顶点处,看其是否满足判别式(6.21)和式(6.22)。为了减少试算次数,布置原则通常为:一般将行列荷载中数值较大且相对密集的荷载作为可能临界荷载,同时注意位于同号影响范围内的荷载尽可能多。满足判别式的荷载不只一个,每个临界荷载对应的临界位置都使 S 产生极值,从各极值中选取最大值或最小值,它们所对应的荷载位置就是 S 的最不利荷载位置。

【例 6.2】 试求中图 6.22(a)所示简支梁在中-活载作用下截面 K 的最大弯距。

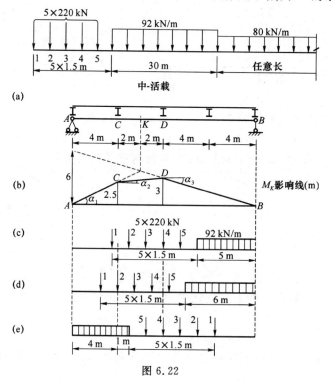

图 6.22

解:作出 M_K 影响线,如图 6.22(b)所示,各段直线的斜率为

$$\tan \alpha_1 = \frac{5}{8}, \quad \tan \alpha_2 = \frac{1}{8}, \quad \tan \alpha_3 = -\frac{3}{8}$$

由式(6.21)确定临界位置。

(1) 列车由右向左开时的情况。轮 4 置于 D 点试算(如图 6.22(c)所示),有

$$\left.\begin{array}{l}\sum F_{Ri} \tan \alpha_i = \dfrac{5}{8} \times 220 + \dfrac{1}{8} \times 440 - \dfrac{3}{8} \times (440 + 92 \times 5) = -145 < 0(\text{荷载右移}) \\ \sum F_{Ri} \tan \alpha_i = \dfrac{5}{8} \times 220 + \dfrac{1}{8} \times 660 - \dfrac{3}{8} \times (220 + 92 \times 5) = -35 < 0(\text{荷载左移})\end{array}\right\}$$

不满足判别式,故轮 4 处于 D 点不是临界位置。由于左移时,$\dfrac{\Delta M_K}{\Delta x} = \sum F_{Ri} \tan \alpha_i < 0$,而 $\Delta x < 0$,则 $\Delta M_K > 0$,此时荷载左移会使 M_K 值增加。因此荷载继续左移才会使 M_K 达到最大值。

将轮 2 置于 C 点(如图 6.22(e) 所示)试算,有

$$\left.\begin{array}{l}\sum F_{Ri} \tan \alpha_i = \dfrac{5}{8} \times 440 + \dfrac{1}{8} \times 440 - \dfrac{3}{8} \times (220 + 92 \times 6) > 0(\text{荷载左移}) \\ \sum F_{Ri} \tan \alpha_i = \dfrac{5}{8} \times 220 + \dfrac{1}{8} \times 660 - \dfrac{3}{8} \times (220 + 92 \times 6) < 0(\text{荷载右移})\end{array}\right\}$$

满足判别条件,轮 2 位于 C 点是临界位置。在此位置算得 M_K 值为

$$M_K = \sum F_i y_i = 3\ 357 \text{ kN·m}$$

继续试算,没有其他临界位置。

(2) 轮 4 从左向右开的情况,将轮 4 置于 D 点(如图 6.22(e)所示)试算,有

$$\left.\begin{array}{l}\sum F_{Ri} \tan \alpha_i = \dfrac{5}{8} \times 92 \times 4 + \dfrac{1}{8} \times (92 \times 1 + 440) - \dfrac{3}{8} \times 660 > 0(\text{荷载左移}) \\ \sum F_{Ri} \tan \alpha_i = \dfrac{5}{8} \times 92 \times 4 + \dfrac{1}{8} \times (92 \times 1 + 220) - \dfrac{3}{8} \times 880 < 0(\text{荷载右移})\end{array}\right\}$$

满足判别条件,故轮 4 置于 D 点是临界位置。相应的 M_K 值为

$$M_K = 3\ 212 \text{ kN·m}$$

继续试算,没有其他临界位置。

(3) 比较可知,图 6.22(d)为最不利荷载位置,截面 K 最大弯距值为

$$M_{K\max} = 3\ 357 \text{ kN·m}$$

对于常用的三角形影响线,临界荷载判别式可进一步地简化。设临界荷载 F_{cr} 处于三角形影响线顶点处,分别以 F_R^L 和 F_R^R 表示 F_{cr} 以左和以右荷载的合力(如图 6.23 所示),则式(6.21)可写成

$$\left.\begin{array}{l}(F_R^L + F_{cr}) \tan \alpha - F_R^R \tan \beta \geqslant 0(\text{荷载左移}) \\ F_R^L \tan \alpha - (F_{cr} + F_R^R) \tan \beta \leqslant 0(\text{荷载右移})\end{array}\right\}$$

将 $\tan \alpha = \dfrac{h}{a}, \tan \beta = \dfrac{h}{b}$ 代入上式,得

$$\left.\begin{array}{l}\dfrac{F_R^L + F_{cr}}{a} > \dfrac{F_R^R}{b}(\text{左移}) \\ \dfrac{F_R^L + F_{cr}}{a} > \dfrac{F_R^R}{b}(\text{右移})\end{array}\right\} \tag{6.23}$$

式(6.23)就是对于三角形影响线取得最大值的临界荷载位置的判别式。

当影响线为一般三角形且均布荷载跨过其顶点(如图 6.24 所示)时,可用一般求极值的方法确定最不利荷载位置。令 $\dfrac{ds}{dx}=0$,即

$$\frac{ds}{dx} = \sum F_{Ri} \tan \alpha_i = F_R^L \frac{h}{a} - F_R^R \frac{h}{b} = 0$$

或

$$\frac{F_R^L}{a} = \frac{F_R^R}{b} \tag{6.24}$$

即左、右两边的平均荷载应相等。

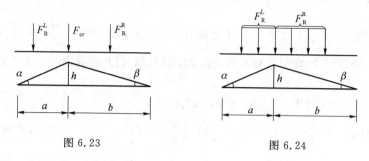

图 6.23　　　　　图 6.24

必须指明,对于直角三角形影响线(如简支梁支座反力影响线)以及凡是竖标有突变的影响线(如简支梁的跨中某截面剪力影响线),判别式(6.21)、式(6.22)和式(6.23)均不再适用。此时,当荷载较简单时,最不利荷载位置一般可由直观判断;当荷载较复杂时,可根据前述估计临界荷载的原则,布置几种荷载位置,直接算出相应的 S 值,选取其中最大的。

【**例 6.3**】　试求图 6.25(a)所示简支梁在吊车四轮荷载作用下 B 支座的反力最大值。已知 $F_1 = F_2 = 478.5$ kN,$F_3 = F_4 = 324.5$ kN。

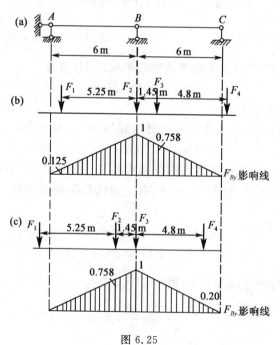

图 6.25

解:作出支反力 F_{By} 的影响线,如图 6.25(b)所示。直观判断 F_1 和 F_4 不可能是临界荷载,对 F_2 和 F_3 分别根据判别式(6.23)进行验算。将 F_2 置于影响线顶点处(如图 6.25(b)

所示），有
$$\frac{2\times478.5}{6}>\frac{324.5}{6}$$
$$\frac{478.5}{6}<\frac{478.5+324.5}{6}$$

故 F_2 为一临界荷载。

将 F_3 置于影响线顶点处（如图 6.25(c)所示），有
$$\frac{478.5+324.5}{6}>\frac{324.5}{6}$$
$$\frac{478.5}{6}<\frac{2\times324.5}{6}$$

故 F_3 也是一个临界荷载。

图 6.25(b)所示临界位置对应的 F_{By} 值为
$$F_{By}=478.5\times(0.125+1)\text{kN}+324.5\times0.758\text{ kN}=784.3\text{ kN}$$

图 6.25(c)所示临界位置对应的 F_{By} 值为
$$F_{By}=478.5\times0.758\text{ kN}+324.5\times(0.2+1)\text{kN}=752.1\text{ kN}$$

故支座 B 的支座反力 $F_{By\max}=784.3$ kN。

6.9 简支梁的绝对最大弯矩

在移动荷载作用下，任一截面都可求得最大弯矩，简支梁所有截面的最大弯矩中又有最大者，称为简支梁的绝对最大弯矩。要求绝对最大弯矩不仅要知道产生绝对最大弯矩的截面位置，而且要知道此截面的最不利荷载位置。此问题的关键在于：确定最大弯矩的截面位置和荷载位置。

为了解决上述问题，可以把各个截面的最大弯矩都求出来，然后加以比较。但实际上梁的截面有无穷多个，不可能一一计算，因而只能选取有限多个截面来进行比较，以求得问题的近似解答。显然这也是很麻烦的。

注意到梁上荷载均为集中荷载，问题可以简化。在一组集中荷载作用下，无论荷载在梁上的任何位置，弯矩图的顶点总是在集中荷载的作用点，由此可以断定绝对最大弯矩一定发生在某一集中荷载作用点处截面。剩下的问题只是确定它究竟发生在哪一个荷载作用点处及该点位置。为此，可采取如下办法来解决，即任选某一个集中荷载，讨论移动荷载处于什么位置时，该荷载的作用截面的弯矩达到最大值。用同样的方法，就可求出各荷载作用点处截面的最大弯距，加以比较即可确定绝对最大弯矩。

下面就讨论如图 6.26 所示简支梁在一组移动行列荷载作用下绝对最大弯矩的计算问题。

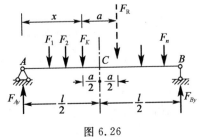

图 6.26

设任意一个集中荷载 F_K 与 A 点的距离为 x,梁上荷载的合力 F_R 与 F_K 的作用线之间的距离为 a。由 $\sum M_B = 0$ 得,支座反力

$$F_{Ay} = F_R \frac{l-x-a}{l}$$

F_K 作用点截面的弯矩为

$$M_x = F_{Ay}x - M_K = \frac{F_R}{l}(l-x-a)x - M_K$$

式中,M_K 表示 F_K 以左梁上的荷载对 F_K 作用点的力矩总和,它是一个与 x 无关的常数。根据极值条件,有

$$\frac{dM_x}{dx} = \frac{F_R}{l}(l-2x-a) = 0$$

得

$$x = \frac{l}{2} - \frac{a}{2} \tag{6.25}$$

式(6.25)表明,当 F_K 与荷载合力 F_R 对称于跨中截面时,F_K 作用点的截面上弯矩达到最大值,其值为

$$M_{\max} = \frac{F_R}{l}\left(\frac{l}{2} - \frac{a}{2}\right)^2 x - M_K \tag{6.26}$$

若合力 F_R 位于 F_K 左边,则式(6.25)和式(6.26)中 $\frac{a}{2}$ 前的减号应改为加号。

在应用式(6.25)和式(6.26)计算荷载作用处截面最大弯矩时,应该注意的是,F_R 是实际荷载的合力。在 F_K 和 F_R 对称于跨中截面时,可能有的荷载不再位于梁上,或有新的荷载进入梁上,这时应重新计算合力和作用位置。

按上述方法可算出每一个荷载作用点处截面的最大弯矩,并加以比较,其中最大者就是绝对最大弯矩。若移动荷载个数较多,计算工作量较大。计算经验表明,绝对最大弯矩通常发生在梁的中点附近的截面,使跨中截面发生最大弯矩的临界荷载一般情况下也是产生绝对最大弯矩的临界荷载。由于这个临界荷载的数目要远少于移动荷载的个数,从而简化了计算。据此,计算绝对最大弯矩可按下述步骤进行:首先,确定使梁中点截面 C 发生最大弯矩的临界荷载 F_K(此时可顺便求出梁中点截面 C 的最大弯矩 $M_{C\max}$);其次,应假设梁上荷载的个数并求其合力 F_R(大小及位置);然后,移动荷载组使 F_R 与 F_K 对称于梁的中点,核对梁上荷载是否与求合力相符,如不符应再行安排直至符合;最后,计算 F_K 作用点截面的弯矩,通常即为绝对最大弯矩 $M_{\max}$。

【例 6.4】 试求图 6.27(a)所示梁的绝对最大弯矩,并与跨中 C 点最大弯矩进行比较。已知 $F_1 = F_2 = F_3 = F_4 = 324.5$ kN。

解:作出跨中 C 截面的弯矩影响线,如图 6.27(b)所示。显然,使 C 截面弯矩最大的临界荷载为 F_2 和 F_3。

将 F_2 置于 C 点(如图 6.27(c)所示),求得 C 截面最大弯矩为

$$M_{C\max} = 324.5 \times \left(1.5 + 1.5 \times \frac{1.55}{3}\right) \text{kN} \cdot \text{m} = 738.238 \text{ kN} \cdot \text{m}$$

此时计算梁上合力 F_R 及到 F_2 的距离 a,有

$$F_R = F_2 + F_3 = 649 \text{ kN}$$

$$a = 0.725 \text{ m}$$

将 F_R 与 F_2 对称置于中点 C 两侧(如图 6.27(d)所示),无荷载移出和移入,由式(6.26)可得 F_2 作用点处截面的最大弯矩为

$$M_{2\max}=\frac{649\times(6-0.725)^2}{4\times 6}\text{kN}\cdot\text{m}=752.461\text{ kN}\cdot\text{m}$$

将 F_3 置于 C 点(如图 6.27(e)所示),同样求得

$$F_R=649\text{ kN},a=-0.725\text{ m}$$

将 F_R 与 F_3 对称置于中点两侧,由式(6.26)得

$$M_{3\max}=\frac{649\times(6+0.725)^2}{4\times 6}\text{kN}\cdot\text{m}-324.5\times 1.45\text{ kN}\cdot\text{m}=752.461\text{ kN}\cdot\text{m}$$

绝对最大弯矩发生在 C 点两侧距 C 点均为 0.363 m 处,其值为 752.461 kN·m。

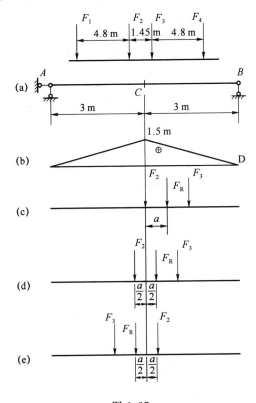

图 6.27

绝对最大弯矩比跨中截面最大弯矩大 1.9%,在实际工程中,有时也用跨中截面的最大弯矩来近似代替绝对最大弯矩。

6.10 简支梁的包络图

在结构设计中,通常需要求出在恒载和活载共同作用下,各截面的最大、最小内力,以作为设计的依据。连接各截面的最大、最小内力的图形称为内力包络图。

简支梁内力包络图的作法是:首先将梁分成若干等份,然后利用前面所述的方法求出在移动荷载作用下各截面内力的最大值和最小值,然后将其与恒载引起的对应截面内力相加,则可绘出内力包络图。例如,图 6.28(a)所示为一吊车梁,跨度 12 m,承受两台吊车的作用。

为简化计算,不计恒载作用。将吊车梁分为 10 等份,在吊车荷载作用下,分别求出各截面的最大弯矩(跨中附近为绝对最大弯矩发生的截面),画出竖标,并且用光滑曲线将竖标连接成一条曲线,即为弯矩包络图,如图 6.28(b)所示。同样,在吊车荷载作用下,分别求出各截面的最大、最小剪力,画出竖标,并且用光滑曲线将竖标连接成一条曲线,即为剪力包络图,如图 6.28(c)所示。

应当说明的是,上述作图过程未考虑恒载的作用。若计入恒载的作用,对弯矩包络图,恒载产生的弯矩即为弯矩最小值,恒载产生的弯矩和吊车荷载产生的各截面最大弯矩相叠加为弯矩最大值,分别连线画在同一张图上即为弯矩包络图。对剪力包络图,恒载产生的剪力与吊车荷载产生的各截面最大、最小剪力相叠加,即得各截面最大、最小剪力值,分别连线画在同一张图上即为剪力包络图。

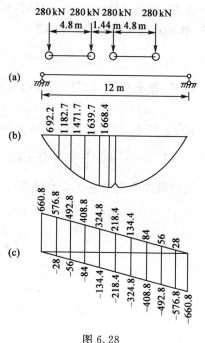

图 6.28

6.11 超静定结构的影响线

上述各节讨论了静定结构影响线的绘制及应用。下面开始对超静定结构在移动荷载作用下的影响线问题进行讨论。

超静定结构的影响线有两种作法:一种是当结构作用单位移动荷载 $F=1$ 时,按力法求出某量值与移动荷载位置 x 的关系,即影响线方程;另一种是用位移图作影响线。它们分别对应于静定结构影响线的静力法和机动法。超静定结构影响线的这两种作法也分别称为静力法和机动法,下面以一次超静定结构为例分别说明这两种方法。

1. 静力法

如图 6.29(a)所示为超静定梁,现欲求 F_{By} 的影响线。去掉 B 支座,并代以多余未知力 X_1,如图 6.29(b)所示。由力法典型方程得

$$X_1 = -\frac{\delta_{1P}}{\delta_{11}} \tag{6.27}$$

绘制 $\overline{M}_1$ 和 M_P 图,如图 6.29(c)和(b)所示。由图乘法求得

$$\delta_{11} = \sum \int \frac{\overline{M}_1^2}{EI} ds = \frac{1}{EI} \times \frac{1}{2} \times l \times l \times \frac{2}{3}l = \frac{l^3}{3EI}$$

$$\delta_{1P} = \sum \int \frac{\overline{M}_1 M_P}{EI} ds = -\frac{x^2(3l-x)}{6EI}$$

式中,δ_{11} 是常数,与 X 无关;δ_{1P} 是基本结构在移动荷载 $F=1$ 作用下沿 X_1 方向的位移,由于 $F=1$ 是移动的,故 δ_{1P} 为单位荷载 $F=1$ 位置 x 的函数,其图形便是位移影响线。

将 δ_{11} 和 δ_{1P} 代入式(6.27),有

$$X_1 = -\frac{\delta_{1P}}{\delta_{11}} = \frac{x^2(3l-x)}{2l^3} \tag{6.28}$$

式(6.28)为 F_{By}(即 X_1)的影响线方程,绘出其影响线,如图 6.29(e)所示。

2. 机动法

下面由式(6.27)给出作 X_1 影响线的另一种表示。由位移互等定理,有 $\delta_{1P}=\delta_{P1}$,于是式(6.27)可改写为

$$X_1 = -\frac{\delta_{1P}}{\delta_{11}} = -\frac{\delta_{P1}}{\delta_{11}} \tag{6.29}$$

式中,δ_{1P} 是基本结构在移动荷载 $F=1$ 作用下沿 X_1 方向的位移影响线;δ_{P1} 则是基本结构在固定荷载 $\overline{X}_1=1$ 作用下沿 $F=1$ 方向的位移,由于 $F=1$ 是移动的,故 δ_{P1} 就是基本结构在 $\overline{X}_1=1$ 作用下的竖向位移图(如图 6.30(c)所示)。此位移图 δ_{P1} 除以常数 δ_{11} 并反号便是 X_1 影响线(如图 6.30(d)所示)。这就把求超静定结构某反力或内力影响线的问题转化为寻求基本结构在固定荷载作用下的位移图的问题。

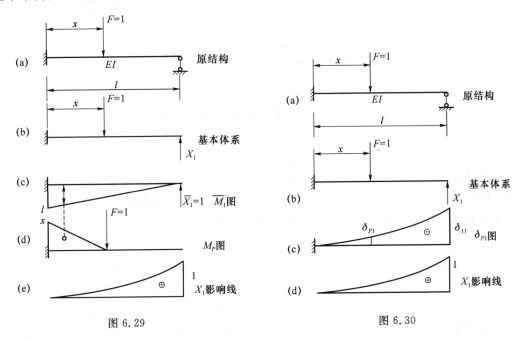

图 6.29   图 6.30

求位移图 δ_{P1} 时,仍用图乘法,注意此时 $\overline{M}_1$ 图应是实际状态,而 M_P 图则是虚拟状态,故有

$$\delta_{P1} = \sum \int \frac{M_P \overline{M}_1}{EI} ds = -\frac{x^2(3l-x)}{6EI}$$

当然这仍是图 6.29(c)、(d)两图相乘,故结果与前面静力法中求得的 δ_{1P}(位移影响线)完全相同。

在式(6.29)中,若假设 $\delta_{11}=1$,则有

$$X_1 = -\delta_{P1}$$

这表明,此时的竖向位移图就代表 X_1 影响线,只是符号相反。由于 δ_{P1} 向下为正,故当 δ_{P1} 向上时 X_1 为正。可见,这一方法与求静定结构影响线的机动法是类似的,即同样都是在去掉与所求未知力相应的联系后,体系沿未知力正向发生单位位移时所得的竖向位移图来表示该力影响线的。但二者也有不同之处:对于静定结构,去掉一个联系后就成为一个自由度的几何可变体系,故其位移图是由刚体位移的直线段组成的;而超静定结构去掉一个多余联系

后仍为几何不变体系,其位移图则是在所求多余未知力作用下的弹性曲线。由于此曲线的轮廓一般可凭直观勾绘出来,故在具体计算之前即可迅速确定其大致形状,这就给实际工作带来很大方便,这是机动法的一大优点。

以上介绍的是一次超静定结构。对于多次超静定结构,同样可采用上述机动法作某一反力或内力影响线。例如,图 6.31(a)所示连续梁为 n 次超静定结构,欲求反力 X_K 影响线时,去掉相应的联系,并代替以该反力(假设向上为正),这样得到一个 $n-1$ 次超静定结构(如图 6.31(b)所示)。

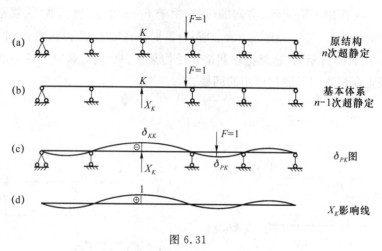

图 6.31

以此体系为基本体系来求解 X_K。虽然此时基本结构仍是超静定的,但按照力法一般原理,求解多余未知力的条件仍是基本结构在多余未知力与荷载共同作用下沿多余未知力方向的位移等于原结构的位移。据此可建立典型方程

$$\delta_{KK}X_K+\delta_{KP}=0$$

根据位移互等定理 $\delta_{PK}=\delta_{KP}$,于是有

$$X_1=-\frac{\delta_{KP}}{\delta_{KK}}=-\frac{\delta_{PK}}{\delta_{KK}}$$

式中,δ_{KK} 为基本结构上由于 $\overline{X}_K=1$ 作用引起的沿 X_K 方向的位移,它恒为正且是常数;δ_{PK} 则为基本结构在 $\overline{X}_K=1$ 作用下沿 $F=1$ 方向的竖向位移图(如图 6.31(c)所示)。将位移图 δ_{PK} 的竖标除以常数 δ_{KK} 并反号,便是所求的 X_K 影响线(如图 6.31(d)所示)。但须注意,此时的 δ_{KK} 和 δ_{PK} 都是 $n-1$ 次超静定基本结构的位移,故须按求超静定结构位移的方法求出它们,具体计算较为麻烦,此处从略。然而,若只需了解影响线的大致形状,则凭直观可勾绘出位移图 δ_{PK} 的轮廓,如图 6.31(c)所示,这就是 X_K 影响线的形状。由前讨论已知,当 δ_{PK} 向上时,X_K 影响线竖标为正。同样,若假设 $\delta_{KK}=1$,则有

$$X_1==-\delta_{PK}$$

即体系在 X_K 作用下沿 X_K 方向的位移若为单位值时,所得的竖向位移图即为 X_K 影响线(如图 6.31(d)所示)。再例如,若绘制此连续梁的 M_i、M_a、F_{Sa}、F_{Si}^L 影响线形状时,分别可解除与各量值相应的联系,加上正向的多余未知力,然后绘出结构的位移图,这就是所求各量值影响线的形状,如图 6.32 所示。

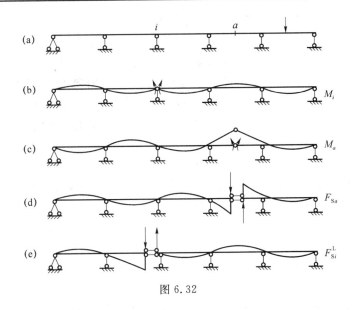

图 6.32

6.12 连续梁均布荷载的最不利布置及包络图

连续梁内力包络图的作法与简支梁相同。即先求出恒载作用下各截面的内力,再求出移动荷载作用下各截面内力的最大值和最小值,相加得到恒载和活载共同作用下各截面内力的最大值和最小值,连线即为内力包络图。由于连续梁的影响线是曲线,移动荷载作用下各截面内力最大值和最小值的计算工作量较大,在此仅介绍连续梁所承受的活载为可动均布活载时内力包络图的绘制。

要计算均布活载作用下某一截面的最大和最小内力,需要确定最不利荷载位置,只需绘出其影响线的轮廓即可确定。因为由公式 $S = \sum qA_\omega$ 可知,当均布活荷载布满影响线的正值面积部分时,该内力产生最大值;反之,当均布活荷载布满影响线的负值面积部分时,该内力产生最小值。其内力影响线的轮廓可根据机动法直观绘出。图 6.33 所示为一连续梁的各种量值影响线轮廓,即相应的不利荷载布置。

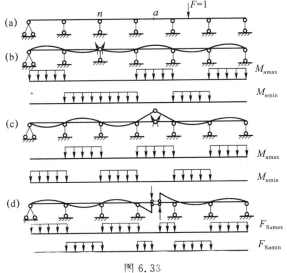

图 6.33

从图 6.33 各种情况可以看出,在梁各截面内力最不利荷载位置中,大多数是若干跨内布满荷载,只有少数例外。工程上为了简化计算,所有各截面内力的最不利荷载布置都可看成是在若干跨内布满活载,这样各截面的最大和最小内力的计算得到简化。当然,这样会引起计算误差,其误差对于工程实际来说一般是容许的。实际计算时,只需把每一跨单独布满活载的内力图逐一作出,然后对某一截面,将这些内力图中对应的所有正值相加,便得到该截面在活载作用下的最大内力。同样,若将对应的所有负值相加,便得到该截面在活载作用下的最小内力。然后,将它们分别与恒载作用时对应的内力相加,便得到该截面在恒载和活载共同作用下的最大和最小内力,连线即得内力包络图。

【**例 6.5**】 如图 6.34(a)所示为三跨等截面连续梁,梁上恒载 $q=20$ kN/m,任意均布活载 $p=37.5$ kN/m。试作其弯矩和剪力包络图。

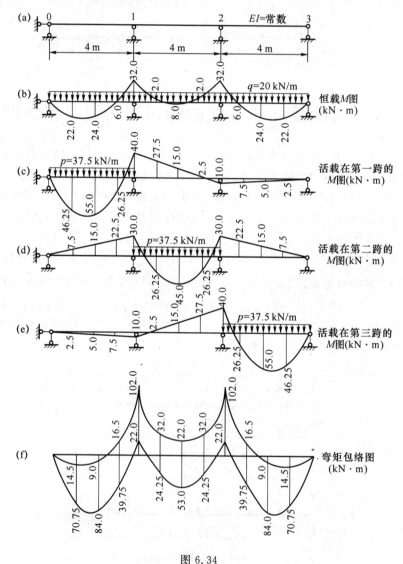

图 6.34

解: 作出恒载作用下的弯矩图(如图 6.34(b)所示)和各跨分别作用活载时的弯矩图(如图 6.34(c)、(d)、(e)所示)。

每跨分为 4 等份,将各分点最大弯矩和最小弯矩求出。例如,在支座 1 处,有
$$M_{1\max}=(-32)\text{kN}\cdot\text{m}+10\text{ kN}\cdot\text{m}=-22\text{ kN}\cdot\text{m}$$
$$M_{1\min}=(-32)\text{kN}\cdot\text{m}+(-40)\text{kN}\cdot\text{m}+(-30)\text{kN}\cdot\text{m}=-102\text{ kN}\cdot\text{m}$$

将各截面最大弯矩竖标和最小弯矩竖标连线,即得到弯矩包络图,如图 6.34(f)所示。

同理,绘制恒载作用下的剪力图(如图 6.35(a)所示)和各跨分别作用活载时的剪力图(如图 6.35(b)、(c)、(d)所示)。

将各分点处最大剪力和最小剪力求出。例如,在支座 1 左侧截面处,有
$$F^{\text{L}}_{\text{S}1\max}=(-48)\text{kN}+2.5\text{ kN}=-45.5\text{ kN}$$
$$F^{\text{L}}_{\text{S}1\min}=(-48)\text{kN}+(-85)\text{kN}+(-7.5)\text{kN}=-140.5\text{ kN}$$

工程上常将各支座两侧截面上的最大和最小剪力竖标分别用直线相连,得到近似的剪力包络图,如图 6.35(e)所示。

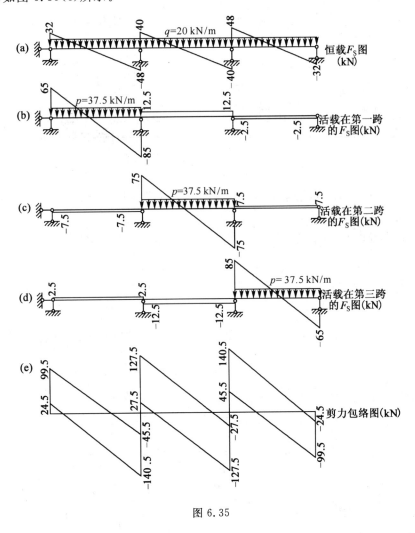

图 6.35

习 题

6.1 试用静力法作图 6.36 所示结构中指定量值的影响线。

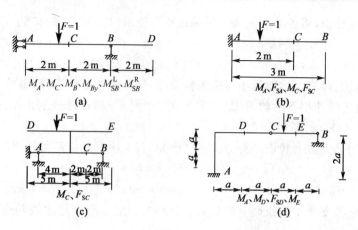

图 6.36

6.2 试作图 6.37 所示主梁 F_{By}、M_D、F_{SD}、F_{SC}^L 及 F_{SC}^R 的影响线。

6.3 试作图 6.38 所示 M_C 和 F_{SC} 的影响线。$F=1$ 在 AB 上移动。

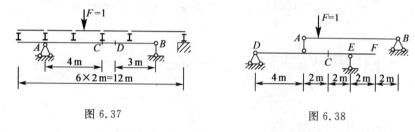

图 6.37　　　　图 6.38

6.4 试作图 6.39 所示桁架指定杆件的轴力影响线。分别考虑在 $F=1$ 上弦和下弦移动两种情况。

6.5 试求图 6.40 所示组合结构 F_{N1}、F_{N2}、M_D、F_{SD}^L 及 F_{SD}^R 的影响线。

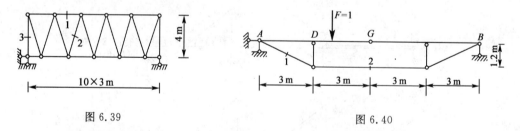

图 6.39　　　　图 6.40

6.6 试用机动法作图 6.41 所示多跨静定梁指定量值的影响线。

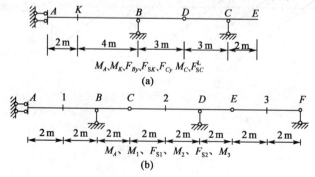

图 6.41

6.7 试用静力法求图 6.42 所示刚架中 M_A、F_{Ay}、M_K、F_{SK} 的影响线。设 M_K 和 M_A 均以内侧受拉为正。

6.8 试绘出图 6.43 所示连续梁指定量值的影响线形状,并确定在可动均布荷载作用下这些量值的最不利荷载分布。

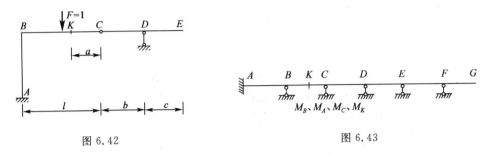

图 6.42 图 6.43

6.9 试利用影响线求图 6.44 所示结构在固定荷载作用下指定量值的大小。

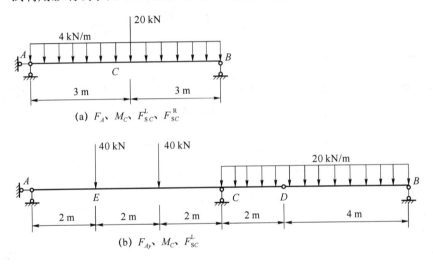

图 6.44

6.10 试求图 6.45 所示简支梁在移动荷载作用下截面 C 的最大弯矩、最大正剪力和最大负剪力。

6.11 简支梁受图 6.46 所示移动荷载作用,试求:(1)跨中截面 C 的最大弯矩;(2)截面 A 的最大剪力。已知:$F_1=F_2=F_3=F_4=315$ kN。

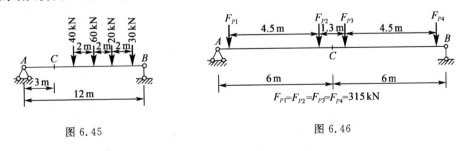

图 6.45 图 6.46

6.12 试求图 6.47 所示简支梁在汽车−10 级荷载作用下,截面 C 的最大弯矩(图中给出在行汽车−10 级荷载)。

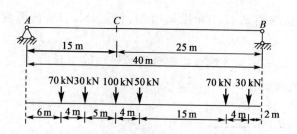

图 6.47

6.13 试求图 6.48 所示简支梁在移动荷载作用下的绝对最大弯矩。

6.14 图 6.49 所示简支梁承受 $F_1=300$ kN,$F_2=200$ kN,$F_3=F_4=F_5=100$ kN 的移动荷载作用。试求其绝对最大弯矩。

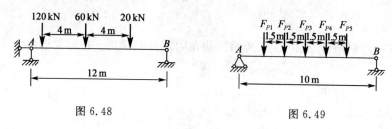

图 6.48   图 6.49

6.15 图 6.50 所示连续梁上,各跨承受的均布恒载为 $q=10$ kN·m,均布活载为 $p=20$ kN·m,$EI=$ 常数。试作弯矩包络图和剪力包络图。

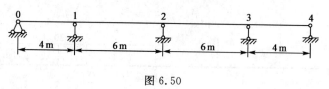

图 6.50

第7章 位移法

7.1 基本概念

力法和位移法是分析超静定结构的两种最基本的方法。早在19世纪,力法就应用于各种超静定结构的分析。由于钢筋混凝土结构在工程中广泛地应用,再用力法计算这些高次超静定刚架就十分地麻烦。于是人们就在力法的基础上探索出新的计算方法,即位移法。位移法不仅能计算超静定结构,而且还能计算静定结构。下面我们就来介绍位移法解决问题的思路和基本概念。

我们知道,结构在确定的外因作用下,其内力与位移之间有着一一对应的关系,也就是说,确定的内力与确定的位移相对应。因此,在分析超静定结构时,如果先求出内力,然后计算出相对应的位移,这就是力法解题的思路。如果反过来,先确定某些位移,再根据这些位移求内力,这便是位移法解题的基本思路。

为了说明位移法的基本概念,我们来分析如图 7.1(d)所示刚架的位移。它在荷载 q 作用下将发生虚线所表示的变形。在刚结点 C 处两杆的杆端均发生相同的转角 θ_C(这个位移本章统一用 Z_1 来表示)。我们用位移法分析内力时是略去各杆的轴向变形,即认为两杆长度不变,因而结点 C 没有线位移。那么如何根据 C 点的位移 θ_C 即 Z_1 来确定各杆内力呢?

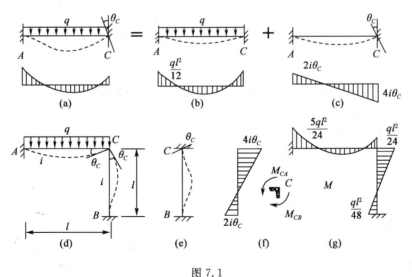

图 7.1

如图 7.1(d)所示结构可以看做是由两个两端固定的单跨超静定梁在 C 点连接而成的。单跨超静定梁 AC 的变形和受力可以分解成梁 AC 在荷载 q 作用下(如图 7.1(b)所示)加上梁 AC 的 C 端发生转角 θ_C(如图 7.1(c)所示)两种情况。而梁 CB 的受力和变形就只有 CB 梁 C 端发生转角 θ_C 的情况。而分解后的几种情况我们用力法都是可以求解的(如图 7.1

(b)、(c)、(e)所示)。可见在计算这种刚架时,如果以结点 C 的角位移 θ_C 即 Z_1 为基本未知量,并设法求之,则各杆的内力随之可以确定。

这就是位移法解决问题的具体思路。

根据以上想法,在位移法中需要解决以下几个问题。

(1) 用力法计算出单跨超静定梁的杆端内力。它包括支座移动和荷载等因素作用下的内力。

(2) 确定用结构的哪些位移作为基本未知量。

(3) 设法求出基本未知量。

下面我们就来分别解决这些问题。

7.2 等截面直杆的转角位移方程

用位移法计算超静定结构时,把结构拆成单根杆件,每根杆件可看做是单跨超静定梁。在分析过程中建立起杆端内力(包括弯矩和剪力)与外荷载和杆端(或结点)位移(角位移和线位移)之间的关系。

位移法中,为计算方便,先将内力和位移的正负号作出统一规定:弯矩对杆端以顺时针方向为正(对结点以逆时针方向为正),反之为负。如图 7.2(a)所示,角位移和构件旋转角以顺时针转向为正,反之为负,如图 7.2(b)所示,φ_A、φ_B 和 β_{AB} 都为正。

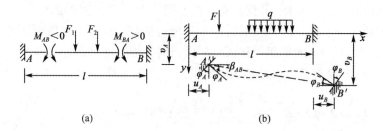

图 7.2

下面我们就结构常见的 3 种单跨超静定梁推导出转角位移方程。

1. 两端固定的单跨超静定梁

如图 7.3 所示的多层刚架在侧向荷载作用下,其变形如虚线所示。图中 AB 杆可抽象成两端固定的单跨超静定梁,其变形和受力如图 7.4(a)所示,图中 i 和 j 就是图 7.3 中的 A 点和 B 点。

两端固定的单跨超静定梁 ij 是刚架中的一根杆,受力变形后,结点 i 发生角位移 θ_i 和线位移 Δ_i,结点 j 发生角位移 θ_j 和线位移 Δ_j,i、j 两点有相对线位移 $\Delta_{ij}=\Delta_i-\Delta_j$,如图 7.4(a)所示。这种情况相当于图 7.4(b)、(c)、(d)、(e) 4 种情况的叠加,而每一种情况我们都可以用力法求得其杆端弯矩,分别如图 7.4(b)、(c)、(d)、(e)所示。于是叠加可得

$$\left.\begin{array}{l} M_{ij} = 4i\theta_i + 2i\theta_j - \dfrac{6i}{l}\Delta_{ij} + M_{ij}^{F} \\[2mm] M_{ji} = 4i\theta_j + 2i\theta_i - \dfrac{6i}{l}\Delta_{ij} + M_{ji}^{F} \end{array}\right\} \quad (7.1)$$

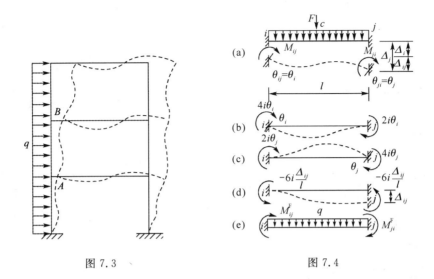

图 7.3　　　　　　　　　　图 7.4

上式称为两端固定单跨超静定梁的转角位移方程,其中 $i=\dfrac{EI}{l}$ 为线刚度,其物理含义是单位长度上的抗弯刚度。M_{ij}^F 和 M_{ji}^F 是 ij 梁上的荷载引起的杆端弯矩(它只是产生杆端弯矩的因素之一),称为固端弯矩,它可以通过力法求得。把产生杆端弯矩的各种因素所产生的杆端弯矩和固端弯矩及剪力列在表 7.1 中供查。

表 7.1

编号	梁的简图	弯矩		剪力	
		M_{AB}	M_{BA}	F_{SAB}	F_{SBA}
1		$4i$ $\left(i=\dfrac{EI}{l},\text{下同}\right)$	$2i$	$-\dfrac{6i}{l}$	$-\dfrac{6i}{l}$
2		$-\dfrac{6i}{l}$	$-\dfrac{6i}{l}$	$+\dfrac{12i}{l^2}$	$+\dfrac{12i}{l^2}$
3		$-\dfrac{Fab^2}{l^2}$ 当 $a=b=l/2$ 时, $-\dfrac{Fl}{8}$	$-\dfrac{Fa^2b}{l^2}$ $\dfrac{Fl}{8}$	$\dfrac{Fb^2(l+2a)}{l^3}$ $\dfrac{F}{2}$	$-\dfrac{Fa^2(l+2b)}{l^3}$ $-\dfrac{F}{2}$
4		$-\dfrac{ql^2}{12}$	$\dfrac{ql^2}{12}$	$\dfrac{ql}{2}$	$-\dfrac{ql}{2}$
5		$-\dfrac{qa^2}{12l^2}\times$ $(6l^2-8la+3a^2)$	$\dfrac{qa^3}{12l^2}\times$ $(4l-3a)$	$\dfrac{qa}{2l^3}\times$ $(2l^3-2la^2+a^3)$	$-\dfrac{qa^3}{2l^3}\times$ $(2l-a)$
6		$-\dfrac{ql^2}{20}$	$\dfrac{ql^2}{30}$	$\dfrac{7ql}{20}$	$-\dfrac{3ql}{20}$
7		$M\dfrac{b(3a-l)}{l^2}$	$M\dfrac{a(3b-l)}{l^2}$	$-M\dfrac{6ab}{l^3}$	$-M\dfrac{6ab}{l^3}$

续表

编号	梁的简图	弯矩 M_{AB}	M_{BA}	剪力 F_{SAB}	F_{SBA}
8	$\Delta t=t_2-t_1$	$-\dfrac{EI\alpha\Delta t}{h}$	$\dfrac{EI\alpha\Delta t}{h}$	0	0
9	$\varphi=1$	$3i$	0	$-\dfrac{3i}{l}$	$-\dfrac{3i}{l}$
10		$-\dfrac{3i}{l}$	0	$\dfrac{3i}{l^2}$	$\dfrac{3i}{l^2}$
11		$-\dfrac{Fab(l+b)}{2l^2}$ 当 $a=b=l/2$ 时，$-\dfrac{3Fl}{16}$	0	$\dfrac{Fb(3l^2-b^2)}{2l^3}$ $\dfrac{11F}{16}$	$-\dfrac{Fa^2(2l+b)}{2l^3}$ $-\dfrac{5F}{16}$
12		$-\dfrac{ql^2}{8}$	0	$\dfrac{5ql}{8}$	$-\dfrac{3ql}{8}$
13		$-\dfrac{qa^2}{24}\left(4-\dfrac{3a}{l}+\dfrac{3a^2}{5l^2}\right)$ 当 $a=l$ 时，$-\dfrac{ql^2}{15}$	0	$\dfrac{qa}{8}\left(4-\dfrac{a^2}{l^2}+\dfrac{a^3}{5l^3}\right)$ $\dfrac{4ql}{10}$	$-\dfrac{qa^3}{8l^2}\left(1-\dfrac{a}{5l}\right)$ $-\dfrac{ql}{10}$
14		$-\dfrac{7ql^2}{120}$	0	$\dfrac{9ql}{40}$	$-\dfrac{11ql}{40}$
15		$M\dfrac{l^2-3b^2}{2l^2}$ 当 $a=l$ 时，$\dfrac{M}{2}$	0 $M_B^L=M$	$-M\dfrac{3(l^2-b^2)}{2l^3}$ $-M\dfrac{3}{2l}$	$-M\dfrac{3(l^2-b^2)}{2l^3}$ $-M\dfrac{3}{2l}$
16	$\Delta t=t_2-t_1$	$-\dfrac{3EI\alpha\Delta t}{2h}$	0	$\dfrac{3EI\alpha\Delta t}{2hl}$	$\dfrac{3EI\alpha\Delta t}{2hl}$
17	$\varphi=1$	i	$-i$	0	0
18		$-\dfrac{Fa}{2l}(2l-a)$ 当 $a=\dfrac{l}{2}$ 时，$-\dfrac{3Fl}{8}$	$-\dfrac{Fa^2}{2l}$ $-\dfrac{Fl}{8}$	F F	0 0
19		$-\dfrac{Fl}{2}$	$-\dfrac{Fl}{2}$	F	$F_{SB}^L=F$ $F_{SB}^R=0$
20		$-\dfrac{ql^2}{3}$	$-\dfrac{ql^2}{6}$	ql	0
21	$\Delta t=t_2-t_1$	$-\dfrac{EI\alpha\Delta t}{h}$	$\dfrac{EI\alpha\Delta t}{h}$	0	0

由杆端弯矩的转角位移方程可导出杆端剪力的转角位移方程

$$F_{Si} = -\frac{6i}{l}\theta_i - \frac{6i}{l}\theta_j + \frac{12i}{l^2}\Delta_{ij} + F_{Si}^F \left.\begin{matrix} \\ \\ \end{matrix}\right\} \quad (7.2)$$
$$F_{Sj} = -\frac{6i}{l}\theta_j - \frac{6i}{l}\theta_i + \frac{12i}{l^2}\Delta_{ij} + F_{Sj}^F$$

式(7.1)和式(7.2)就是两端固定梁的弯矩和剪力的转角位移方程。

2. 一端固定、另一端铰支座

图7.5所示梁的受力和变形情况可分解为以下3种情况的叠加,即只有A端产生转角φ_A、只有AB两端产生相对线位移(即侧移)Δ_{AB}和只有荷载单独作用的情况。此时杆端弯矩和剪力都可以是这3种情况的叠加。而每一种情况都可以在表7.1中查得。

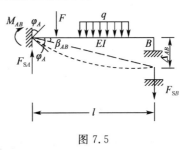

图7.5

$$M_{AB} = 3i\varphi_A - \frac{3i}{l}\Delta_{AB} + M_{AB}^F \left.\begin{matrix} \\ \\ \end{matrix}\right\} \quad (7.3)$$
$$M_{BA} = 0$$

$$F_{SA} = -\frac{3i}{l}\varphi_A + \frac{3i}{l^2}\Delta_{AB} + F_{SA}^F \left.\begin{matrix} \\ \\ \end{matrix}\right\} \quad (7.4)$$
$$F_{SB} = -\frac{3i}{l}\varphi_A + \frac{3i}{l^2}\Delta_{AB} + F_{SB}^F$$

3. 一端固定、另一端定向支座

这种结构的形式如同表7.1中17~21所示梁的简图。其杆端弯矩和杆端剪力同样可根据叠加法求得如下:

$$M_{AB} = i\varphi_A + M_{AB}^F \left.\begin{matrix} \\ \\ \end{matrix}\right\} \quad (7.5)$$
$$M_{BA} = -i\varphi_A + M_{BA}^F$$

$$F_{SA} = F_{SA}^F \left.\begin{matrix} \\ \\ \end{matrix}\right\} \quad (7.6)$$
$$F_{SB} = F_{SB}^F$$

由此可见,所谓转角位移方程就是表示杆端弯矩或剪力随结点位移和荷载变化的规律。

7.3 基本未知量数目的确定和基本结构

由前面的分析可以看出,超静定结构可以拆成几个单跨超静定梁,再根据结点的位移条件组合成与原结构受力和变形相同的由单跨超静定梁组合而成的体系。这个体系我们称之为基本结构。位移法的基本结构是单跨超静定梁的组合体系。而把这些单跨超静定梁组合在一起的就是结点位移。它与前边讨论的力法基本结构有着本质的区别。力法的基本结构是去掉多余联系的静定结构,而位移法的基本结构是超静定结构。

基本未知量数目的确定也就是结点位移数目的确定。如果结构上每根杆件两端的角位移和线位移都已求出,则全部杆件的内力都可以由转角位移方程确定。因此,在位移法中,基本未知量应是各结点角位移和线位移的总和。在用位移法分析结构时,应首先确定独立的结点角位移和线位移未知量的数目。

首先我们讨论结点角位移未知量数目的确定。全部结点包括刚结点、铰结点和支座结点。刚结点处所连接的各杆端转角相等,故每个刚结点只有一个独立的角位移。固定端支座的角位移为零,而铰结点或铰支座的角位移不是独立的未知量,因为可以根据铰结点弯矩为零的条件,得出铰结处转角与其他位移未知量的关系(转角位移方程)。所以,结点角位移就是刚结点的角位移。那么,刚结点的数目就是结点角位移的数目。图7.6(a)、(b)、(c)所示刚架的结点角位移数分别为2、4和3。

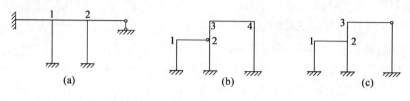

图 7.6

结点线位移也是位移法的基本未知量。当忽略杆件轴向变形时,有些结点的线位移是相同的,故我们只需确定结点独立线位移的数目。对于一般刚架,只需观察即可确定。如图7.7(a)所示刚架中C、D两结点的线位移相等,也就是说只有1个独立的线位移。如图7.7(b)所示双跨等高排架中3个柱顶铰结点也只有1个独立的线位移。如图7.7(c)所示双跨三层刚架每层的线位移相同,结点的独立线位移数目为3。

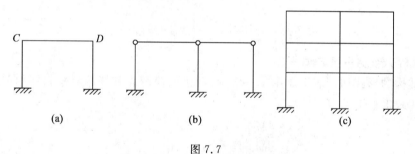

图 7.7

对于较复杂的结构,有时不好观察。我们可以把刚架转化成铰结体系,即把所有的刚结点,包括端支座,都改成铰结点。这样,就把原结构体系变成了几何可变体系。我们再把这个几何可变体系通过增加附加链杆的方式恢复成几何不变且无多余联系的体系。所增加的链杆数即为结点独立线位移的个数。

如图7.8(a)所示刚架铰结化以后,增加了5个附加链杆而成为几何不变体系且无多余联系,所以原刚架的结点独立线位移的个数为5。

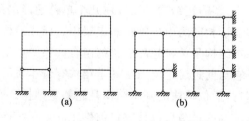

图 7.8

总之,位移法基本未知量等于结点角位移数与结点独立线位移数之和。而结点角位移数等于刚结点的数目,结点独立线位移数等于结构铰结化后保持几何不变性所加的附加链杆的个数。

7.4 位移法典型方程及计算步骤

为了说明位移法的基本原理,我们首先来研究如图7.9(a)所示的等截面连续梁。它在荷载q作用下,产生图中虚线所示的变形,且AB杆和BC杆在结点B处的转角是相等的。AB杆和BC杆在B点处是刚性连接,我们称之为刚结点B。如图7.9(b)所示,AB杆相当于右端固定、左端铰支的单跨超静定梁,BC杆相当于左端固定、右端铰支的梁,上面作用有荷载q。如果把刚结点B的转角φ_B作为支座移动,则可转化为两个单跨超静定梁来计算。此梁只有一个独立的角位移φ_B,没有线位移,所以是无侧移结构。以后我们把所有的结点位移统一用$Z_1,Z_2,\cdots$来表示,即$Z_1=\varphi_B$。

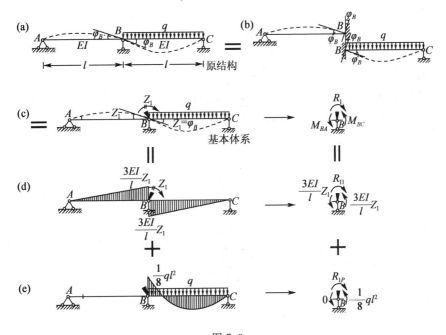

图7.9

在结点B处加一附加刚臂(它只限制转动,不限制移动),便得到基本体系(如图7.9(c)所示),它的受力和变形等效于图7.9(a)和(b)。如果让附加刚臂转动φ_B角,就相当于让图7.9(a)、(b)上的刚结点B转动φ_B,它所表示的物理意义是:基本结构在荷载q作用下,再使附加刚臂转动φ_B,此时基本结构的受力和变形与原结构的受力和变形相同。

从受力方面看,基本结构中由于加入了附加刚臂,则臂上便会产生附加反力矩,但原结构中并没有附加刚臂,当然也就不存在该反力矩,即$R_{11}=0$。设由Z_1和荷载q所引起的刚臂上的反力矩分别为R_{11}和R_{1P},如图7.9(e)、(d)所示,根据叠加原理得

$$R_1=R_{11}+R_{1P}=0$$

式中,用R_{ij}表示广义的附加反力矩(或反力),其两个下标的含义与前述相同,即第一个下标表示该反力所属的附加联系的编号,第二个下标表示引起该反力的原因。如我们用r_{11}表示由单位位移$\overline{Z}_1=1$所引起的附加刚臂上的反力距,则有$R_{11}=r_{11}Z_1$,代入得

$$r_{11}Z_1+R_{1P}=0 \tag{7.7}$$

这就是求解基本未知量 Z_1 的位移法基本方程。

欲求 Z_1 要先求出 r_{11} 和 R_{1P}。因基本体系中各杆均可视为单跨超静定梁,故可利用表 7.1 中第 9 和 12 栏计算简图的杆端弯矩,分别绘出基本结构在 $\overline{Z}_1=1$ 作用下的弯矩图和荷载作用下的弯矩图,如图 7.9(d) 和 (e) 所示。图 7.9(d) 中弯矩图是 $\overline{Z}_1=1$ 作用下的弯矩图扩大了 Z_1 倍。取 B 点为隔离体,由力矩平衡条件 $\sum M_B=0$ 得

$$r_n = \frac{3EI}{l} + \frac{3EI}{l} = 6\frac{EI}{l} = 6i$$

式中,$i=\dfrac{EI}{l}$ 为杆件的线刚度。

同理可得 $R_{1P}=-\dfrac{ql^2}{8}$。负号表示 R_{1P} 的方向与 Z_1 的方向相反。

将 r_{11} 和 R_{1P} 代入位移法基本方程得

$$6iZ_1 - \frac{ql^2}{8} = 0$$

$$Z_1 = \frac{ql^3}{48EI}$$

求出 Z_1 后,将图 7.9(d) 和 (e) 两种情况叠加,即得原结构的最后弯矩图,如图 7.10(a) 所示。根据该弯矩图按静力平衡条件可作出其剪力图,如图 7.10(b) 所示。

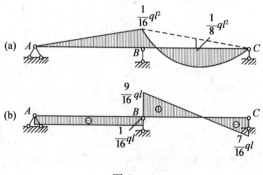

图 7.10

以上我们讨论了具有一个结点角位移的最简单的例子。这个例子中基本结构是由两个单跨超静定梁组合而成的,位移法方程是附加刚臂所在结点的静力平衡方程,基本未知量是结点的位移,求出结点位移就可根据叠加原理计算出全部的内力。为了加深对位移法的全面理解,下面我们以一个有侧移刚架为例,进一步讨论位移法的典型方程和解决问题的步骤。

图 7.11 所示刚架的 1、2 结点有一个共同的线位移,我们把这种有结点的线位移的结构称为有侧移结构。分析此结构我们知道,此刚架有一个独立的结点角位移 Z_1 和一个独立的结点线位移 Z_2,共两个基本未知量。在产生独立角位移的结点 1 处加一附加刚臂,在产生水平线位移处(结点 1 或结点 2)加一水平支承链杆即附加链杆,而得到基本结构。此时的基本结构就是由 3 个单跨超静定梁 12、13、24 组成的,在此基本结构上,令附加刚臂发生与原结构相同的转角 Z_1,同时令附加链杆发生与原结构相同的线位移 Z_2,再加上原结构上的荷载作用,就得到了基本体系,如图 7.11(b) 所示。基本体系的变形和内力与原结构完全相同,所以在结点位移 Z_1、Z_2 和荷载 F 共同作用下,附加刚臂上的反力矩 R_1 和附加链杆上的反力 R_2 都应等于零。设由 Z_1、Z_2 和 F 所引起的附加刚臂上的反力矩分别为 R_{11}、R_{12} 和

R_{1P},所引起附加链杆上的反力分别为 R_{21}、R_{22} 和 R_{2P},如图 7.11(c)、(d)、(e)所示,根据叠加原理可得

$$\begin{cases} R_1 = R_{11} + R_{12} + R_{1P} = 0 \\ R_2 = R_{21} + R_{22} + R_{2P} = 0 \end{cases}$$

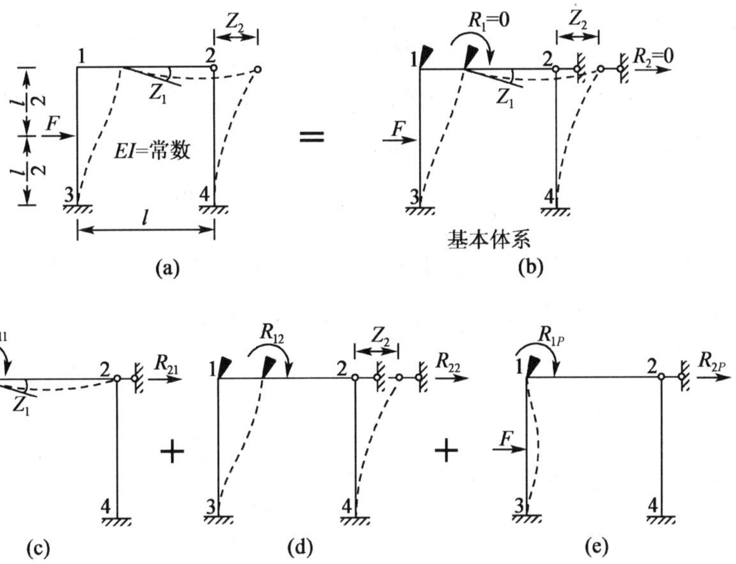

图 7.11

现以 r_{11}、r_{12} 分别表示由单位位移 $\bar{Z}_1 = 1$ 和 $\bar{Z}_2 = 1$ 所引起的附加刚臂上的反力矩,以 r_{21}、r_{22} 分别表示由单位位移 $\bar{Z}_1 = 1$ 和 $\bar{Z}_2 = 1$ 所引起的附加链杆上的反力,则上式可写成

$$\begin{cases} r_{11}Z_1 + r_{12}Z_2 + R_{1P} = 0 \\ r_{21}Z_1 + r_{22}Z_2 + R_{2P} = 0 \end{cases}$$

该方程是以结点位移 Z_1 和 Z_2 为未知量的线性方程组,我们称该方程为位移法方程。它的物理意义是:基本结构在荷载等外界因素和结点位移的共同作用下,每一个附加联系上的附加反力矩和附加反力都等于零。它实质上是原结构的静力平衡条件。

由此可以看出,对于具有几个独立结点位移的结构,相应地在基本结构中需要加入几个附加联系,根据每个附加联系的附加反力矩或附加反力均应为零的平衡条件,同样可建立如下几个方程:

$$\begin{cases} r_{11}Z_1 + \cdots r_{1i}Z_i + \cdots + r_{1n}Z_n + R_{1P} = 0 \\ \vdots \\ r_{i1}Z_1 + \cdots + r_{ii}Z_i + \cdots + r_{in}Z_n + R_{iP} = 0 \\ \vdots \\ r_{n1}Z_1 + \cdots + r_{ni}Z_i + \cdots + r_{nn}Z_n + R_{nP} = 0 \end{cases} \quad (7.8)$$

在上述典型方程中,主斜线上的系数 r_{ii} 称为主系数或主反力;其他系数 r_{ij} 称为副系数或副反力;R_{iP} 称为自由项。系数和自由项的符号规定是:以与该附加联系所设位移方向一致者为正。主反力 r_{ii} 的方向总是与所设位移 Z_i 的方向一致,故恒为正,且不会为零;副系数和自由项则可能为正、负或零。此外,根据反力互等定理可知,主斜线两边处于对称位置的两个副系数 r_{ij} 与 r_{ji} 的数值是相等的,即 $r_{ij} = r_{ji}$。

式(7.8)之所以称为典型方程,是因为只要原结构的结点位移数目相同,其位移法方程的形式就是相同的,只是方程中每个基本未知量和系数及自由项所代表的物理意义随问题的不同而不同。为求出典型方程中的系数和自由项,可借助于表 7.1 绘出基本结构在 $\overline{Z}_1=1$、$\overline{Z}_2=1$ 以及荷载作用下的弯矩图 $\overline{M}_1$、$\overline{M}_2$ 和 M_P 图,如图 7.12(a)、(b)、(c)所示,然后由平衡条件求出全部系数和自由项。

系数和自由项可分为两类:一类是附加刚臂上的反力矩 r_{11}、r_{12} 和 R_{1P};另一类是附加链杆上的反力 r_{21}、r_{22} 和 R_{2P}。对于刚臂上的反力矩,可分别在图 7.12(a)、(b) 和(c)中取结点 1 为隔离体,由力矩平衡方程 $\sum M_1=0$ 求得,为

$$r_{11}=7i, r_{12}=-\frac{6i}{l}, R_{1P}=\frac{Fl}{8}$$

对于附加链杆上的反力,可以分别在图 7.12(a)、(b) 和(c)中用截面割断两柱顶端,取柱顶端以上横梁部分为隔离体,并由表 7.1 查出竖柱 13、14 的杆端剪力,由投影方程 $\sum F_x=0$ 求得,为

$$r_{21}=-\frac{6i}{l}, r_{22}=\frac{15i}{l^2}, R_{2P}=-\frac{F}{2}$$

将系数和自由项代入典型方程有

$$\begin{cases} 7iZ_1-\dfrac{6i}{l}Z_2+\dfrac{Fl}{8}=0 \\ -\dfrac{6i}{l}Z_1+\dfrac{15i}{l^2}Z_2-\dfrac{F}{2}=0 \end{cases}$$

解以上两式可得

$$Z_1=\frac{9}{552}\frac{Fl}{i}, Z_2=\frac{22}{552}\frac{Fl^2}{i}$$

所得均为正值,说明 Z_1、Z_2 与所设方向相同。

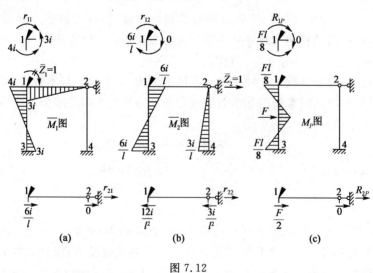

图 7.12

结构的最后弯矩图可由叠加法绘制:

$$M=\overline{M}_1Z_1+\overline{M}_2Z_2+M_P$$

例如,杆端弯矩 M_{31} 和 M_{12} 之值为

$$M_{31}=2i\times\frac{9}{552}\frac{Fl}{i}-\frac{6i}{l}\times\frac{22}{552}\frac{Fl^2}{i}-\frac{Fl}{8}=-\frac{183}{552}Fl$$

$$M_{12}=3i\times\frac{9}{552}\frac{Fl}{i}+0\times\frac{22}{552}\frac{Fl^2}{i}+0=\frac{27}{552}Fl$$

其他各杆端弯矩可同样算得,最后弯矩图如图 7.13 所示。求出 M 图后,F_S 图和 F_N 图可由平衡条件求出,绘图可由读者自行完成。

综上所述,可将位移法的计算步骤归纳如下。

(1) 确定基本未知量的数目,加入附加联系从而得到基本结构。

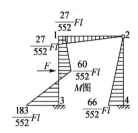

图 7.13

(2) 建立位移法典型方程。即令各附加联系发生与原结构相同的结点位移,根据基本结构在荷载等外在因素和各结点位移共同作用下,各附加联系上的反力矩或反力均为零的条件。

(3) 绘出基本结构在各结点的单位位移作用下的弯矩图和荷载作用下(或支座移动、温度变化等其他因素作用下)的弯矩图,由结构上的局部平衡条件求出各系数和自由项。

(4) 解算典型方程,求出全部的基本未知量。

(5) 按叠加法绘制最后弯矩图。其叠加公式为 $M=\overline{M}_1Z_1+\overline{M}_2Z_2+\cdots+M_P$。

【例 7.1】 用位移法计算如图 7.14(a)所示刚架,绘出弯矩图。设 $F=ql$。

解:按解题步骤分析如下。

(1) 确定基本未知量。

刚架的基本未知量有 3 个,其中两个是转角 $Z_1(\theta_C)$ 和 $Z_2(\theta_D)$,一个是线位移 Z_3 ($\Delta_C=\Delta_D=Z_3$),基本结构如图 7.14(b)所示。

(2) 列位移法典型方程。

$$\begin{cases}r_{11}Z_1+r_{12}Z_2+r_{13}Z_3+R_{1P}=0\\r_{21}Z_1+r_{22}Z_2+r_{23}Z_3+R_{2P}=0\\r_{31}Z_1+r_{32}Z_2+r_{33}Z_3+R_{3P}=0\end{cases}$$

(3) 求系数和自由项。

作由于附加联系产生单位位移使基本结构产生的弯矩 $\overline{M}_1$、$\overline{M}_2$、$\overline{M}_3$ 图,分别如图 7.14(c)、(e)、(g)所示。荷载产生的弯矩图如图 7.14(i)所示。

由图 7.14(d)得

$$r_{11}=4i+4i=8i,\quad r_{21}=2i,\quad r_{31}=-\frac{12i}{l}$$

由图 7.14(f)得

$$r_{22}=4i+4i=8i,\quad r_{12}=2i,\quad r_{32}=-\frac{12i}{l}$$

由图 7.14(h)得

$$r_{33}=\frac{48i}{l^2}+\frac{48i}{l^2}=\frac{96i}{l^2},\quad r_{13}=-\frac{12i}{l},\quad r_{23}=-\frac{12i}{l}$$

由图 7.14(j)得

$$R_{1P}=\frac{ql^2}{48}-\frac{ql^2}{8}=-\frac{5ql^2}{48},\quad R_{2P}=\frac{ql^2}{8},\quad R_{3P}=-\frac{ql}{4}$$

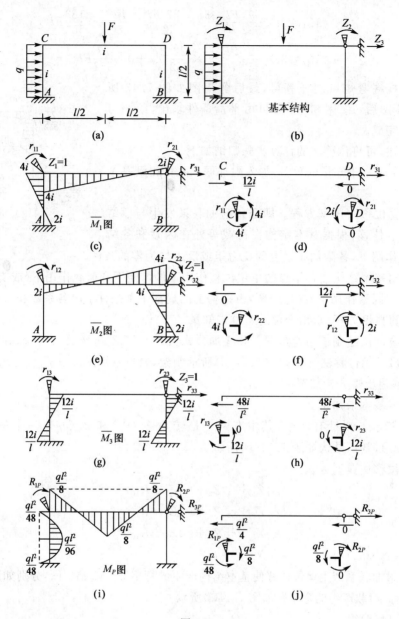

图 7.14

（4）解位移法典型方程。

代入典型方程得

$$\begin{cases} 8iZ_1 + 2iZ_2 - \dfrac{12i}{l}Z_3 - \dfrac{5ql^2}{48} = 0 \\ 2iZ_1 + 8iZ_2 - \dfrac{12i}{l}Z_3 + \dfrac{ql^2}{8} = 0 \\ -\dfrac{12i}{l}Z_1 - \dfrac{12i}{l}Z_2 + \dfrac{96i}{l^2}Z_3 - \dfrac{ql^2}{4} = 0 \end{cases}$$

解得

$$\begin{cases} Z_1 = 0.022\, \dfrac{ql^2}{i} \\ Z_2 = -0.016\,12\, \dfrac{ql^2}{i} \\ Z_3 = 0.003\,34\, \dfrac{ql^3}{i} \end{cases}$$

(5) 作弯矩图。

用叠加法计算杆端弯矩为

$$M_{AC} = \overline{M}_1^{AC} Z_1 + \overline{M}_2^{AC} Z_2 + \overline{M}_3^{AC} Z_3 + \overline{M}_P^{AC}$$

$$= 2i \times 0.022\,\dfrac{ql^2}{i} + 0 - \dfrac{12i}{l} \times 0.003\,34\,\dfrac{ql^2}{i} - \dfrac{ql^2}{48} = -0.016\,9ql^2$$

$M_{CA} = -M_{CD} = +0.068\,8ql^2$

$M_{DB} = -M_{DC} = -0.104\,5ql^2$

$M_{BD} = 0.072\,32ql^2$

弯矩图如图 7.15 所示。

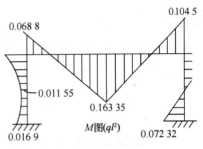

图 7.15

【例 7.2】 分析如图 7.16(a)所示刚架,作弯矩图。

解:这是无侧移的刚架,以 B 结点的转角为基本未知量 Z_1,基本结构如图 7.14(b)所示。位移法典型方程为

$$r_{11}Z_1 + R_{1P} = 0$$

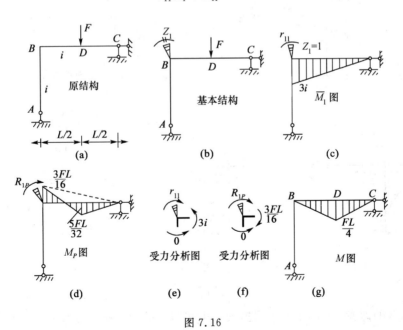

图 7.16

作 $\overline{M}_1$ 和 $\overline{M}_P$ 图如图 7.16(c)和(d)所示。根据结点 B 的平衡条件得

$$r_{11} = 3i,\ R_{1P} = -\dfrac{3FL}{16}$$

代入典型方程解得

$$Z_1 = \frac{FL}{16i}$$

用叠加法求杆端和跨中弯矩为

$$M_{BC} = -\frac{3FL}{16} + 3i \times \frac{FL}{16i} = 0$$

$$M_D = \frac{5FL}{32} + \frac{3}{2}i \times \frac{FL}{16i} = \frac{FL}{4}$$

M 图如图 7.16(g)所示。

比较例 7.1 和例 7.2 可以发现,位移法是以结点位移为基本未知量,与结构的静定性无关。也就是说,位移法不仅可以计算超静定结构,还可以计算静定结构。

【例 7.3】 对于如图 7.17(a)所示刚架,支座 A 产生位移,已知水平位移 a、竖向位移 $b=4a$ 及转角 $\varphi = \frac{a}{L}$。试作其弯矩图。

解:此刚架只有一个,即结点 C 的角位移 Z_1,得到基本结构如图 7.17(b)所示。

基本结构在结点位移 Z_1 和支座位移的共同作用下,附加在刚臂上的反力矩应为零。所建立的位移法典型方程为

$$r_{11}Z_1 + R_{1\Delta} = 0$$

设 $i = \frac{EI}{l}$,则作出弯矩图 $\overline{M}_1$ 和 M_Δ 分别如图 7.17(c)、(d)所示。根据 $\overline{M}_1$ 图可得出 $r_{11} = 8i + 3i = 11i$。

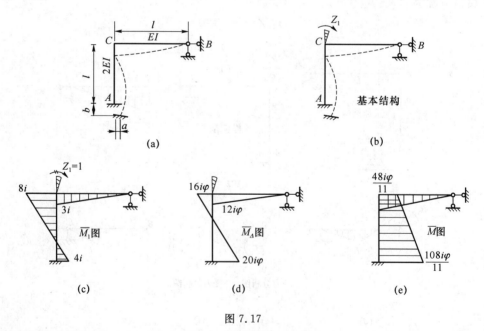

图 7.17

图 7.17(d)即 M_Δ 图的绘制可根据表 7.1 和题中已知支座位移计算出各杆端的固端弯矩为

$$M_{AC}^F = 4 \times (2i)\varphi - \frac{6 \times 2i}{l} \times (-a) = 20i\varphi$$

$$M_{AC}^F = 2 \times (2i)\varphi - \frac{6 \times 2i}{l} \times (-a) = 16i\varphi$$

$$M_{CB}^F = -\frac{3i}{l} \times (-b) = -\frac{3i}{l} \times (-4a) = 12i\varphi$$

所以
$$R_{1\Delta} = 16i\varphi + 12i\varphi = 28i\varphi$$

代入典型方程有
$$11iZ_1 + 28i\varphi = 0$$

所以
$$Z_1 = -\frac{28}{11}\varphi$$

用叠加法计算各杆端弯矩 $M = \overline{M}_1 Z_1 + M_\Delta$ 得最后弯矩图,如图 7.17(e)所示。

【例 7.4】 试用位移法计算如图 7.18(a)所示梁。设 EI 为常数,B 端支座的弹簧刚度为 k。

解:取基本结构如图 7.18(b)所示,基本未知量只有 B 点的竖向移动 Z_1。

根据附加链杆上反力为零,建立位移法方程如下:
$$r_{11}Z_1 + R_{1P} = 0$$

由表 7.1 可直接查得
$$R_{1P} = -\frac{Fa^2(2l+b)}{2l^3}$$

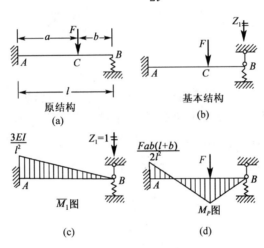

图 7.18

分别绘出 $\overline{M}_1$ 图和 M_P 图,如图 7.18(c)、(d)所示。然后计算 r_{11}。由图 7.18(c)可以看出,当附加链杆向下移动一单位距离时,附加链杆上的反力即为 r_{11};而弹簧中的压力为 k。取结点 B 为隔离体,由平衡条件可求得
$$r_{11} = \frac{3EI}{l^3} + k$$

将以上求得的 R_{1P} 和 r_{11} 代入位移法方程,可解得
$$Z_1 = \frac{Fa^2(2l+b)}{6EI + 2kl^3}$$

利用 $M = Z_1 \overline{M}_1 + M_P$ 即可作出最后的弯矩图,如图 7.19 所示。

其中,

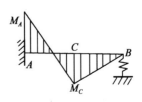

图 7.19

$$M_A = \frac{Fa\left(\frac{3EI}{kl} + \frac{ab}{2} + b^2\right)}{l^2\left(1 + \frac{2EI}{kl^3}\right)}$$

$$M_C = \frac{Fa^3 b\left(1 + \frac{3b}{2a}\right)}{l^3\left(1 + \frac{3EI}{kl^3}\right)}$$

7.5 直接由平衡条件建立位移法基本方程

通过前面的分析知道,位移法典型方程的实质是静力平衡方程。因此,可以不通过基本结构,直接由原结构的结点或局部的平衡条件来建立位移法基本方程。下面以如图7.20(a)所示的刚架为例,说明这一方法。

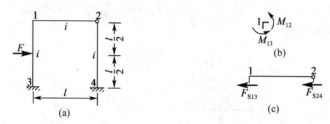

图 7.20

图 7.20(a) 所示刚架在前面已用典型方程的方法计算过,现在直接由平衡条件建立位移法基本方程。此刚架有两个基本未知量,即刚结点 1 的转角 Z_1 和结点 1、2 的水平位移 Z_2。根据结点 1 的力矩平衡条件 $\sum M_1 = 0$ 及截取两柱顶端以上横梁部分为隔离体的水平投影平衡条件 $\sum F_x = 0$,如图 7.20(b)、(c) 所示,可写出如下两个方程:

$$\sum M_1 = M_{13} + M_{12} = 0$$
$$\sum F_x = F_{S13} + F_{S24} = 0$$

下面利用转角位移方程写出各杆端弯矩:

$$M_{13} = 4iZ_1 - \frac{6i}{l}Z_2 + \frac{Fl}{8}$$

$$M_{12} = 3iZ_1$$

杆端剪力也由转角位移方程或由表 7.1 可得

$$F_{S13} = -\frac{6i}{l}Z_1 + \frac{12i}{l^2}Z_2 - \frac{F}{2}$$

将 $F_{S24} = \frac{3i}{l^2}Z_2$ 代入平衡方程得

$$\begin{cases} 7iZ_1 - \frac{6i}{l}Z_2 + \frac{Fl}{8} = 0 \\ -\frac{6i}{l}Z_1 + \frac{15i}{l^2}Z_2 - \frac{F}{2} = 0 \end{cases}$$

这与前面所建立的典型方程完全一样。由此可见,这两种方法本质相同,只是在计算方法上有所差别。

【例 7.5】 用位移法求图 7.21(a)所示刚架的弯矩图。

解：①DE 杆静定，内力可定。原结构转化为图 7.21(b)所示结构来计算。②图 7.21(b)中的竖向力 60 kN 直接由 DB 杆承担并传入地基，对各杆的内力不产生影响，所以在计算中不予考虑，如图 7.21(c)所示。③如图 7.21(c)要考虑 CD 杆的固端弯矩 $M_{CD}^g = \frac{1}{2} \times 60 \text{ kN} \cdot \text{m} = 30 \text{ kN} \cdot \text{m}$。也就是 M_{DC} 的传递弯矩，是 60 的一半(此处可参考表 7.1 中第 1 栏 M_{AB} 和 M_{BA} 的关系)。

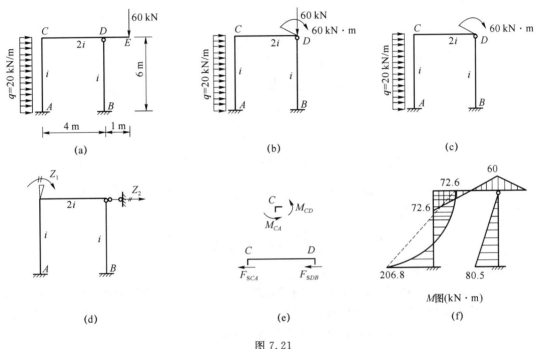

图 7.21

首先该结构有两个基本未知量，一个是刚结点 C 的角位移，一个是柱端侧移。

如图 7.21(e)所示，由 C 点平衡 $\sum M_C = 0$ 得

$$M_{CA} + M_{CD} = 0$$

由 CD 杆水平方向平衡 $\sum X = 0$ 得

$$F_{SCA} + F_{SDB} = 0$$

列出各杆端转角位移方程为

$$M_{CA} = 4i\theta_C - \frac{6i}{6}\Delta + \frac{20 \times 6^2}{12} = 4i\theta_C - i\Delta + 60$$

$$M_{AC} = 2i\theta_C - \frac{6i}{6}\Delta - \frac{20 \times 6^2}{12} = 2i\theta_C - i\Delta - 60$$

$$M_{CD} = 3 \times (2i)\theta_C + M_{CD}^g = 6i\theta_C + 30$$

$$M_{DC} = 60 \text{ kN} \cdot \text{m}$$

$$M_{DB} = 0$$

$$M_{BD} = -\frac{3i}{6}\Delta = -0.5i\Delta$$

$$F_{SCA} = -\frac{6i}{6}\theta_C + \frac{12i}{6^2}\Delta - \frac{qL}{2} = -i\theta_C + \frac{i}{3}\Delta - 60$$

$$F_{SDB} = \frac{3i}{6^2}\Delta = +\frac{i}{12}\Delta$$

代入整理得

$$10i\theta_C - i\Delta + 90 = 0$$

$$-i\theta_C + \frac{5}{12}i\Delta - 60 = 0$$

解此方程组得

$$\theta_C = \frac{7.1}{i}, \Delta = \frac{161}{i}$$

代回各杆端的转角位移方程求各杆端弯矩得

$$M_{CA} = 4i \times \frac{7.1}{i} - \frac{6i}{6} \times \frac{161}{i} + \frac{20 \times 6^2}{12} = -72.6 \text{ kN} \cdot \text{m}$$

$$M_{AC} = 2i \times \frac{7.1}{i} - \frac{6i}{6} \times \frac{161}{i} - \frac{20 \times 6^2}{12} = -206.8 \text{ kN} \cdot \text{m}$$

$$M_{CD} = 3 \times (2i) \times \frac{7.1}{i} + 30 = 72.6 \text{ kN} \cdot \text{m}$$

$$M_{DC} = 60 \text{ kN} \cdot \text{m}$$

$$M_{DB} = 0$$

$$M_{BD} = -\frac{3i}{6} \times \frac{161}{i} = -80.5 \text{ kN} \cdot \text{m}$$

画出弯矩图,如图 7.21(f)所示。

一般情况下,当结构有几个基本未知量时,对应于每一个结点角位移都有一个相应的刚结点力矩平衡方程,对应于每一个独立的结点线位移都有一个相应的截面平衡方程。因此,可建立几个位移法基本方程,就能求解出几个结点位移。

7.6 对称性的利用

在用力法计算超静定结构中,已经讨论了关于对称性的应用,并得出了一些重要结论,在位移法的对称性中仍然可以利用这些结论以达到简化计算的目的。对称结构在正对称荷载作用下,其内力和位移都是正对称的;在反对称荷载作用下,其内力和位移都是反对称的。一般对称总能分解为正对称和反对称两组,把它们分别加于结构上求解,最后将两个结果叠加。

如图 7.22(a)所示的对称刚架在给定荷载作用下,可分解为图 7.22(b)和(c)两种情况的叠加。即在正对称荷载作用下只有正对称的基本未知量 Z_1;在反对称的荷载作用下,只有反对称的基本未知量 Z_2 和 Z_3。在正、反对称的情况下,可分别只取结构的一半来进行计算,即取半边结构,如图 7.22(d)和(e)所示。

此外,分析如图 7.22 所示的结构可知,在正对称荷载作用下采用位移法求解只有一个基本未知量;但在反对称荷载作用下,若用位移法求解将有两个基本未知量,这时如果用力法求解则只有一个基本未知量。因此,反对称时用力法求解会更简单。

又如图 7.23 所示对称刚架,在正、反对称荷载作用下,用不同的方法计算时,基本未知量的数目相差很多。请读者自行比较。

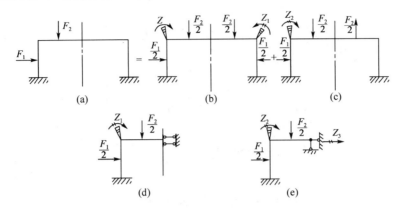

图 7.22

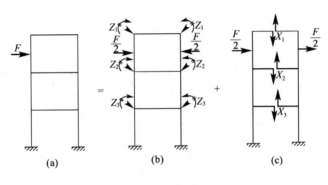

图 7.23

【例 7.6】 作如图 7.24(a)所示刚架的弯矩图。

解:这是对称结构在对称荷载作用下的位移法问题,取半边结构和基本结构如图 7.24(b)、(c)所示。基本未知量 Z_1 为刚结点 D 的转角。位移法的典型方程为

$$r_{11}Z_1 + R_{1P} = 0$$

由 M_P 图并考虑结点 D 的平衡有

$$R_{1P} + \frac{1}{12}ql^2 = 0$$

$$R_{1P} = -\frac{1}{12}ql^2 = -\frac{1}{12} \times 15 \times 6^2 \text{ kN} \cdot \text{m} = -45 \text{ kN} \cdot \text{m}$$

由 $\overline{M}_1$ 图并考虑结点 D 的平衡有

$$r_{11} - 8i - 4i = 0$$
$$r_{11} = 12i$$

将 r_{11}、R_{1P} 代入典型方程,解得

$$Z_1 = \frac{45}{12i}$$

用叠加法求出杆端弯矩后作 M 图。

$$M_{AD} = 2i \times \frac{45}{12i} = 7.5 \text{ kN} \cdot \text{m}(内侧受拉)$$

$$M_{DA} = 4i \times \frac{45}{12i} = 15 \text{ kN} \cdot \text{m}(外侧受拉)$$

$$M_{DE} = 8i \times \frac{45}{12i} - 45 \text{ kN·m} = -15 \text{ kN·m}（上侧受拉）$$

$$M_{ED} = 4i \times \frac{45}{12i} + 45 \text{ kN·m} = 60 \text{ kN·m}（上侧受拉）$$

M 图如图 7.24(d) 所示，请读者自作 F_S、F_N 图。

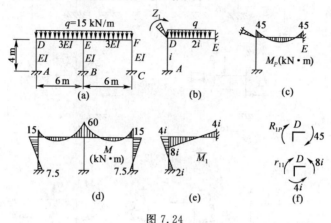

图 7.24

【例 7.7】 利用对称性作如图 7.25(a) 所示结构的内力图。

解：将荷载分为对称和反对称两组，如图 7.25(b)、(c) 所示。在对称荷载作用下，如图 7.25(b) 所示，除 CD 杆承受轴向压力外，其余杆的内力均为零。在反对称荷载作用下，如图 7.25(c) 所示，可用半边刚架来进行分析，如图 7.25(d) 所示。

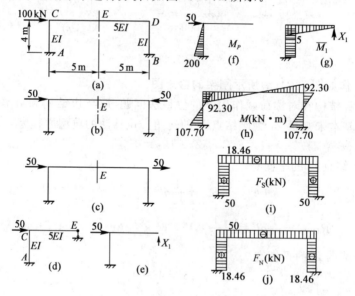

图 7.25

如果用位移法计算如图 7.25(d) 所示的半边结构，则基本未知量有两个（即结点 C 的转角 Z_1 和侧移 Z_2），而用力法计算时，基本未知量仅有一个 X_1。因为它是一次超静定结构，所以我们采用力法来计算。

取基本结构如图 7.25(e) 所示。M_P、$\overline{M}_1$ 图分别如图 7.25(f)、(g) 所示。力法方程为

$$\delta_{11} X_1 + \Delta_{1P} = 0$$

$$\delta_{11} = \frac{1}{5EI}\left(\frac{1}{2} \times 5 \times 5 \times \frac{2}{3} \times 5\right) + \frac{1}{EI}(5 \times 4 \times 5) = \frac{325}{3EI}$$

$$\Delta_{1P} = -\frac{1}{EI}\left(200 \times 4 \times \frac{1}{2} \times 5\right) = -\frac{2\,000}{EI}$$

所以

$$X_1 = \frac{2\,000}{EI} \times \frac{3EI}{325} = 18.46 \text{ kN}(\uparrow)$$

对称荷载作用下的内力图与反对称荷载作用下的内力图叠加即为原刚架的内力图,如图 7.25(h)、(i)、(j)所示。

习　题

7.1　试确定图 7.26 所示结构的位移法基本未知量数目,并绘出基本结构。

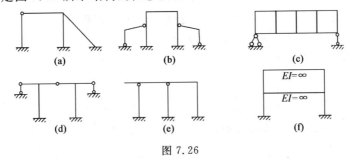

图 7.26

7.2　试用位移法计算图 7.27 所示刚架,绘制弯矩图。

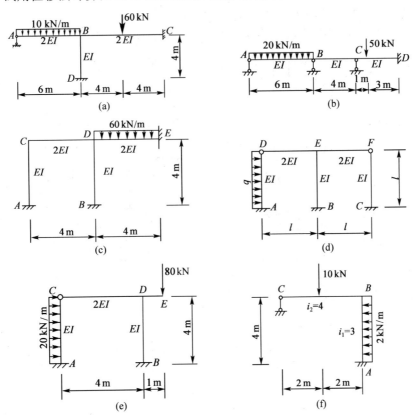

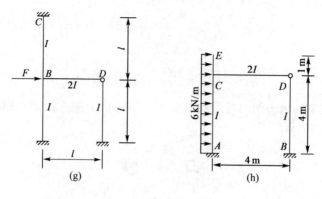

图 7.27

7.3 试用位移法计算图 7.28 所示的连续梁,绘制弯矩图。

7.4 图 7.29 所示为等截面连续梁,支座 B 下沉 20 mm,支座 C 下沉 12 mm,$E=210$ GPa,$I=2\times10^{-4}$ m^4,试作其弯矩图。

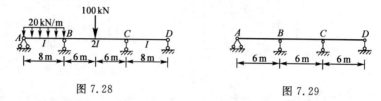

图 7.28 图 7.29

7.5 利用对称性计算图 7.30 所示结构,作弯矩图。

7.6 作图 7.31 所示结构的 M 图。

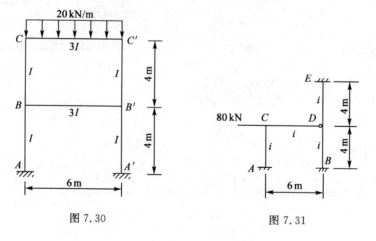

图 7.30 图 7.31

第 8 章 渐 近 法

8.1 概 述

前面介绍的力法和位移法是分析超静定结构的两种基本方法,它们都必须求解多元联立方程组。当基本未知量较多时,其计算工作将是十分繁重的。因此,从20世纪30年代起人们就开始寻找新的计算方法,力图避免组成和解算联立方程,陆续出现了各种渐近法,如力矩分配法、无剪力分配法、迭代法等。

这些方法都是以位移法为基础发展起来的渐近法,它们最大的优点是不必求解联立方程组,而且还可以直接求得杆端弯矩,运算式可以按照一定的步骤重复进行,因而比较容易掌握,适合手算。随着计算机的普及,虽然这类手算的方法会有所减少,但是在许多场合下,仍为一种简便易行的方法。通过该种方法的学习可以加深对结构受力的理解,对实际工程亦有一定指导意义。本章只介绍力矩分配法、无剪力分配法和剪力分配法。

在力矩分配法中,有关计算的假定、杆端弯矩正负号的规定以及选取基本结构使之还原为原结构的基本思路都与位移法相同。

8.2 力矩分配法的基本原理

力矩分配法适用于连续梁和无结点线位移刚架的计算。该法的理论基础是位移法,其分析当中引入了劲度系数和传递系数的概念,并且力矩分配法求解的基本原理可由位移法导入。

8.2.1 劲度系数和传递系数的概念

1. 劲度系数

当杆件 AB(如图8.1所示)的 A 端转动单位角时,A 端(又称近端)的杆端弯矩 M_{AB} 称为该杆端的劲度系数,用 S_{AB} 表示。它表示该杆端抵抗转动能力的大小,故又称为转动刚度,其值与杆件的线刚度 $i=\dfrac{EI}{L}$ 和杆件另一端(又称远端)的支座情况有关。

2. 传递系数

当 A 转动时,B 端也产生一定的弯矩,好比是近端的弯矩按一定的比例传到了远端一样,所以将 B 端弯矩与 A 端弯矩之比称为由 A 端向 B 端的传递系数,用 C_{AB} 表示,即 $C_{AB}=\dfrac{M_{BA}}{M_{AB}}$ 或 $M_{BA}=C_{AB}M_{AB}$。近端固定,远端各种支座情况等截面直杆的劲度系数和传递系数如表8.1所示。值得注意的是,当 B 端为自由或为一根轴向支座链杆时,显然 A 端转动时杆件将毫无抵抗转动的能力,故其劲度系数为零。

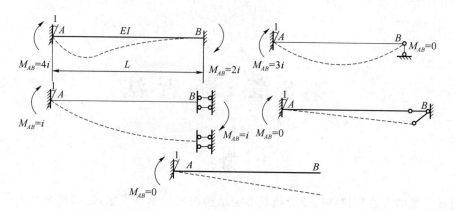

图 8.1

表 8.1

远端支承情况	劲度系数 S_{AB}	传递系数 C_{AB}
固定	$4i$	0.5
铰支	$3i$	0
滑动	i	-1
自由或轴向支座链杆	0	

8.2.2 力矩分配法的基本原理

以图 8.2(a)所示刚架为例来说明。此刚架采用位移法求解时,只有一个基本未知量,即结点转角 Z_1,其典型方程为:$r_{11}Z_1 + R_{1P} = 0$。

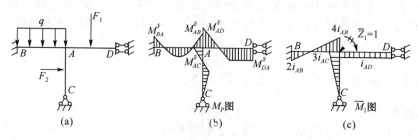

图 8.2

绘出 M_P、$\overline{M}_1$ 图,如图 8.2(b)、(c)所示,可求得自由项和系数

$$R_{1P} = M_{AB}^F + M_{AC}^F + M_{AD}^F = \sum M_{Aj}^F \tag{8.1}$$

式中,R_{1P} 是结点固定时附加刚臂上的附加反力矩,可称为刚臂反力矩,它等于汇交于结点 A 的各杆固端弯矩的代数和 $\sum M_{Aj}^F$,也就是各杆固端弯矩所不能平衡的差额,所以又称为结点上的不平衡力矩。

$$r_{11} = 4i_{AB} + 3i_{AC} + i_{AD} = S_{AB} + S_{AC} + S_{AD} = \sum S_{Aj} \tag{8.2}$$

式中,$\sum S_{Aj}$ 为汇交于结点 A 的各杆端劲度系数的总和。

解典型方程得

$$Z_1 = -\frac{R_{1P}}{r_{11}} = \frac{-\sum M_{Aj}^F}{\sum S_{Aj}}$$

按叠加法 $M = M_P + \overline{M_1}Z_1$ 计算各杆端的最后弯矩。各杆汇交于结点 A 的一端为近端，另一端为远端。各杆近端弯矩为

$$\left. \begin{aligned} M_{AB} &= M_{AB}^F + \frac{S_{AB}}{\sum S_{Aj}}(-\sum M_{Aj}^F) = M_{AB}^F + \mu_{AB}(-\sum M_{Aj}^F) \\ M_{AC} &= M_{AC}^F + \frac{S_{AC}}{\sum S_{Aj}}(-\sum M_{Aj}^F) = M_{AC}^F + \mu_{AC}(-\sum M_{Aj}^F) \\ M_{AD} &= M_{AD}^F + \frac{S_{AD}}{\sum S_{Aj}}(-\sum M_{Aj}^F) = M_{AD}^F + \mu_{AD}(-\sum M_{Aj}^F) \end{aligned} \right\} \quad (8.3)$$

式(8.3)中，等号右端第一项为荷载产生的固端弯矩，第二项为结点转动 Z_1 角所产生的弯矩，这相当于把不平衡力矩反号后按劲度系数大小的比例分给近端，因此称为分配弯矩。而 μ_{AB}、μ_{AC}、μ_{AD} 等为分配系数，其计算公式为

$$\mu_{Aj} = \frac{S_{Aj}}{\sum S_{Aj}} \quad (8.4)$$

显然同一结点各杆分配系数之和等于1。

各杆远端弯矩为

$$\left. \begin{aligned} M_{BA} &= M_{BA}^F + \frac{C_{AB}S_{AB}}{\sum S_{Aj}}(-\sum M_{Aj}^F) = M_{BA}^F + C_{AB}\left[\mu_{AB}(-\sum M_{Aj}^F)\right] \\ M_{CA} &= M_{CA}^F + C_{AC}\left[\mu_{AC}(-\sum M_{Aj}^F)\right] \\ M_{DA} &= M_{DA}^F + C_{AD}\left[\mu_{AD}(-\sum M_{Aj}^F)\right] \end{aligned} \right\} \quad (8.5)$$

式(8.5)中，等号右边第一项仍是固端弯矩，第二项是由结点转动 Z_1 角所产生的弯矩，就好像是将各近端的分配弯矩按传递系数的比例传到各远端一样，故称为传递弯矩。

据上述分析过程可知，不必绘出 M_P、$\overline{M_1}$ 图，也不必列出典型方程，就可以直接按以上结论计算各杆端弯矩。其过程可形象地归纳为以下几步：首先，固定结点。加入刚臂，各杆端有固端弯矩，而结点上产生不平衡力矩，由刚臂承担。其次，放松结点。取消刚臂，让结点转动。这相当于在结点上加上一个等值反向的不平衡力矩，于是不平衡力矩被消除而结点获得平衡。此反号的不平衡力矩将按劲度系数大小的比例分配给各近端，于是各近端得到分配弯矩，同时各自向其远端传递，各远端得到传递弯矩。因此，原结构各杆近端弯矩等于固端弯矩加分配弯矩，各杆远端弯矩等于固端弯矩加传递弯矩。

【例 8.1】 试作如图 8.3(a) 所示刚架的弯矩图。

解：(1) 计算各杆端分配系数。为了计算方便，令 $i_{AB} = i_{AC} = \frac{EI}{4} = 1$，则 $i_{AD} = 2$。由式(8.2)有

$$\sum S_{Aj} = 4i_{AB} + 3i_{AC} + i_{AD} = 4 \times 1 + 3 \times 1 + 2 = 9$$

由式(8.4)得

$$\mu_{AB} = \frac{4 \times 1}{9} = 0.445, \mu_{AC} = \frac{3 \times 1}{9} = 0.333, \mu_{AD} = \frac{2}{9} = 0.222$$

(2) 计算固端弯矩。

$$M_{BA}^F = -\frac{30 \times 4^2}{12} \text{kN} \cdot \text{m} = -40 \text{ kN} \cdot \text{m}$$

$$M_{AB}^F = +\frac{30 \times 4^2}{12} \text{kN} \cdot \text{m} = +40 \text{ kN} \cdot \text{m}$$

$$M_{AD}^F = -\frac{3 \times 50 \times 4}{8} \text{kN} \cdot \text{m} = -75 \text{ kN} \cdot \text{m}$$

$$M_{DA}^F = -\frac{50 \times 4}{8} \text{kN} \cdot \text{m} = -25 \text{ kN} \cdot \text{m}$$

$$M_{AC}^F = +\frac{3}{16} \times 40 \times 4 \text{ kN} \cdot \text{m} = +30 \text{ kN} \cdot \text{m}$$

(3) 进行力矩的分配和传递。结点 A 的不平衡力矩为

$$\sum M_{Aj}^F = (+40 + 30 - 75) \text{kN} \cdot \text{m} = -5 \text{ kN} \cdot \text{m}$$

将其反号并乘以分配系数即得各近端的分配弯矩，再乘以传递系数即得各远端的传递弯矩。在力矩分配法中，为了使计算过程的表达更紧凑、直观，避免罗列大量计算式，整个计算可直接在图上书写（或列表计算），如图 8.3(b) 所示。

(4) 计算杆端最后弯矩。将固端弯矩和分配弯矩、传递弯矩叠加，便得到各杆端的最后弯矩。据此即可绘出刚架的弯矩图，如图 8.3(c) 所示。

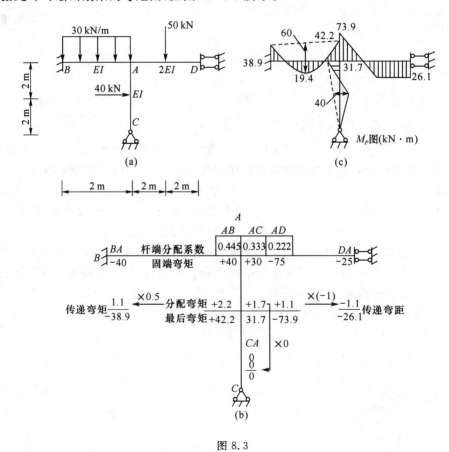

图 8.3

【例 8.2】 试作图 8.4(a) 所示连续梁的弯矩图。

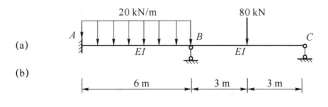

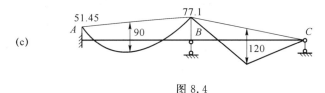

图 8.4

解：(1) 计算各杆端分配系数。为了计算方便，令 $i_{BA}=i_{BC}=\dfrac{EI}{6}=1$，则由式(8.2)有

$$\sum S_{Bj}=4i_{BA}+3i_{BC}=4\times1+3\times1=7$$

由式(8.4)得

$$\mu_{BA}=\dfrac{4\times1}{7}=0.57,\ \mu_{BC}=\dfrac{3\times1}{7}=0.43$$

(2) 计算固端弯矩。

$$M_{BA}^{F}=-\dfrac{20\times6^{2}}{12}\text{kN}\cdot\text{m}=-60\text{ kN}\cdot\text{m}$$

$$M_{AB}^{F}=+\dfrac{20\times6^{2}}{12}\text{kN}\cdot\text{m}=+60\text{ kN}\cdot\text{m}$$

$$M_{BC}^{F}=-\dfrac{3\times80\times6}{16}\text{kN}\cdot\text{m}=-90\text{ kN}\cdot\text{m}$$

(3) 进行力矩的分配和传递。结点 B 的不平衡力矩为

$$\sum M_{Bj}^{F}=(+60-90)\text{kN}\cdot\text{m}=-30\text{ kN}\cdot\text{m}$$

将其反号并乘以分配系数即得各近端的分配弯矩，再乘以传递系数即得各远端的传递弯矩，如图 8.4(b) 所示。

(4) 计算杆端最后弯矩。将固端弯矩和分配弯矩、传递弯矩叠加，便得到各杆端的最后弯矩。据此即可绘出连续梁的弯矩图，如图 8.4(c) 所示。

8.3 用力矩分配法计算连续梁和无侧移刚架

8.2 节结合单个结点的刚架说明了力矩分配法的基本原理。对于只有一个刚结点的简单情况，一次放松即可消除刚臂的作用，所得结果实际是精确答案。对于具有多个结点转角但无结点线位移(简称无侧移)的结构，只需依次对各结点使用 8.2 节所述方法以消去其上的不平衡力矩而修正各杆端的弯矩，使其逐渐接近于真实的弯矩值，所以它是一种渐进法。为了使计算时收敛较快，通常宜从不平衡力矩较大的结点开始分配。求解步骤归纳如下：第一步,固定所有结点,计算各杆固端弯矩、分配系数、传递系数及各结点不平衡力矩;第二步,依次轮流放松各结点,即每次只放松一个结点,其他结点仍暂时固定,这样把各结点的不平衡力矩依次轮流地进行分配、传递,直到传递弯矩小到可略去时,即可停止分配和传递。最后,根据叠加原理求得结构的各杆端弯矩。下面结合实例来说明。

【例 8.3】 试用力矩分配法计算如图 8.5(a)所示连续梁,并绘弯矩图。

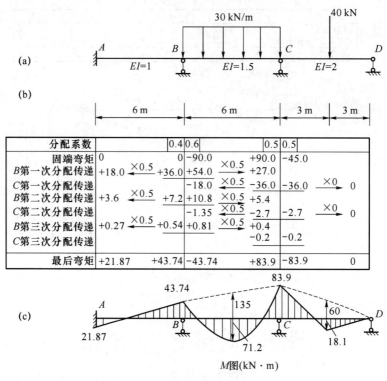

图 8.5

解:(1)固定结点

① **计算各结点的分配系数和传递系数。**

对于结点 B,

$$S_{BA} = 4i_{BA} = 4 \times \frac{1}{6} = 0.667$$

$$S_{BC} = 4i_{BC} = 4 \times \frac{1.5}{6} = 1.0$$

所以

$$\mu_{BA} = \frac{S_{BA}}{S_{BA} + S_{BC}} = \frac{0.667}{0.667 + 1} = 0.4, C_{BA} = \frac{1}{2}$$

$$\mu_{BC} = \frac{S_{BC}}{S_{BA} + S_{BC}} = \frac{1}{0.667 + 1} = 0.6, C_{BC} = \frac{1}{2}$$

对于结点 C,

$$S_{BC} = 4i_{BC} = 4 \times \frac{1.5}{6} = 1$$

$$S_{CD} = 3i_{CD} = 3 \times \frac{2}{6} = 1$$

所以

$$\mu_{CB} = \frac{S_{CB}}{S_{CB} + S_{CD}} = \frac{1}{1+1} = 0.5, C_{CB} = \frac{1}{2}$$

$$\mu_{CD} = \frac{S_{CD}}{S_{CB}+S_{CD}} = \frac{1}{1+1} = 0.5, C_{CD}=0$$

② 计算各杆的固端弯矩。

$$M_{AB}^{F} = M_{BA}^{F} = M_{DC}^{F} = 0$$

$$M_{CB}^{F} = -M_{BC}^{F} = \frac{ql^2}{12} = \frac{30 \times 6^2}{12} \text{kN} \cdot \text{m} = 90 \text{ kN} \cdot \text{m}$$

$$M_{CD}^{F} = -\frac{3Fl}{16} = -\frac{3 \times 40 \times 6}{16} \text{kN} \cdot \text{m} = -45 \text{ kN} \cdot \text{m}$$

③ 计算结点不平衡力矩。

结点 B $\qquad \sum M_{Bj}^{F} = M_{BA}^{F} + M_{BC}^{F} = -90 \text{ kN} \cdot \text{m}$

结点 C $\qquad \sum M_{Cj}^{F} = M_{CB}^{F} + M_{CD}^{F} = 45 \text{ kN} \cdot \text{m}$

(2) 放松结点

在结点 B 和 C 轮流进行力矩分配和传递计算。为了计算时收敛速度较快,分配应从结点不平衡力矩值较大的结点开始,本例应先放松 B 结点。

① 第一次放松结点 B,结点 C 仍然固定。

按单结点的力矩分配法,在结点 B 进行分配和传递。

放松结点 B,相当于在结点 B 处加一不平衡力矩的负值$[-(-90)]$ kN·m,杆端 BA 和 BC 的分配弯矩为

$$M_{BA}^{\mu} = 0.4 \times 90 \text{ kN} \cdot \text{m} = 36 \text{ kN} \cdot \text{m}$$

$$M_{BC}^{\mu} = 0.6 \times 90 \text{ kN} \cdot \text{m} = 54 \text{ kN} \cdot \text{m}$$

对杆端 AB 和 CB 的传递弯矩为

$$M_{AB}^{C} = \frac{1}{2} \times 36 \text{ kN} \cdot \text{m} = 18 \text{ kN} \cdot \text{m}$$

$$M_{CB}^{C} = \frac{1}{2} \times 54 \text{ kN} \cdot \text{m} = 27 \text{ kN} \cdot \text{m}$$

经过分配和传递,结点 B 的力矩已经平衡。

② 再固定结点 B,第一次放松结点 C。

同样按单结点力矩分配法,在结点 C 进行分配和传递。此时结点 C 的不平衡力矩除杆端 CB 和 CD 的固端弯矩外,还要加上由结点 B 放松而产生的传递弯矩,因此

$$\sum M_{Cj}^{F} = 45 \text{ kN} \cdot \text{m} + M_{CB}^{C} = (45+27) \text{kN} \cdot \text{m} = 72 \text{ kN} \cdot \text{m}$$

放松结点 C 等于在结点 C 加一不平衡力矩的负值(-72 kN·m),对杆端 CB 和 CD 的分配弯矩为

$$M_{CB}^{\mu} = 0.5 \times (-72) \text{kN} \cdot \text{m} = -36 \text{ kN} \cdot \text{m}$$

$$M_{CD}^{\mu} = 0.5 \times (-72) \text{kN} \cdot \text{m} = -36 \text{ kN} \cdot \text{m}$$

杆端 BC 和 CD 的传递弯矩为

$$M_{BC}^{C} = \frac{1}{2} \times (-36) \text{kN} \cdot \text{m} = -18 \text{ kN} \cdot \text{m}$$

$$M_{DC}^{C} = 0$$

经过分配不平衡力矩已经被消除。此时结点 B 接受了由结点 C 传来的传递弯矩 M_{BC}^{C},使这个结点的力矩又不平衡,也就是说刚臂对结点 B 又产生了新的结点不平衡力矩,需要再次加以分配,以上称为力矩分配法的第一轮计算。

③ 第二次放松结点 B,再固定结点 C。

这时结点 B 的不平衡力矩等于由结点 C 传来的传递弯矩,即
$$\sum M_{Bj}^F = -18 \text{ kN} \cdot \text{m}$$
杆端 BA 和 BC 的分配弯矩为
$$M_{BA}^\mu = 0.4 \times 18 \text{ kN} \cdot \text{m} = 7.2 \text{ kN} \cdot \text{m}$$
$$M_{BC}^\mu = 0.6 \times 18 \text{ kN} \cdot \text{m} = 10.8 \text{ kN} \cdot \text{m}$$
杆端 AB 和 CB 的传递弯矩为
$$M_{AB}^C = \frac{1}{2} \times 7.2 \text{ kN} \cdot \text{m} = 3.6 \text{ kN} \cdot \text{m}$$
$$M_{CB}^C = \frac{1}{2} \times 10.8 \text{ kN} \cdot \text{m} = 5.4 \text{ kN} \cdot \text{m}$$

④ 再固定结点 B,第二次放松结点 C。

在结点 C 进行分配和传递,此时在结点 C 处的不平衡力矩为 $5.4 \text{ kN} \cdot \text{m}$。

⑤ 第三次放松结点 B,再固定结点 C。

在结点 B 进行分配和传递,此时在结点 B 处的不平衡力矩为 $-1.35 \text{ kN} \cdot \text{m}$。

⑥ 再固定结点 B,第三次放松结点 C。

在结点 C 进行分配和传递,此时结点 C 的不平衡力矩已减小到 $0.4 \text{ kN} \cdot \text{m}$。

可见,经过逐次在 B 和 C 进行分配和传递,各结点处不平衡力矩都已很小,说明刚臂约束作用已经消失,此时结构已经接近实际状态。因此,计算工作可以停止。在进行最后一次分配后,为了使邻近结点不再产生新的不平衡力矩,就不要再向它们进行力矩传递。各轮分配和传递的计算实际是梁由固端状态逐步接近实际状态的过程。

(3) 计算杆端的最后弯矩

将各杆端的固定弯矩和屡次的分配弯矩及传递弯矩相加,即得最后弯矩。汇交结点的各杆最后杆端弯矩代数和应等于零,可以作为校核之用。

上面的全部计算过程通常可在框图表格中进行。

【例 8.4】 试用力矩分配法计算如图 8.6(a)所示刚架,并绘出弯矩图。

解:此梁的悬臂端 EF 为静定部分,该部分的内力根据静力平衡条件可求得,$M_{EF} = -40 \text{ kN} \cdot \text{m}$,$F_{SEF} = 20 \text{ kN}$。将悬臂端 EF 杆去掉向 E 点简化,M_{EF} 和 F_{SEF} 作为外力作用于结点 E 处,如图 8.6(b)所示,结点 E 便化为铰支座,计算分配系数时,其中
$$\mu_{DC} = \frac{4 \times 4}{4 \times 4 + 3 \times 6} = 0.471, \mu_{DE} = \frac{3 \times 6}{4 \times 4 + 3 \times 6} = 0.529$$

计算固端弯矩时,对于杆 DE,相当于一端固定另一端铰接的单跨梁,除跨中受集中力作用外,在铰支座处作用一集中力和一集中力偶,集中力在梁内不引起弯矩,而其余的外力则使杆 DE 引起固端弯矩,其值为
$$M_{DE}^F = \left(-\frac{3 \times 60 \times 4}{16} + \frac{1}{2} \times 40\right) \text{kN} \cdot \text{m} = -25 \text{ kN} \cdot \text{m}, M_{ED}^F = -40 \text{ kN} \cdot \text{m}$$

此外,DE 杆的固端弯矩也可利用力矩分配法的概念来求得。如图 8.6(e)所示,先不必去掉悬臂端,而是将结点 E 也暂时固定,因此计算出结点固端弯矩。然后,放松结点 E,其转动刚度为 0,故分配系数 $\mu_{ED} = 1, \mu_{EF} = 0$。一个结点一次分配一次传递,计算结果如图 8.6(e)所示,结果同前。

其余固端弯矩都可按表 8.1 求得,无须赘述。

求得分配系数和固端弯矩后,轮流放松各结点进行力矩分配和传递。分配先从结点不平衡力矩较大的 B 点开始,先放松结点 B,结点 C 是固定的,故又可同时放松结点 E。由此

可知,凡不相邻的各结点每次均可同时放松,这样便可加快收敛速度。整个计算过程如图 8.6(c)所示。计算出杆端最后弯矩,并绘出 M 图,如图 8.6(d)所示。

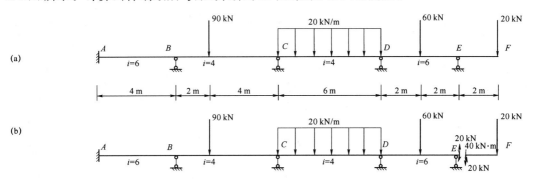

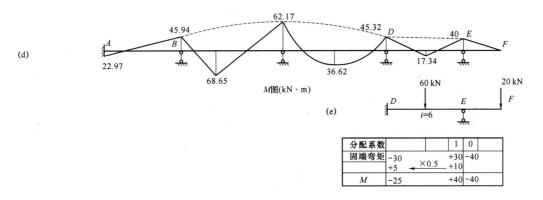

图 8.6

【**例 8.5**】 试用力矩分配法计算如图 8.7(a)所示刚架,并绘出弯矩图。

解:用力矩分配法计算无侧移刚架与计算连续梁的不同之处在于,力矩分配和传递时,应将柱子考虑在内,所以书写的运算表格比连续梁稍微复杂些。

(1) 计算分配系数和传递系数。

设 $\dfrac{EI}{4}=1$,则 $i_{AD}=1$,$i_{AB}=\dfrac{4}{3}$,$i_{BE}=1$,$i_{BC}=2$。

各杆的转动刚度为

$$S_{AD}=4i_{AD}=4\times 1=4$$

$$S_{AB}=4i_{AB}=4\times\dfrac{4}{3}=\dfrac{16}{3}$$

$$S_{BA}=\dfrac{16}{3}$$

· 174 · 结构力学

$$S_{BE}=4i_{BE}=4$$
$$S_{BC}=3i_{BC}=3\times 2=6$$

结点 A 的分配系数为 $\mu_{AD}=\dfrac{S_{AD}}{S_{AD}+S_{AB}}=\dfrac{4}{4+16/3}=0.43$

$$\mu_{AB}=\dfrac{S_{AB}}{S_{AD}+S_{AB}}=\dfrac{16/3}{4+16/3}=0.57$$

结点 B 的分配系数为 $\mu_{BA}=\dfrac{S_{BA}}{S_{BA}+S_{BC}+S_{BE}}=\dfrac{16/3}{4+6+16/3}=0.35$

$$\mu_{BE}=\dfrac{S_{BE}}{S_{BA}+S_{BC}+S_{BE}}=\dfrac{4}{4+16/3+6}=0.26$$

$$\mu_{BC}=\dfrac{S_{BC}}{S_{BA}+S_{BC}+S_{BE}}=\dfrac{6}{4+16/3+6}=0.39$$

传递系数为 $C_{AD}=C_{AB}=C_{BA}=C_{BE}=\dfrac{1}{2}$

$$C_{BC}=0$$

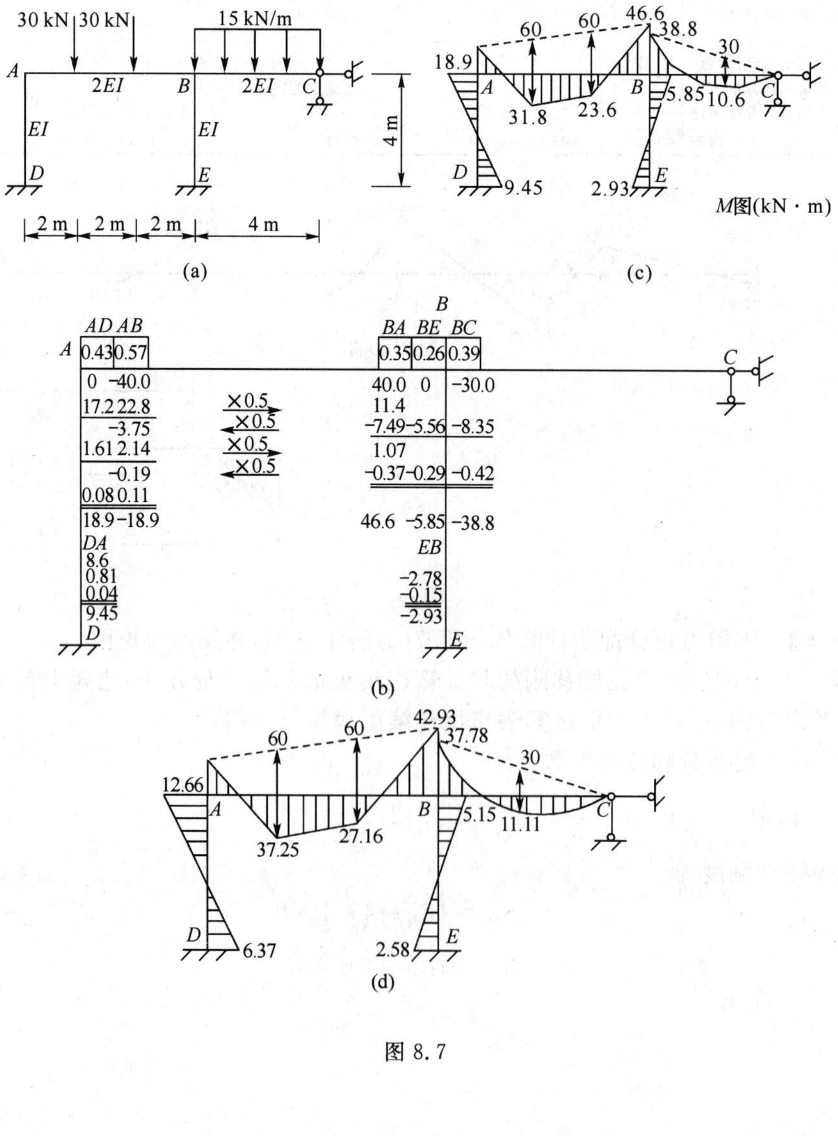

图 8.7

(2) 计算固端弯矩。

$$M_{BA}^F = -M_{AB}^F = \left(\frac{30 \times 4^2 \times 2}{6^2} + \frac{30 \times 2^2 \times 4}{6^2}\right) \text{kN} \cdot \text{m} = \left(\frac{160}{6} + \frac{80}{6}\right) \text{kN} \cdot \text{m} = 40 \text{ kN} \cdot \text{m}$$

$$M_{BC}^F = -\frac{ql^2}{8} = -\frac{15 \times 4^2}{8} \text{kN} \cdot \text{m} = -30 \text{ kN} \cdot \text{m}$$

(3) 力矩分配和传递计算。

为了缩短计算过程,从结点不平衡力矩较大的结点 A 开始放松,运算过程如图 8.7(b) 所示。

(4) 绘弯矩图。

弯矩图如图 8.7(c) 所示。

本题中,当调整 AB 杆的抗弯刚度 2EI 为 4EI 时,重复上述过程,求其弯矩图,如图 8.7(d) 所示。比较 8.7(c)、(d) 两图发现,当 AB 杆刚度增大时,该杆两端杆端弯矩减小,跨中弯矩相应增大,当然对其他相邻杆也产生影响,读者可自行分析,这一简单工作对我们今后的工作中会有一定的指导意义。在对框架梁竖向荷载进行内力分析时,我们希望调整某杆的内力,就可以快速地判断出是增大还是减小杆刚度来达到目的。

【例 8.6】 试用力矩分配法计算如图 8.8(a) 所示刚架,并绘出弯矩图。

解:刚架具有两个对称轴 $x—x$ 和 $y—y$,因此可取结构的四分之一进行计算。点 B 和 G 分别取为固定端和滑动支座,如图 8.8(b) 所示。

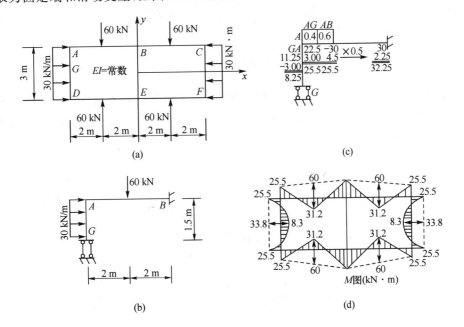

图 8.8

(1) 计算分配系数和传递系数。

设 $\dfrac{EI}{4} = 1$,则 $i_{AB} = 1$,$i_{AG} = \dfrac{8}{3}$。

转动刚度为

$$S_{AB} = 4i_{AB} = 4$$

$$S_{AG} = i_{AG} = \dfrac{8}{3}$$

分配系数为

$$\mu_{AB} = \frac{4}{4+8/3} = 0.6$$

$$\mu_{AG} = \frac{8/3}{4+8/3} = 0.4$$

(2) 计算固端弯矩。

$$M_{BA}^F = -M_{AB}^F = \frac{60 \times 4}{8} \text{ kN} \cdot \text{m} = 30 \text{ kN} \cdot \text{m}$$

$$M_{AG}^F = \frac{1}{3} \times 30 \times 1.5^2 \text{ kN} \cdot \text{m} = 22.5 \text{ kN} \cdot \text{m}$$

$$M_{GA}^F = \frac{1}{6} \times 30 \times 1.5^2 \text{ kN} \cdot \text{m} = 11.25 \text{ kN} \cdot \text{m}$$

(3) 放松结点 A，进行弯矩分配和传递，计算过程如图 8.8(c) 所示。

(4) 绘出弯矩图，如图 8.8(d) 所示。

需要注意的是，本节所讲的力矩分配法只适用于计算结点无线位移的刚架和连续梁。对于有侧移刚架，除了附加刚臂上有附加反力矩需要消除外，附加链杆上还有反力需要消除，所以不能直接应用力矩分配法，需要修改或与其他方法联合使用才能求解。在此方面已经提出了很多方法，如力矩分配法与位移法联合应用、无剪力分配法、剪力分配法、迭代法。以下仅介绍无剪力分配法和剪力分配法。

8.4 无剪力分配法

8.4.1 无剪力分配法的计算方法

单跨对称刚架是工程中常用的一种结构形式，在反对称荷载作用下计算分析可采用一种特殊的力矩分配法——无剪力分配法。现以如图 8.9(a)所示单跨对称刚架为例，来说明无剪力分配法的基本概念和计算方法。

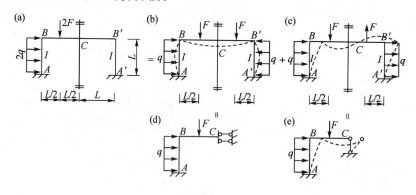

图 8.9

对于单跨对称刚架上的荷载，可将其分为正、反对称两组。在正对称荷载作用下(如图 8.9(b)所示)，取一半结构(如图 8.9(d)所示)进行计算时，因为结点 B 只有转动，没有线位移，故可直接用力矩分配法计算。在反对称荷载作用下(如图 8.9(c)所示)，取一半结构(如图 8.9(e)所示)计算，此结构有如下变形和受力特点：杆 BC 有水平位移但无相对侧移，称为无侧移杆；竖杆 AB 两端虽有侧移，但由于支座 C 处无水平反力，故杆 AB 剪力是静定的，称为剪力静定杆。在此种情况下可采用无剪力分配法进行计算。

现以图 8.10(a)来研究这个问题。在结点 B 上加上附加刚臂,使其不能转动,但它仍可以自由地作水平移动,如图 8.10(b)所示。因而在 AB 杆的 B 端相当于有一个滑动支座,此支座既可传递弯矩,又允许 B 点水平方向移动,符合刚架 B 点实际受力情况。AB 杆相当于一端固定一端滑动的梁,如图 8.10(c)所示。因为 AB、BC 两杆都可视为单跨超静定梁,所以这种结构可以直接用无剪力分配法计算。显然,这样用无剪力分配法计算的结构是有移动的刚架。这相当于在基本结构移动到某位置以后,再进行力矩的分配和传递。在放松结点进行力矩分配和传递过程中,刚性结点的移动不受限制,再应用叠加原理,可求得杆端最后弯矩。具体步骤如下。

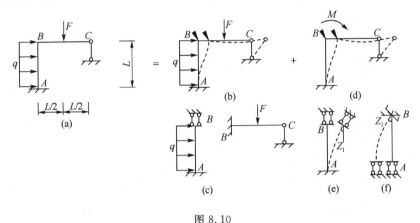

图 8.10

(1) 固定结点 B(如图 8.10(b)所示),按 A 端为固定支座、B 端为滑动支承计算固端弯矩,得

$$M_{AB}^F = -\frac{qL^2}{3}, M_{BA}^F = -\frac{qL^2}{6}$$

而剪力为

$$Q_{AB} = qL, Q_{BA} = 0$$

即水平荷载由 AB 杆下端剪力所平衡。

$$M_{BC}^F = -\frac{3}{16}Fl = -\frac{3}{16} \times ql \times l = -\frac{3}{16}ql^2, M_{CB}^F = 0$$

式中,$F = ql$。

(2) 放松结点 B,进行力矩分配和传递。此时结点 B 不仅发生转动,同时还进行水平移动,如图 8.10(d)所示。由于柱 AB 为下端固定上端滑动,当上端转动时柱的剪力为零,因而处于纯弯曲受力状态(如图 8.10(e)所示),这实际上与上端固定下端滑动而上端转动同样角度时的受力状态和变形状态(如图 8.10(f)所示)完全相同,所以其转动刚度 $S_{BA} = i$,$S_{BC} = 3i$,则结点 B 的分配系数为

$$\mu_{BA} = \frac{i}{i+3i} = \frac{1}{4}, \mu_{BC} = \frac{3i}{i+3i} = \frac{3}{4}$$

传递系数为

$$C_{BA} = -1 \quad C_{BC} = 0$$

分配弯矩和传递弯矩计算如图 8.11(a)所示。

(3) 绘出最后弯矩图,如图 8.11(b)所示。

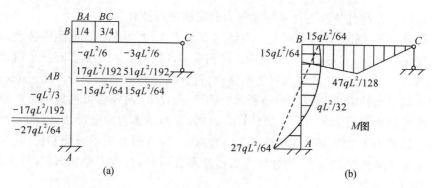

图 8.11

由以上计算可以看出,当 AB 杆 B 端得到分配弯矩时,将以 $C_{BA}=-1$ 的传递系数传到 A 端,这说明由于放松结点 B 所产生的弯矩沿 AB 杆全长为常数,因而附加剪力为零。因为支座 C 处为一竖向链杆支座,故无水平反力,因此 AB 柱的剪力为零。这样,在放松结点时,杆件内的剪力将保持不变。由于在力矩分配过程中,杆件内不产生新的剪力,所以称为无剪力分配法。

无剪力分配法可推广到多层的情况。如图 8.12(a)为两层单跨对称刚架,在反对称荷载作用下,可取如图 8.12(b)所示半个刚架进行计算,这半个刚架结构可用无剪力分配法计算。如图 8.12(c)所示基本结构在荷载作用下,将产生虚线所示的变形,各层竖杆两端均无转角,但有侧移。结点 B、C 的水平位移分别为 Δ_B、Δ_C。在考虑上层相对线位移时,可将下层视为不动。故 BC 杆相当于下端固定上端滑动的梁,如图 8.12(d)所示。在考察下层 AB 杆的相对线位移时,因为上层是支承在下层上的,所以上层将与下层一起移动。取 AB 杆来看,它也相当于下端固定上端滑动的梁,但在竖杆顶应承受上层传来的剪力 $Q=qL$(如图 8.12(d)所示)。由此可知,无论刚架有多少层,每层立柱都可以视为上端滑动下端固定的梁,而竖杆承受以上各层传来的剪力。此剪力等于以上各层所有水平荷载之和,这样就可以求出各层竖杆的固端弯矩。

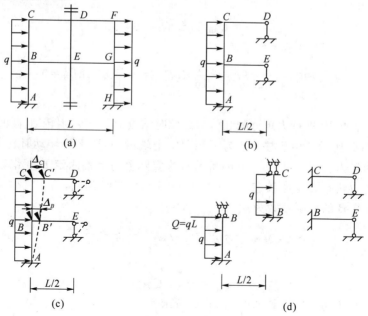

图 8.12

然后将各结点依次轮流放松,进行力矩分配和传递。因为各竖杆均视为一端固定另一端滑动的梁,所以其转动刚度均等于各杆的线刚度 i,而传递系数均为 -1。横梁 CD、BE 可视为一端固定一端铰支的梁,以下将结合例 8.7 给出计算过程。

【例 8.7】 试用无剪力分配法计算如图 8.13(a)所示刚架,并绘出弯矩图。设 $EI=$ 常数。

解:由于刚架是对称的,所以可将荷载分解为对称和反对称两部分,如图 8.13(b)和(c)所示,然后分别计算。其中对称荷载部分对结构杆件不产生弯矩,只引起轴力,所以只需计算反对称荷载部分。考虑刚架对称性,取如图 8.13(d)所示半刚架进行计算。

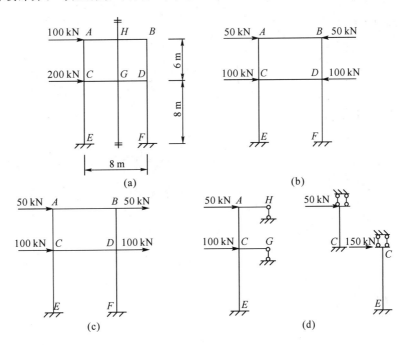

图 8.13

(1) 计算分配系数和传递系数。为了便于计算,设 $\dfrac{EI}{8}=1$,则

$$i_{AH}=i_{CG}=2, i_{AC}=\dfrac{4}{3}, i_{CE}=1$$

转动刚度为

$$S_{AH}=S_{CG}=3i_{AH}=3\times 2=6, S_{AC}=S_{CA}=i_{AC}=\dfrac{4}{3}, S_{CE}=S_{BC}=i_{CE}=1$$

分配系数为

$$\mu_{AH}=\dfrac{S_{AH}}{S_{AH}+S_{AC}}=\dfrac{6}{6+4/3}=0.818$$

$$\mu_{AC}=\dfrac{S_{AC}}{S_{AH}+S_{AC}}=\dfrac{4/3}{6+4/3}=0.182$$

$$\mu_{CA}=\dfrac{S_{CA}}{S_{CA}+S_{CE}+S_{CG}}=\dfrac{4/3}{6+4/3+1}=0.160$$

$$\mu_{CG}=\dfrac{S_{CG}}{S_{CA}+S_{CE}+S_{CG}}=\dfrac{6}{6+4/3+1}=0.72$$

$$\mu_{CE}=\dfrac{S_{CE}}{S_{CA}+S_{CE}+S_{CG}}=\dfrac{1}{6+4/3+1}=0.120$$

(2) 计算固端弯矩。

$$M_{AH}^F = M_{CG}^F = 0$$

$$M_{AG}^F = M_{CA}^F = -\frac{1}{2} \times 50 \times 6 \text{ kN} \cdot \text{m} = -150 \text{ kN} \cdot \text{m}$$

$$M_{CE}^F = M_{EC}^F = -\frac{1}{2} \times 150 \times 8 \text{ kN} \cdot \text{m} = -600 \text{ kN} \cdot \text{m}$$

(3) 力矩的分配和传递计算。

计算过程如图 8.14(a)所示,结点分配的次序为 $C \to A \to C \to A$,进行二次分配。最后弯矩图如图 8.12(b)所示。

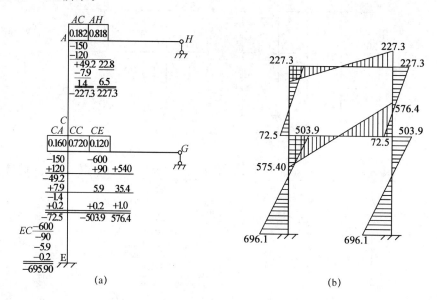

图 8.14

8.4.2 无剪力分配法应用推广

无剪力分配法是一种有特定适用条件的力矩分配法。该方法解决问题的关键在于考虑剪力静定杆的实际受力情况,合理地确定剪力静定杆的计算简图,进而确定该种杆的固端弯矩和转动刚度。此方法的基本概念可应用到位移法求解过程中,达到简化求解过程的目的。下面以如图 8.15(a)所示刚架为例,说明无剪力分配法的基本概念在位移法求解中的应用。

此刚架若按前述位移法求解,其基本体系如 8.15(b)所示,有一个角位移和线位移,含有两个未知量。现引入无剪力分配法求解基本概念。由于 BD 杆为剪力静定杆,DE 为无侧移杆,DE 部分符合无剪力分配法求解条件。把 BD 杆看成一端固定另一端滑动的杆,在求解时可略去线位移 Z_2 这个未知数,这样用位移法求解本题时,两个未知数问题就简化为求解一个未知数问题了。只不过求解过程中 BD 杆的固端弯矩和转动刚度要按一端固定一端滑动的杆来确定。

求解过程如下。

(1) 给出一个未知数位移法求解基本体系,如图 8.15(c)所示,写出典型方程。

$$r_{11} Z_1 + R_{1P} = 0 \tag{8.6}$$

(2) 为求典型方程中的主系数和自由项,令 $i=\dfrac{EI}{l}$,作出 $\overline{M}_1$、M_P 图,如图 8.15(d)、(e) 所示。故 $r_{11}=11i$,$R_{1P}=-\dfrac{3}{16}FL$。代入式(8.6)可求得

$$Z_1=-\dfrac{R_{1P}}{r_{11}}=\dfrac{3FL}{176i}$$

(3) 按叠加法 $M=\overline{M}_1 Z_1+M_P$ 绘弯矩图,如图 8.15(f)所示。

从本例可看出,在位移法过程中巧妙地应用无剪力分配法概念,使两个未知量问题简化为一个未知量问题求解,可使求解过程大为简化。

读者可按如图 8.15(b)所示基本体系自行按位移法求解,作为校核。

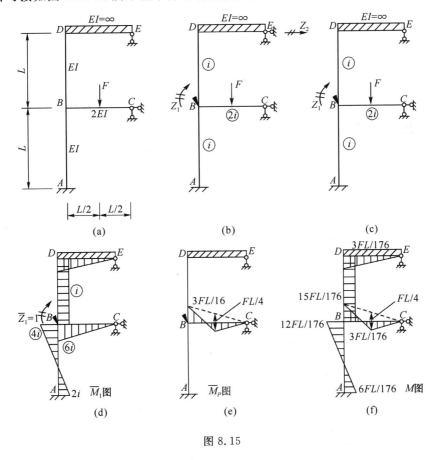

图 8.15

8.5 剪力分配法

本节介绍剪力分配法。对所有横梁为刚性杆、竖柱为弹性杆的框、排架结构,该法是一种较简便的计算方法。

下面讨论剪力分配法的计算方法,以图 8.16(a)所示的排架结构为例。

该结构的横梁为刚性二力杆,按位移法求解,只有一个独立结点线位移 Z_1,即柱顶 1、3、5 的水平线位移。为求此位移,将各柱顶截开,取隔离体如图 8.16(b)所示,其平衡条件为 $\sum F_x=0$,可得如下平衡方程:

$$\sum F_x = F_{S12} + F_{S34} + F_{S56} = 0 \tag{8.7}$$

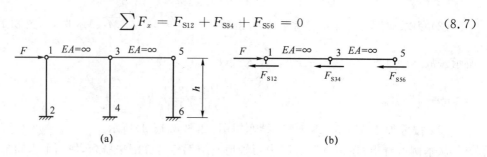

图 8.16

式中的各柱顶剪力与柱顶水平线位移 Z_1 的关系可通过表 7.1 得到,即

$$F_{S12} = \frac{3i_{12}}{h^2}Z_1, F_{S34} = \frac{3i_{34}}{h^2}Z_1, F_{S56} = \frac{3i_{56}}{h^2}Z_1$$

令

$$D_1 = \frac{3i_{12}}{h^2}, D_2 = \frac{3i_{34}}{h^2}, D_3 = \frac{3i_{56}}{h^2} \tag{8.8}$$

D_1、D_2、D_3 称为杆件的侧移刚度,即杆件发生单位侧移时,所产生的杆端剪力。将各剪力代入式(8.7),求得线位移

$$Z_1 = \frac{F}{D_1 + D_2 + D_3} = \frac{F}{\sum D_i}$$

因而各柱顶剪力为

$$F_{S12} = \frac{D_1}{\sum D_i}F = v_1 F, F_{S34} = \frac{D_2}{\sum D_i}F = v_2 F, F_{S56} = \frac{D_3}{\sum D_i}F = v_3 F$$

式中

$$v_1 = \frac{D_1}{\sum D_i}, v_2 = \frac{D_2}{\sum D_i}, v_3 = \frac{D_3}{\sum D_i} \tag{8.9}$$

称为剪力分配系数,$\sum v = v_1 + v_2 + v_3 = 1$。已知柱顶剪力即可求出结构的弯矩。对于排架结构,各柱固定端的弯矩等于柱顶剪力与其高度之积,即

$$M_{21} = -F_{S12}h, M_{43} = -F_{S34}h, M_{65} = -F_{S56}h \tag{8.10}$$

式中,负号表示弯矩绕杆端逆时针方向。

这种利用剪力分配系数求柱顶剪力的方法称为剪力分配法。

上述分析中,如荷载不作用于柱顶,而是作用在竖柱上,如图 8.17(a)所示,这时可按与位移法相似的思路进行分析。首先,将结构分解为只有结点线位移和只有荷载 q 的单独作用,如图 8.17(b)、(c)所示。显然,图 8.17(b)中各柱的内力可查表 7.1 求出,从而求附加链杆上的反力 F_1。由叠加原理可知,图 8.17(c)中柱顶的反力值应为 F_1,方向与图 8.17(b)中的 F_1 相反,此情况可用上述剪力分配法计算。然后将 8.17(b)、(c)两种情况的内力叠加,即得原结构的最后内力。

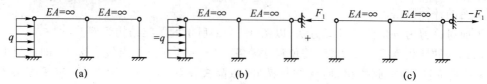

图 8.17

对于图 8.18 所示的横梁为刚性杆($EI=\infty$)的刚架,也只有一个独立结点线位移 Z_1,即柱顶的水平线位移,故同样可采用剪力分配法进行计算。其各柱的侧移刚度为

$$D_1=\frac{12EI_1}{h_1^3},D_2=\frac{12EI_2}{h_2^3},D_3=\frac{12EI_3}{h_3^3} \tag{8.11}$$

各柱的剪力分配系数和各柱顶剪力的计算方法同上述排架,但各柱的杆端弯矩等于柱顶剪力与其高度之积的一半。若结构为图 8.19 所示的多层多跨框架结构,根据水平投影平衡条件可知,任意一层的总剪力等于该层及以上各层所有水平荷载的代数和,按剪力分配系数把它分配到该层的各个柱顶,据此求出各柱端的弯矩。

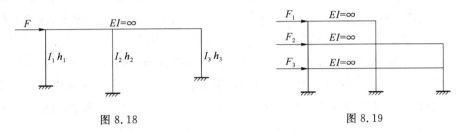

图 8.18 图 8.19

【**例 8.8**】 试用剪力分配法计算如图 8.20(a)所示刚架,并绘出弯矩图。竖柱的 EI 为常数。

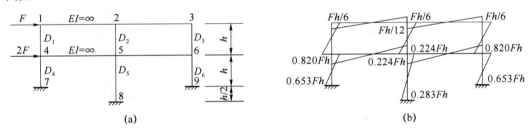

图 8.20

解:如图 8.20(a)所示,D_i 为各竖柱的侧移刚度。设 $1=\frac{12EI}{h^3}$,则 $D_1=D_2=D_3=D_4=D_6=1,D_5=\frac{8}{27}$,上、下层的剪力分配系数分别为

$$v_1=\frac{1}{1+1+1}=\frac{1}{3},v_2=\frac{1}{1+1+1}=\frac{1}{3},v_3=\frac{1}{1+1+1}=\frac{1}{3},$$

$$v_4=\frac{1}{1+\frac{8}{27}+1}=0.435,v_5=\frac{\frac{8}{27}}{1+\frac{8}{27}+1}=0.130,v_6=\frac{1}{1+\frac{8}{27}+1}=0.435$$

上、下层的总剪力分别为 F、$3F$,则各柱顶的剪力分别为

$$F_{S14}=F_{S25}=F_{S36}=v_1 F=\frac{F}{3}$$

$$F_{S47}=F_{S69}=v_4\times 3F=1.305F$$

$$F_{S58}=v_5\times 3F=0.390F$$

各柱端的弯矩分别为

$$M_{14}=M_{41}=-\frac{F_{S14}h}{2}=-\frac{Fh}{6}$$

$$M_{25}=M_{52}=M_{36}=M_{63}=-\frac{Fh}{6}$$

$$M_{47}=M_{74}=M_{69}=M_{96}=-\frac{F_{S47}h}{2}=-0.653Fh$$

求出了各竖柱的弯矩后,还可按如下方法确定刚性横梁的弯矩:如结点只连接一根刚性横梁,则可由结点的力矩平衡条件确定横梁在该结点端的杆端弯矩;如结点连接两根刚性横梁,则可近似认为两根刚性横梁的转动刚度相同,从而分配到相同杆端弯矩。最后弯矩图如图 8.20(b)所示。

以上剪力分配法对于绘制多层多跨刚架在风载、地震力(通常简化为结点水平力)作用下的弯矩图是非常方便的,但其基本假设是横梁刚度为无穷大,各刚结点无转角,因而各柱的反弯点的高度一般在其高度的一半。但实际结构的横梁刚度并非无穷大,故各柱的反弯点位置与上述结果有所不同。经验表明,当横梁与柱的线刚度比大于 5 时,上述结果仍满足精度。随着梁、柱线刚度比的减小,结点转动的影响将逐渐增加,柱的反弯点位置将发生变化,大体的变化规律是:底层柱的反弯点位置逐渐升高;顶部少数层柱的反弯点位置逐渐降低,尤其最顶层较为显著;其他中间各层则变化不大,柱的反弯点仍在中点附近。了解这一规律,对于绘制多层框架在结点水平荷载下的弯矩图具有重要意义。

习 题

8.1 用力矩分配法计算图 8.21 所示结构,并作 M 图。

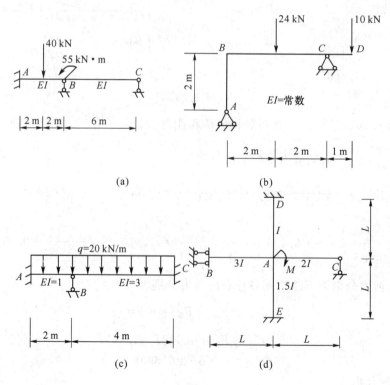

图 8.21

8.2 作图 8.22 所示连续梁和刚架的 M 图。

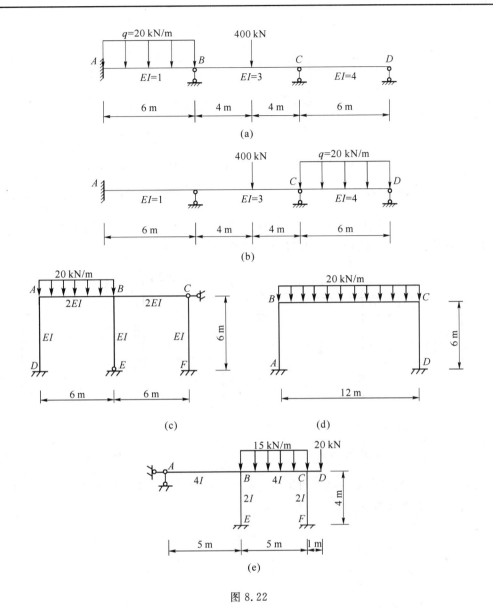

图 8.22

8.3 图 8.23 所示连续梁 $EI=$ 常数,试用力矩分配法计算其杆端弯矩,并绘 M 图。

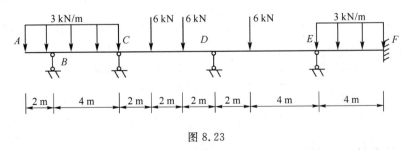

图 8.23

8.4 作图 8.24 所示连续梁在三角形荷载作用下的 M 图。设 $EI=$ 常数。

8.5 作图 8.25 所示刚架的 M 图。

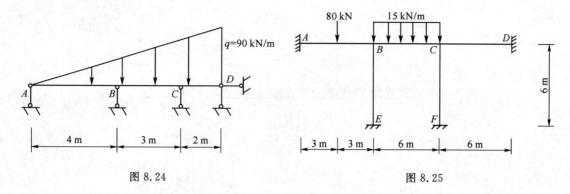

图 8.24   图 8.25

8.6 当图 8.26 所示结构中支座 A 转动 θ 角时,作 M 图。设各杆 $EI=$ 常数。

8.7 用无剪力分配法计算图 8.27 所示刚架,并绘 M 图。

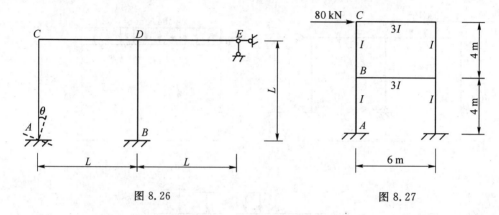

图 8.26   图 8.27

8.8 图 8.28 所示各结构哪些可以用无剪力分配法计算?对于图 8.28(f),若可用无剪力分配法计算,劲度系数 S_{AB} 应等于多少?

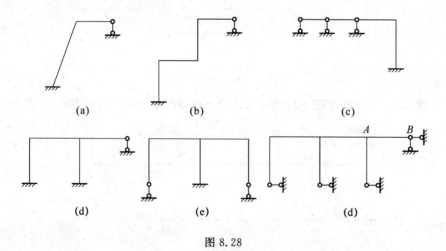

图 8.28

8.9 试计算图 8.29 所示空腹梁并绘 M 图,$EI=$ 常数。提示:除利用对水平轴的对称性外,还可利用对竖直轴的对称性以进一步简化计算。

8.10 采用位移法并引入无剪力分配法概念,简化计算图 8.30 所示刚架。

8.11 采用剪力分配法计算图 8.31 所示刚架,绘出弯矩图。

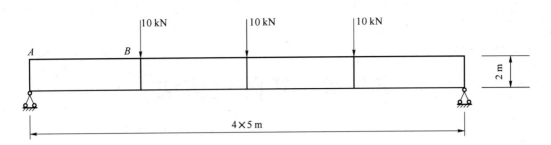

图 8.29

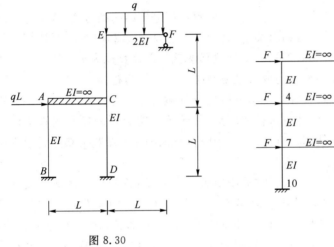

图 8.30 图 8.31

第9章 矩阵位移法

9.1 概 述

前面介绍的力法、位移法和渐近法都是传统的解算超静定结构的方法,它们是建立在手算基础上的。随着基本未知量数目的增加,其计算工作极为冗繁和困难。而计算机的问世及广泛应用为结构计算提供了有效工具。矩阵位移法就是以计算机为运算工具的一种新的结构分析方法,它完全可以代替人来完成大型复杂结构的计算问题。

矩阵位移法以位移法为理论基础,结构分析的全部过程中运用了线性代数中的矩阵理论。引入矩阵运算的目的就是使计算过程程序化,便于把结构分析的过程用算法语言编成计算程序,实现计算机自动化处理。目前,应用矩阵位移法编制的结构分析软件已在结构设计中得到了广泛的应用。

矩阵位移法又称为杆件有限元法。它的主要解题思路是:首先将结构离散成有限个独立的单元,进行单元分析,建立单元杆端力与单元杆端位移之间的关系式——单元刚度方程;然后利用结构的变形连续条件和平衡条件将各单元组合成整体,建立结点力与结点位移之间的关系式——结构刚度方程,这一过程称为整体分析;最后求得结构的位移和内力。矩阵位移法就是在一分一合、先拆后搭的过程中,把复杂结构计算问题转化为简单的单元分析和集合问题。

本章主要讨论杆系结构的单元刚度矩阵及其在单元局部坐标系与结构整体坐标系间的变换、结构刚度矩阵的形成、荷载及边界条件处理等内容。

9.2 单元分析

9.2.1 结构离散化

结构离散化是指把结构分离成有限个独立杆件(单元),由单元的组合体代替原结构(如图 9.1 所示)。一般单元为等截面直杆,杆系结构中每根杆件可以作为一个或几个单元。单元的连接点称为结点。对于等截面直杆所组成的杆系结构,只要确定了一个结构的所有结点,则它的各个单元也就随之确定了。根据杆件连接的方式,可以将构造结点,如转折点、汇交点、支承点和截面的突变点取为结点。在有些情况下,非构造点如集中力作用点,也可作为结点处理。离散化的结构用数字进行描述,即对各结点和单元进行编号。通常用①,②,…表示单元编号,用 1,2,…表示结点编号。

例如,图 9.1(a)所示的平面刚架共有 4 个结点,可划分 3 个单元。如图 9.1(b)所示平面排架杆件截面突变处也需看成是结点,共有 6 个结点,划分成 5 个单元。如图 9.1(c)所示平面桁架有 5 个结点,划分为 7 个单元。如图 9.1(d)所示连续梁荷载作用点 4 也取为结点,共有 4 个结点,该梁可划分为 3 个单元。若将荷载转化为等效结点荷载进行处理,该梁有 3 个结点,划分为两个单元。比较两种划分方法,前一种划分方法增加了结点和单元数目,也就增加了计算工作量,一般不采用此种划分法。

在结构中,往往会遇到变截面杆或曲杆,在结构离散化时,可将它们视为折杆或阶梯形截面来处理,依靠加密结点的方法来提高解题精度。

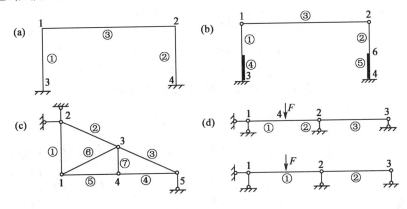

图 9.1

9.2.2 在单元局部坐标中的单元刚度矩阵

结构离散化之后,要进行单元分析,其任务是建立杆端位移和杆端力之间的关系。

1. 平面刚架自由单元刚度矩阵

当不考虑单元两端的约束情况时,对于平面杆件,单元杆端位移有 6 个,相应的杆端力有 6 个。这样的单元称为自由单元。

如图 9.2 所示,自由单元两端结点编号为 i 和 j,其单元编号为 e。以 i 为坐标原点,并规定由 i 到 j 的方向为 $\bar{x}$ 轴的方向,以右手法则定出 $\bar{y}$ 轴的正向。这个坐标系称为单元局部坐标系,i 和 j 分别称为单元 e 的始端和末端。

单元杆端力列向量为

$$\{\bar{F}\}^e = \{\bar{F}^e_{Ni} \quad \bar{F}^e_{Si} \quad \bar{M}^e_i \quad \bar{F}^e_{Nj} \quad \bar{F}^e_{Sj} \quad \bar{M}^e_j\}^T$$

单元杆端位移列向量为

$$\{\bar{\delta}\}^e = \{\bar{u}^e_i \quad \bar{v}^e_i \quad \varphi^e_i \quad \bar{u}^e_j \quad \bar{v}^e_j \quad \varphi^e_j\}^T$$

在单元局部坐标系中,杆端力和杆端位移的符号均规定与坐标轴的正向一致时为正,其中转角和弯矩以逆时针方向为正。如图 9.2 所示杆端位移分量和杆端力的分量均为正向。

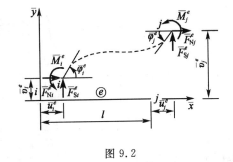

图 9.2

由于自由单元的位移包含了弹性位移和刚体位移两部分,而刚体位移仅由单元本身是无法确定的。因此,不能由单元的杆端力确定单元的杆端位移。但是,由单元的杆端位移可以确定单元的杆端力。设单元 e 杆端位移分量是已知的,如图 9.2 所示。根据胡克定律和表 7.1,并按本章的符号规定,利用叠加原理,则单元杆端力分别为

$$\bar{F}^e_{Ni} = \frac{EA}{l}\bar{u}^e_i - \frac{EA}{l}\bar{u}^e_j$$

$$\overline{F}_{Si}^e = \frac{12EI}{l^3}\overline{v}_i^e + \frac{6EI}{l^2}\overline{\varphi}_i^e - \frac{12EI}{l^3}\overline{v}_j^e + \frac{6EI}{l^2}\overline{\varphi}_j^e$$

$$\overline{M}_i^e = \frac{6EI}{l^2}\overline{v}_i^e + \frac{4EI}{l}\overline{\varphi}_i^e - \frac{6EI}{l^2}\overline{v}_j^e + \frac{2EI}{l}\overline{\varphi}_j^e$$

$$\overline{F}_{Nj}^e = -\frac{EA}{l}\overline{u}_i^e + \frac{EA}{l}\overline{u}_j^e \quad (9.1)$$

$$\overline{F}_{Sj}^e = -\frac{12EI}{l^3}\overline{v}_i^e - \frac{6EI}{l^2}\overline{\varphi}_i^e + \frac{12EI}{l^3}\overline{v}_j^e - \frac{6EI}{l^2}\overline{\varphi}_j^e$$

$$\overline{M}_j^e = \frac{6EI}{l^2}\overline{v}_i^e + \frac{2EI}{l}\overline{\varphi}_i^e - \frac{6EI}{l^2}\overline{v}_j^e + \frac{4EI}{l}\overline{\varphi}_j^e$$

式(9.1)即为平面刚架自由单元刚度方程,写成矩阵形式则有

$$\begin{Bmatrix} \overline{F}_{Ni}^e \\ \overline{F}_{Si}^e \\ \overline{M}_i^e \\ \overline{F}_{Nj}^e \\ \overline{F}_{Sj}^e \\ \overline{M}_j^e \end{Bmatrix} = \begin{bmatrix} \frac{EA}{l} & 0 & 0 & -\frac{EA}{l} & 0 & 0 \\ 0 & \frac{12EI}{l^3} & \frac{6EI}{l^2} & 0 & -\frac{12EI}{l^3} & \frac{6EI}{l^2} \\ 0 & \frac{6EI}{l^2} & \frac{4EI}{l} & 0 & -\frac{6EI}{l^2} & \frac{2EI}{l} \\ -\frac{EA}{l} & 0 & 0 & \frac{EA}{l} & 0 & 0 \\ 0 & -\frac{12EI}{l^3} & -\frac{6EI}{l^2} & 0 & \frac{12EI}{l^3} & -\frac{6EI}{l^2} \\ 0 & \frac{6EI}{l^2} & \frac{2EI}{l} & 0 & -\frac{6EI}{l^2} & \frac{4EI}{l} \end{bmatrix} \begin{Bmatrix} \overline{u}_i^e \\ \overline{v}_i^e \\ \overline{\varphi}_i^e \\ \overline{u}_j^e \\ \overline{v}_j^e \\ \overline{\varphi}_j^e \end{Bmatrix} \quad (9.2)$$

若令

$$[\overline{K}]^e = \begin{matrix} \overline{u}_i^e & \overline{v}_i^e & \overline{\varphi}_i^e & \overline{u}_j^e & \overline{v}_j^e & \overline{\varphi}_j^e \end{matrix} \\ \begin{bmatrix} \frac{EA}{l} & 0 & 0 & -\frac{EA}{l} & 0 & 0 \\ 0 & \frac{12EI}{l^3} & \frac{6EI}{l^2} & 0 & -\frac{12EI}{l^3} & \frac{6EI}{l^2} \\ 0 & \frac{6EI}{l^2} & \frac{4EI}{l} & 0 & -\frac{6EI}{l^2} & \frac{2EI}{l} \\ -\frac{EA}{l} & 0 & 0 & \frac{EA}{l} & 0 & 0 \\ 0 & -\frac{12EI}{l^3} & -\frac{6EI}{l^2} & 0 & \frac{12EI}{l^3} & -\frac{6EI}{l^2} \\ 0 & \frac{6EI}{l^2} & \frac{2EI}{l} & 0 & -\frac{6EI}{l^2} & \frac{4EI}{l} \end{bmatrix} \begin{matrix} \overline{F}_{Ni} \\ \overline{F}_{Si}^e \\ \overline{M}_i^e \\ \overline{F}_{Nj}^e \\ \overline{F}_{Sj}^e \\ \overline{M}_j^e \end{matrix} \quad (9.3)$$

则式(9.2)可简写成

$$\{\overline{F}\}^e = [\overline{K}]^e \{\delta\}^e \quad (9.4)$$

式中,$[\overline{K}]^e$ 称为平面刚架自由单元刚度矩阵。其行数等于单元杆端力向量的分量数,列数等于单元杆端位移向量的分量数。由于这两个向量的分量数相等,所以单元刚度矩阵 $[\overline{K}]^e$ 是一个方阵。单元刚度矩阵中每一个元素的物理意义是:仅当其所在列对应的杆端位移分量为1时,所引起的其所在行相对应的杆端力分量的数值。

2. 其他形式单元刚度矩阵

(1) 平面桁架单元刚度矩阵

对于平面桁架中的杆件,其两端仅有轴力,而剪力和弯矩均为零,杆件只产生拉压变形,所以平面桁架单元杆端位移和杆端力如图 9.3 所示。

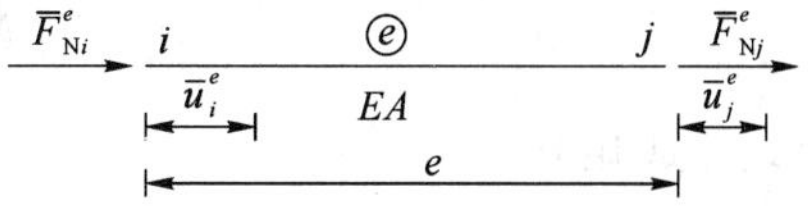

由胡克定律,有

$$\overline{F}_{Ni}^e = \frac{EA}{l}(\overline{u}_i^e - \overline{u}_j^e)$$

$$\overline{F}_{Nj}^e = \frac{EA}{l}(\overline{u}_j^e - \overline{u}_i^e)$$

图 9.3

上式的矩阵表达式为

$$\left\{\begin{array}{c}\overline{F}_{Ni}^e \\ \overline{F}_{Nj}^e\end{array}\right\} = \begin{pmatrix} \dfrac{EA}{l} & -\dfrac{EA}{l} \\ -\dfrac{EA}{l} & \dfrac{EA}{l} \end{pmatrix} \left\{\begin{array}{c}\overline{u}_i^e \\ \overline{u}_j^e\end{array}\right\}$$

或

$$\{\overline{F}\}^e = [\overline{K}]^e \{\overline{\delta}\}^e \tag{9.5}$$

单元刚度矩阵为

$$[\overline{K}]^e = \begin{pmatrix} \dfrac{EA}{l} & -\dfrac{EA}{l} \\ -\dfrac{EA}{l} & \dfrac{EA}{l} \end{pmatrix} \begin{array}{l}\overline{F}_{Ni}^e \\ \overline{F}_{Nj}^e\end{array} \tag{9.6}$$

由于平面桁架每个结点的位移分量有两个,为了坐标变换的需要,常将式(9.6)添加零元素,扩展为 4×4 单元刚度矩阵:

$$[\overline{K}]^e = \begin{pmatrix} \dfrac{EA}{l} & 0 & -\dfrac{EA}{l} & 0 \\ 0 & 0 & 0 & 0 \\ -\dfrac{EA}{l} & 0 & \dfrac{EA}{l} & 0 \\ 0 & 0 & 0 & 0 \end{pmatrix} \tag{9.7}$$

(2) 连续梁单元刚度矩阵

若不计轴向变形,连续梁每个结点既无水平位移,也无竖向位移。因此,其单元杆端位移和杆端力如图 9.4 所示。

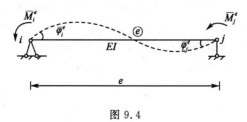

图 9.4

单元杆端位移向量为

$$\{\overline{\delta}\}^e = \{\overline{\varphi}_i^e \quad \overline{\varphi}_j^e\}^T$$

单元杆端力向量为

$$\{\overline{F}\}^e = \{\overline{M}_i^e \quad \overline{M}_j^e\}^{\mathrm{T}}$$

根据两端固端梁的转角位移方程和叠加原理,有

$$\overline{M}_i^e = \frac{4EI}{l}\overline{\varphi}_i^e + \frac{2EI}{l}\overline{\varphi}_j^e$$

$$\overline{M}_j^e = \frac{2EI}{l}\overline{\varphi}_i^e + \frac{4EI}{l}\overline{\varphi}_j^e$$

将上式写成矩阵为

$$\begin{Bmatrix} \overline{M}_i^e \\ \overline{M}_j^e \end{Bmatrix} = \begin{bmatrix} \dfrac{4EI}{l} & \dfrac{2EI}{l} \\ \dfrac{2EI}{l} & \dfrac{4EI}{l} \end{bmatrix} \begin{Bmatrix} \overline{\varphi}_i^e \\ \overline{\varphi}_j^e \end{Bmatrix} \tag{9.8}$$

式(9.8)为连续梁单元刚度方程,从而求得其单元刚度矩阵为

$$[\overline{K}]^e = \begin{bmatrix} \dfrac{4EI}{l} & \dfrac{2EI}{l} \\ \dfrac{2EI}{l} & \dfrac{4EI}{l} \end{bmatrix} \begin{matrix} \overline{\varphi}_i^e & \overline{\varphi}_j^e \\ \overline{M}_i^e \\ \overline{M}_j^e \end{matrix} \tag{9.9}$$

前面介绍的 3 个单元刚度矩阵虽然矩阵阶数不同,但它们之间仍存在某种联系。由于连续梁单元杆端位移 $\overline{u}_i^e = \overline{v}_i^e = \overline{u}_j^e = \overline{v}_j^e = 0$,从平面刚架自由单元刚度矩阵中,划去零位移分量所在的行和列,即第 1、2、4、5 行和列,便得到连续梁单元刚度矩阵;同样划去第 2、3、5、6 行和列($\overline{v}_i^e = \overline{\varphi}_i^e = \overline{v}_j^e = \overline{\varphi}_j^e = 0$)即得到平面桁架单元刚度矩阵。采用类似的处理方法,由平面刚架单元刚度矩阵可以得到其他有约束的单元刚度矩阵。

3. 单元刚度矩阵的性质

(1) 单元刚度矩阵是对称矩阵

单元刚度矩阵中位于对角线两边对称位置的两个元素是相等的,即

$$\overline{K}_{ij}^e = \overline{K}_{ji}^e$$

根据反力互等定理可得出这一结论。

(2) 单元刚度矩阵的奇异性

由于自由单元刚度矩阵的第 2 行和第 5 行对应元素反号,则该矩阵的行列式等于零,故自由式单元刚度矩阵是奇异的,它不存在逆矩阵。

根据这一性质,若已知单元杆端位移 $\{\overline{\delta}\}^e$,可由式(9-2)确定单元杆端力 $\{\overline{F}\}^e$;但若杆端力 $\{\overline{F}\}^e$ 已知时,由式(9.2)却不能唯一确定杆端位移 $\{\overline{\delta}\}^e$。这是因为在自由单元的杆端位移中,除了由杆端力产生的弹性位移外,还包含有刚体位移,而刚体位移由单元本身是无法确定的。

对于有约束的单元,当约束使单元成为几何不变体时,如连续梁单元,单元不会产生刚体位移,其单元刚度矩阵是非奇异的。

(3) 单元刚度矩阵的分块

单元刚度矩阵可分成 4 个子矩阵,即

$$[\overline{K}]^e = \begin{bmatrix} [\overline{K}_{ii}]^e & [\overline{K}_{ij}]^e \\ [\overline{K}_{ji}]^e & [\overline{K}_{jj}]^e \end{bmatrix}$$

式中,$[\overline{K}_{ij}]^e$ 为 $[\overline{K}]^e$ 中任一块,它是 3×3 阶方阵。用分块矩阵可将单元刚度方程(9.2)改为

$$\left\{\begin{array}{c}\{\overline{F}_i\}^e\\ \{\overline{F}_j\}^e\end{array}\right\}=\left[\begin{array}{cc}[\overline{K}_{ii}]^e & [\overline{K}_{ij}]^e\\ [\overline{K}_{ji}]^e & [\overline{K}_{jj}]^e\end{array}\right]\left\{\begin{array}{c}\{\overline{\delta}_i\}^e\\ \{\overline{\delta}_j\}^e\end{array}\right\}$$

其中

$$\{\overline{F}_i\}^e=\left\{\begin{array}{c}\overline{F}^e_{Ni}\\ \overline{F}^e_{Si}\\ \overline{M}^e_i\end{array}\right\},\ \{\overline{F}_j\}^e=\left\{\begin{array}{c}\overline{F}^e_{Nj}\\ \overline{F}^e_{Sj}\\ \overline{M}^e_j\end{array}\right\},\ \{\overline{\delta}_i\}^e=\left\{\begin{array}{c}\overline{u}^e_i\\ \overline{v}^e_i\\ \overline{\varphi}^e_i\end{array}\right\},\ \{\overline{\delta}_j\}^e=\left\{\begin{array}{c}\overline{u}^e_j\\ \overline{v}^e_j\\ \overline{\varphi}^e_i\end{array}\right\}$$

用分块矩阵形式表示单元刚度矩阵和单元刚度方程的目的是使运算简便,层次分明。

9.3 在整体坐标中的单元刚度矩阵

9.2.2节介绍的单元刚度矩阵是建立在局部坐标系上的。采用局部坐标进行分析是为了使结构的各单元刚度矩阵具有简单统一的表达形式。但在实际结构中,各单元的方向往往是不同的。如图9.5所示平面刚架中,单元①、②、③采用局部坐标系的方向各不相同。为了结构的整体分析,必须确定统一的坐标系,一般称为整体坐标系(或结构坐标系)。例如,图9.5中的xOy可作为整体坐标系。本节主要讨论如何将各单元局部坐标系的单元刚度矩阵$[\overline{K}]^e$转换到整体坐标系的单元刚度矩阵$[K]^e$,为整体分析做好准备。

对于图9.6所示平面刚架单元e,设局部坐标系$\overline{x}$轴与整体坐标系x轴之间的夹角为α,其由x轴至$\overline{x}$轴以逆时针转向为正。设在整体坐标下杆端力和杆端位移分别为

$$\{F\}^e=\{F^e_{ix}\quad F^e_{iy}\quad M^e_i\quad F^e_{jx}\quad F^e_{jy}\quad M^e_j\}^T \tag{9.10}$$

$$\{\delta\}^e=\{u^e_i\quad v^e_i\quad \varphi^e_i\quad u^e_j\quad v^e_j\quad \varphi^e_j\}^T \tag{9.11}$$

其中,力和线位移以与结构整体坐标轴指向一致为正,弯矩和角位移以逆时针方向为正。

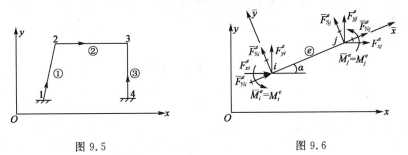

图9.5　　　　　　　　　　图9.6

首先讨论单元杆端力在两个坐标之间的变换关系。

在两个坐标系中,显然杆端弯矩不受平面内坐标变换的影响,则有

$$\begin{array}{c}\overline{M}^e_i=M^e_i\\ \overline{M}^e_j=M^e_j\end{array} \tag{9.12}$$

而单元杆端轴力和杆端剪力根据投影关系可得

$$\begin{array}{l}\overline{F}^e_{Ni}=F^e_{ix}\cos\alpha+F^e_{iy}\sin\alpha\\ \overline{F}^e_{Si}=-F^e_{ix}\sin\alpha+F^e_{iy}\cos\alpha\\ \overline{F}^e_{Nj}=F^e_{jx}\cos\alpha+F^e_{jy}\sin\alpha\\ \overline{F}^e_{Sj}=-F^e_{jx}\sin\alpha+F^e_{jy}\cos\alpha\end{array} \tag{9.13}$$

将式(9.12)和式(9.13)写成矩阵形式为

$$\begin{Bmatrix} \overline{F}_{Ni}^e \\ \overline{F}_{Si}^e \\ \overline{M}_i^e \\ \overline{F}_{Nj}^e \\ \overline{F}_{Sj}^e \\ \overline{M}_j^e \end{Bmatrix} = \begin{bmatrix} \cos\alpha & \sin\alpha & 0 & 0 & 0 & 0 \\ -\sin\alpha & \cos\alpha & 0 & 0 & 0 & 0 \\ 0 & 0 & 1 & 0 & 0 & 0 \\ 0 & 0 & 0 & \cos\alpha & \sin\alpha & 0 \\ 0 & 0 & 0 & -\sin\alpha & \cos\alpha & 0 \\ 0 & 0 & 0 & 0 & 0 & 1 \end{bmatrix} \begin{Bmatrix} F_{ix}^e \\ F_{iy}^e \\ M_i^e \\ F_{jx}^e \\ F_{jy}^e \\ M_j^e \end{Bmatrix} \quad (9.14)$$

或简写为

$$\{\overline{F}\}^e = [T]\{F\}^e \quad (9.15)$$

其中

$$[T] = \begin{bmatrix} \cos\alpha & \sin\alpha & 0 & 0 & 0 & 0 \\ -\sin\alpha & \cos\alpha & 0 & 0 & 0 & 0 \\ 0 & 0 & 1 & 0 & 0 & 0 \\ 0 & 0 & 0 & \cos\alpha & \sin\alpha & 0 \\ 0 & 0 & 0 & -\sin\alpha & \cos\alpha & 0 \\ 0 & 0 & 0 & 0 & 0 & 1 \end{bmatrix} \quad (9.16)$$

称为坐标变换矩阵。可以证明,坐标变换矩阵$[T]$为一正交矩阵。根据正交矩阵的性质可知,其逆矩阵等于转置矩阵,即

$$[T]^{-1} = [T]^T \quad (9.17)$$

同理,可以求得单元杆端位移在两个坐标之间的变换关系,即

$$\{\overline{\delta}\}^e = [T]\{\delta\}^e \quad (9.18)$$

确定了单元杆端力和杆端位移在两个坐标系之间的变换关系,便可求出单元刚度矩阵在两个坐标系之间的变换关系。

单元 e 在局部坐标系中的刚度方程为

$$\{\overline{F}\}^e = [\overline{K}]^e \{\overline{\delta}\}^e$$

将式(9.15)和式(9.18)代入上式,则有

$$[T]\{F\}^e = [\overline{K}]^e [T]\{\delta\}^e$$

两边同时左乘$[T]^T$,并引入式(9.17),得

$$\{F\}^e = [T]^T [\overline{K}]^e [T]\{\delta\}^e$$

令

$$[K]^e = [T]^T [\overline{K}]^e [T] \quad (9.19)$$

则单元 e 在整体坐标中的刚度方程为

$$\{F\}^e = [K]^e \{\delta\}^e \quad (9.20)$$

其中,式(9.19)中$[K]^e$为整体坐标系的单元刚度矩阵。式(9.19)反映了在两个坐标系之间单元刚度矩阵的变换关系。只要求出单元坐标变换矩阵$[T]$,就可由局部坐标系的单元刚度矩阵$[\overline{K}]^e$计算出整体坐标系的单元刚度矩阵$[K]^e$。

由式(9.19)不难看出,两个坐标系中的单元刚度矩阵$[K]^e$和$[\overline{K}]^e$同阶,且具有相同的性质。

对于平面桁架单元,两个坐标系的杆端力及杆端位移之间的变换关系仍为式(9.15)和

式(9.18)所示,即

$$\{\overline{F}\}^e = [T]\{F\}^e$$
$$\{\overline{\delta}\}^e = [T]\{\delta\}^e$$

其中

$$[T] = \begin{pmatrix} \cos\alpha & \sin\alpha & 0 & 0 \\ -\sin\alpha & \cos\alpha & 0 & 0 \\ 0 & 0 & \cos\alpha & \sin\alpha \\ 0 & 0 & -\sin\alpha & \cos\alpha \end{pmatrix} \quad (9.21)$$

其整体坐标系的单元刚度方程和单元刚度矩阵仍为式(9.20)和式(9.19)所示。

【例 9.1】 试求如图 9.7 所示平面桁架中①、②单元整体坐标系的单元刚度矩阵。其中各杆 $EA=1$。

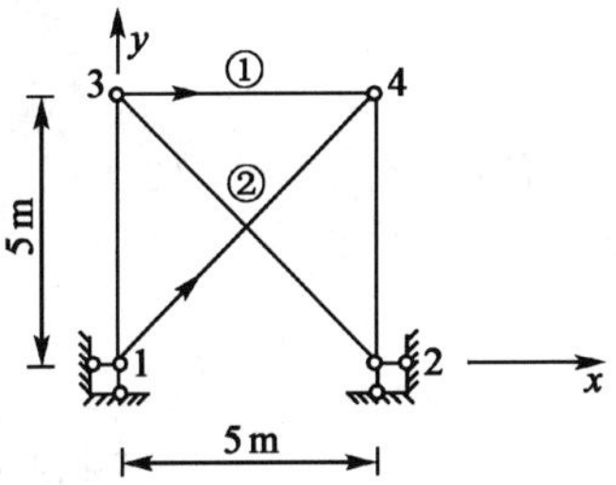

解: 单元①:由于局部坐标系与整体坐标系一致,故 $\alpha=0$,即 $[T]=[I]$。

$$[K]^① = [\overline{K}]^① = \begin{pmatrix} 0.2 & 0 & -0.2 & 0 \\ 0 & 0 & 0 & 0 \\ -0.2 & 0 & 0.2 & 0 \\ 0 & 0 & 0 & 0 \end{pmatrix}$$

图 9.7

单元②:$\alpha=45°$,$\sin\alpha=0.707$,$\cos\alpha=0.707$。

$$[T] = \begin{pmatrix} 0.707 & 0.707 & 0 & 0 \\ -0.707 & 0.707 & 0 & 0 \\ 0 & 0 & 0.707 & 0.707 \\ 0 & 0 & -0.707 & 0.707 \end{pmatrix}$$

$$[\overline{K}]^② = \begin{pmatrix} 0.1414 & 0 & -0.1414 & 0 \\ 0 & 0 & 0 & 0 \\ -0.1414 & 0 & 0.1414 & 0 \\ 0 & 0 & 0 & 0 \end{pmatrix}$$

$$[K]^② = [T]^T [\overline{K}]^② [T] = \begin{pmatrix} 0.071 & 0.071 & -0.071 & -0.071 \\ 0.071 & 0.071 & -0.071 & -0.071 \\ -0.071 & -0.071 & 0.071 & 0.071 \\ -0.071 & -0.071 & 0.071 & 0.071 \end{pmatrix}$$

【例 9.2】 试计算如图 9.8 所示平面刚架中各单元在整体坐标系的单元刚度矩阵。设各杆均为矩形截面,立柱:$b_1 \times h_1 = 0.5 \text{ m} \times 1 \text{ m}$,梁:$b_2 \times h_2 = 0.5 \text{ m} \times 1.26 \text{ m}$,$E=1$。

解: 对单元和结点编号,选定单元局部坐标系和整体坐标系,如图 9.8 所示。

原始数据计算如下。

柱:$A_1 = 0.5 \text{ m}^2$,$I_1 = 41.67 \times 10^{-3} \text{ m}^4$,$l_1 = 6 \text{ m}$

$i_1 = \dfrac{EI_1}{l_1} = 6.94 \times 10^{-3}$,$\dfrac{EA_1}{l_1} = 83.3 \times 10^{-3}$

$2i_1 = 13.9 \times 10^{-3}$,$4i_1 = 27.8 \times 10^{-3}$

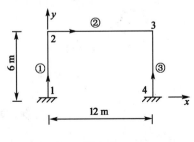

图 9.8

$$\frac{6i_1}{l_1}=6.94\times10^{-3}, \frac{12i_1}{l_1^2}=2.31\times10^{-3}$$

梁： $A_2=0.63 \text{ m}^2, I_2=83.33\times10^{-3} \text{ m}^4, l_2=12 \text{ m}$

$$i_2=\frac{EI_2}{l_2}=6.94\times10^{-3}, \frac{EA_2}{l_2}=52.5\times10^{-3}$$

$$2i_2=13.9\times10^{-3}, 4i_2=27.8\times10^{-3}$$

$$\frac{6i_2}{l_2}=3.47\times10^{-3}, \frac{12i_2}{l_2^2}=0.58\times10^{-3}$$

由式(9.3)得到局部坐标系的各单元刚度矩阵如下：

$$[\overline{K}]^{①}=[\overline{K}]^{③}=10^{-3}\begin{bmatrix} 83.3 & 0 & 0 & -83.3 & 0 & 0 \\ 0 & 2.31 & -6.94 & 0 & -2.31 & -6.94 \\ 0 & -6.94 & 27.8 & 0 & 6.94 & 13.9 \\ -83.3 & 0 & 0 & 83.3 & 0 & 0 \\ 0 & -2.31 & 6.94 & 0 & 2.31 & 6.94 \\ 0 & -6.94 & 13.9 & 0 & 6.94 & 27.8 \end{bmatrix}$$

$$[\overline{K}]^{②}=10^{-3}\begin{bmatrix} 52.5 & 0 & 0 & -52.5 & 0 & 0 \\ 0 & 0.58 & -3.47 & 0 & -0.58 & -3.47 \\ 0 & -3.47 & 27.8 & 0 & 3.47 & 13.9 \\ -52.5 & 0 & 0 & 52.5 & 0 & 0 \\ 0 & -0.58 & 3.47 & 0 & 0.58 & 3.47 \\ 0 & -3.47 & 13.9 & 0 & 3.47 & 27.8 \end{bmatrix}$$

单元①和单元③：$\alpha=90°, \sin\alpha=1, \cos\alpha=0$。

$$[T]=\begin{bmatrix} 0 & 1 & 0 & 0 & 0 & 0 \\ -1 & 0 & 0 & 0 & 0 & 0 \\ 0 & 0 & 1 & 0 & 0 & 0 \\ 0 & 0 & 0 & 0 & 1 & 0 \\ 0 & 0 & 0 & -1 & 0 & 0 \\ 0 & 0 & 0 & 0 & 0 & 1 \end{bmatrix}$$

$$[K]^{①}=[K]^{③}=[T]^T[\overline{K}]^{①}[T]=10^{-3}\begin{bmatrix} 2.31 & 0 & 6.94 & -2.31 & 0 & 6.94 \\ 0 & 83.3 & 0 & 0 & -83.3 & 0 \\ 6.94 & 0 & 27.8 & -6.94 & 0 & 13.9 \\ -2.31 & 0 & -6.94 & 2.31 & 0 & -6.94 \\ 0 & -83.3 & 0 & 0 & 83.3 & 0 \\ 6.94 & 0 & 13.9 & -6.94 & 0 & 27.8 \end{bmatrix}$$

单元②：$\alpha=0°, \cos\alpha=1, \sin\alpha=0$，即$[T]=[I]$，则

$$[K]^{②}=[\overline{K}]^{②}$$

9.4 整体分析

在单元分析的基础上，再将离散的单元组合成原结构，即根据结构的几何条件和平衡条

件建立结点荷载和结点位移的关系,从而解出结构的结点位移和各杆的内力。这一步骤称为整体分析。整体分析的主要目的是建立结构刚度方程,形成结构的刚度矩阵。结构刚度方程反映了结点荷载和结构位移之间的关系,其实质就是位移法的基本方程。它们之间的区别仅在于建立方程的方法不同。矩阵位移法采用的是直接刚度法,即在结构整体坐标系下将单元刚度矩阵按一定规则集装成结构刚度矩阵,从而建立结构刚度方程。

9.4.1 直接刚度法的原理

现以如图 9.9(a)所示结构为例讨论整体分析,说明直接刚度法的原理。

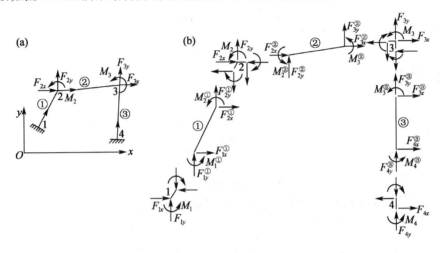

图 9.9

如图 9.9(a)所示结构为仅承受结点荷载的平面刚架。对单元和结点进行编号,并选取结构整体坐标系和各单元局部坐标系,如图 9.9(a)所示。

设结点位移为未知量,则该结构的结点位移列向量为

$$\{\Delta\} = \{\{\Delta_1\}\{\Delta_2\}\{\Delta_3\}\{\Delta_4\}\}^T$$

其中

$$\{\Delta_i\} = \{u_i, v_i, \varphi_i\}^T \quad (i=1,2,3,4)$$

表示结点 i 的位移列向量。式中,u_i、v_i、φ_i 为结点 i 在整体坐标系的线位移和角位移。

相应的结点力列向量为

$$\{F\} = \{\{F_1\}\{F_2\}\{F_3\}\{F_4\}\}^T$$

其中

$$\{F_i\} = \{F_{ix}, F_{iy}, M_i\}^T \quad (i=1,2,3,4)$$

表示结点 i 的外力列向量。式中,F_{ix}、F_{iy} 和 M_i 为结点 i 在整体坐标系的水平力、竖向力和力偶。若有非结点荷载作用时,可根据 9.6 节的方法将其移至结点上,形成等效结点荷载,再与原结构结点荷载叠加形成结构结点力。在此讨论只有结点力作用的情况。

现在要将离散的单元组合成整体。各单元和各结点的隔离体如图 9.9(b)所示,设各结点力和各单元的整体坐标系的杆端力都是沿整体坐标系的正向作用。

(1) 变形协调条件

将单元组合起来时,首先要使各单元在连接处变形协调,即结点位移与各交于该结点的

单元杆端位移一致，则有

$$\left.\begin{array}{l}\{\delta_2\}^{①}=\{\delta_2\}^{②}=\{\Delta_2\}\\ \{\delta_1\}^{①}=\{\Delta_1\}\\ \{\delta_3\}^{③}=\{\Delta_3\}\end{array}\right\} \quad (9.22)$$

（2）结点平衡条件

分析结点处的平衡条件：作用于结点的外力与各交于该结点的单元在该结点处的杆端力应满足平衡方程。对结点 2，则有

$$\sum F_x = 0, F_{2x} = F_{2x}^{①} + F_{2x}^{②}$$

$$\sum F_y = 0, F_{2y} = F_{2y}^{①} + F_{2y}^{②}$$

$$\sum M_2 = 0, M_2 = M_2^{①} + M_2^{②}$$

写成矩阵形式为

$$\begin{Bmatrix} F_{2x}\\ F_{2y}\\ M_2 \end{Bmatrix} = \begin{Bmatrix} F_{2x}^{①}\\ F_{2y}^{①}\\ M_2^{①} \end{Bmatrix} + \begin{Bmatrix} F_{2x}^{②}\\ F_{2y}^{②}\\ M_2^{②} \end{Bmatrix}$$

即

$$\{F_2\} = \{F_2\}^{①} + \{F_2\}^{②} \quad (9.23)$$

下面将整体坐标系的单元刚度方程(9.20)写成分块形式

$$\begin{Bmatrix}\{F_i\}^e\\ \{F_j\}^e\end{Bmatrix} = \begin{Bmatrix}\begin{bmatrix}[K_{ii}]^e & [K_{ij}]^e\\ [K_{ji}]^e & [K_{jj}]^e\end{bmatrix}\end{Bmatrix}\begin{Bmatrix}\{\delta_i\}^e\\ \{\delta_j\}^e\end{Bmatrix}$$

展开上式，可得

$$\{F_i\}^e = [K_{ii}]^e\{\delta_i\}^e + [K_{ij}]^e\{\delta_j\}^e$$
$$\{F_j\}^e = [K_{ji}]^e\{\delta_i\}^e + [K_{jj}]^e\{\delta_j\}^e$$

由此可得各单元刚度方程如下。

对于单元①（$i=1,j=2$），有

$$\left\{\begin{array}{l}\{F_1\}^{①} = [K_{11}]^{①}\{\delta_1\}^{①} + [K_{12}]^{①}\{\delta_2\}^{①}\\ \{F_2\}^{①} = [K_{21}]^{①}\{\delta_1\}^{①} + [K_{22}]^{①}\{\delta_2\}^{①}\end{array}\right. \quad (9.24)$$

对于单元②（$i=2,j=3$），有

$$\left\{\begin{array}{l}\{F_2\}^{②} = [K_{22}]^{②}\{\delta_2\}^{②} + [K_{23}]^{②}\{\delta_3\}^{②}\\ \{F_3\}^{②} = [K_{32}]^{②}\{\delta_2\}^{②} + [K_{33}]^{②}\{\delta_3\}^{②}\end{array}\right. \quad (9.25)$$

对于单元③（$i=3,j=4$），有

$$\left\{\begin{array}{l}\{F_3\}^{③} = [K_{33}]^{③}\{\delta_3\}^{③} + [K_{34}]^{③}\{\delta_4\}^{③}\\ \{F_4\}^{③} = [K_{43}]^{③}\{\delta_3\}^{③} + [K_{44}]^{③}\{\delta_4\}^{③}\end{array}\right.$$

对于结点 2，将式(9.24)和式(9.25)代入式(9.23)，则有

$$\{F_2\} = [K_{21}]^{①}\{\delta_1\}^{①} + [K_{22}]^{①}\{\delta_2\}^{①} + [K_{22}]^{②}\{\delta_2\}^{②} + [K_{23}]^{②}\{\delta_3\}^{②} \quad (9.26)$$

将式(9.22)代入式(9.26)，有

$$\{F_2\} = [K_{21}]^{①}\{\Delta_1\} + ([K_{22}]^{①} + [K_{22}]^{②})\{\Delta_2\} + [K_{23}]^{②}\{\Delta_3\}$$

类似地，对节点 1、3、4 可得类似的方程

$$\{F_1\} = [K_{11}]^{①}\{\Delta_1\} + [K_{12}]^{①}\{\Delta_2\}$$

$$\{F_3\} = [K_{32}]^{②}\{\Delta_2\} + ([K_{33}]^{②} + [K_{33}]^{③})\{\Delta_3\}$$
$$\{F_4\} = [K_{43}]^{③}\{\Delta_3\} + [K_{44}]^{③}\{\Delta_4\}$$

将上面 4 个方程汇集一起,并按结点编号顺序写成分块矩阵形式为

$$\begin{Bmatrix} \{F_1\} \\ \{F_2\} \\ \{F_3\} \\ \{F_4\} \end{Bmatrix} = \begin{bmatrix} [K_{11}]^{①} & [K_{12}]^{①} & [0] & [0] \\ [K_{21}]^{①} & [K_{22}]^{①}+[K_{22}]^{②} & [K_{23}]^{②} & [0] \\ [0] & [K_{32}]^{②} & [K_{33}]^{②}+[K_{33}]^{③} & [K_{34}]^{③} \\ [0] & [0] & [K_{43}]^{③} & [K_{44}]^{③} \end{bmatrix} \begin{Bmatrix} \{\Delta_1\} \\ \{\Delta_2\} \\ \{\Delta_3\} \\ \{\Delta_4\} \end{Bmatrix} \quad (9.27)$$

或

$$\{F\} = [K]\{\Delta\} \quad (9.28)$$

式(9.28)反映了结构结点力与结点位移之间的关系,称为结构的原始刚度方程。其中

$$[K] = \begin{bmatrix} [K_{11}]^{①} & [K_{12}]^{①} & [0] & [0] \\ [K_{21}]^{①} & [K_{22}]^{①}+[K_{22}]^{②} & [K_{23}]^{②} & [0] \\ [0] & [K_{32}]^{②} & [K_{33}]^{②}+[K_{33}]^{③} & [K_{34}]^{③} \\ [0] & [0] & [K_{43}]^{③} & [K_{44}]^{③} \end{bmatrix} \begin{matrix} 1 \\ 2 \\ 3 \\ 4 \end{matrix} \quad (9.29)$$

称为结构的原始刚度矩阵。

结构的原始刚度矩阵具有如下特点。

(1) 每个非零子块都是各单元刚度矩阵中的一个子块或几个子块之和。

(2) 每一行(或列)的子块个数都等于结点个数。在[K]上方和右侧按结点编号顺序标上结点序号,参见式(9.29)。

(3) 对于各单元刚度矩阵中的每一个子块$[\overline{K}_{ij}]^e$,将其下标换成单元结点编号后,可直接放在原始刚度矩阵中的相应位置。例如,子块$[\overline{K}_{23}]^e$应放在原始刚度矩阵的第 2 行第 3 列的位置上。

(4) 具有相同下标的各单元刚度矩阵的子块,如$[\overline{K}_{22}]^{①}$和$[\overline{K}_{22}]^{②}$,将被放在原始刚度矩阵的同一位置上,且进行叠加。而在没有单元刚度矩阵子块入座的位置则为零子块。

由各单元刚度矩阵应用对号入座的方法直接装配成原始刚度矩阵的方法,称为直接刚度法。

9.4.2 结构原始刚度矩阵的性质

1. 对称性

结构原始刚度矩阵是由整体坐标系的单元刚度矩阵集装而成的,而整体坐标系的单元刚度矩阵是由对称的局部坐标系的单元刚度矩阵变换得到的,所以结构原始刚度矩阵也必然是对称矩阵。即[K]中的元素满足

$$K_{ij} = K_{ji}$$

2. 奇异性

因为单元刚度矩阵本身是奇异的,所以由其集装成的结构原始刚度矩阵也具有奇异性。只有引入支承条件,经过处理后才可成为非奇异矩阵。

9.4.3 举例

【例 9.3】 试建立如图 9.10 所示连续梁的结构原始刚度矩阵。

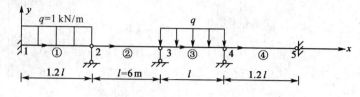

图 9.10

解：(1) 对单元和结点编号，如图 9.10 所示。

(2) 由式(9.9)写出各单元的刚度矩阵。

$$[\overline{K}]^① = [K]^① = \frac{EI}{l}\begin{pmatrix} 3.33 & 1.67 \\ 1.67 & 3.33 \end{pmatrix}\begin{matrix} 1 \\ 2 \end{matrix}$$

$$[\overline{K}]^② = [K]^② = \frac{EI}{l}\begin{pmatrix} 4 & 2 \\ 2 & 4 \end{pmatrix}\begin{matrix} 2 \\ 3 \end{matrix}$$

$$[\overline{K}]^③ = [K]^③ = \frac{EI}{l}\begin{pmatrix} 4 & 2 \\ 2 & 4 \end{pmatrix}\begin{matrix} 3 \\ 4 \end{matrix}$$

$$[\overline{K}]^④ = [K]^④ = \frac{EI}{l}\begin{pmatrix} 3.33 & 1.67 \\ 1.67 & 3.33 \end{pmatrix}\begin{matrix} 4 \\ 5 \end{matrix}$$

(3) 利用直接刚度法形成结构原始刚度矩阵。

结构有 5 个结点，结构原始刚度矩阵 $[K]$ 的分块形式为 5 行 5 列。连续梁单元由于局部坐标系和整体坐标系是一致的，所以各单元刚度矩阵不用坐标变换，可直接分块编号，对号入座形成结构原始刚度矩阵。另外，由于连续梁单元刚度为 2×2 阶矩阵，故分块后每个子块只有一个元素。

$$[K] = \frac{EI}{l}\begin{Bmatrix} 3.33 & 1.67 & 0 & 0 & 0 \\ 1.67 & 3.33+4 & 2 & 0 & 0 \\ 0 & 2 & 4+4 & 2 & 0 \\ 0 & 0 & 2 & 4+3.33 & 1.67 \\ 0 & 0 & 0 & 1.67 & 3.33 \end{Bmatrix}\begin{matrix} 1 \\ 2 \\ 3 \\ 4 \\ 5 \end{matrix}$$

$$= \frac{EI}{l}\begin{Bmatrix} 3.33 & 1.67 & 0 & 0 & 0 \\ 1.67 & 7.33 & 2 & 0 & 0 \\ 0 & 2 & 8 & 2 & 0 \\ 0 & 0 & 2 & 7.33 & 1.67 \\ 0 & 0 & 0 & 1.67 & 3.33 \end{Bmatrix}$$

【例 9.4】 利用例 9.2 的结果,求如图 9.8 所示平面刚架的结构原始刚度矩阵。

解: 将例 9.2 中已形成各整体坐标系的单元刚度矩阵分块编号。

$$[K]^{①}=10^{-3}\begin{bmatrix} 2.31 & 0 & 6.94 & -2.31 & 0 & 6.94 \\ 0 & 83.3 & 0 & 0 & -83.3 & 0 \\ 6.94 & 0 & 27.8 & -6.94 & 0 & 13.9 \\ \hline -2.31 & 0 & -6.94 & 2.31 & 0 & -6.94 \\ 0 & -83.3 & 0 & 0 & 83.3 & 0 \\ 6.94 & 0 & 13.9 & -6.94 & 0 & 27.8 \end{bmatrix} \begin{matrix} 1 \\ \\ \\ 2 \\ \\ \end{matrix}$$

列编号:1, 2

$$[K]^{②}=10^{-3}\begin{bmatrix} 52.5 & 0 & 0 & -52.5 & 0 & 0 \\ 0 & 0.58 & 3.47 & 0 & -0.58 & 3.47 \\ 0 & 3.47 & 27.8 & 0 & -3.47 & 13.9 \\ \hline -52.5 & 0 & 0 & 52.5 & 0 & 0 \\ 0 & -0.58 & -3.47 & 0 & 0.58 & -3.47 \\ 0 & 3.47 & 13.9 & 0 & -3.47 & 27.8 \end{bmatrix} \begin{matrix} 2 \\ \\ \\ 3 \\ \\ \end{matrix}$$

列编号:2, 3

$$[K]^{③}=10^{-3}\begin{bmatrix} 2.31 & 0 & 6.94 & -2.31 & 0 & 6.94 \\ 0 & 83.3 & 0 & 0 & -83.3 & 0 \\ 6.94 & 0 & 27.8 & -6.94 & 0 & 13.9 \\ \hline -2.31 & 0 & -6.94 & 2.31 & 0 & -6.94 \\ 0 & -83.3 & 0 & 0 & 83.3 & 0 \\ 6.94 & 0 & 13.9 & -6.94 & 0 & 27.8 \end{bmatrix} \begin{matrix} 4 \\ \\ \\ 3 \\ \\ \end{matrix}$$

列编号:4, 3

结构有 4 个结点,故结构原始刚度矩阵的分块形式为 4×4 阶,将各单元刚度矩阵的子块直接对号入座,得 $[K]=$

$$10^{-3}\begin{bmatrix} 2.31 & 0 & 6.94 & -2.31 & 0 & 6.94 & 0 & 0 & 0 & 0 & 0 & 0 \\ 0 & 83.3 & 0 & 0 & -83.3 & 0 & 0 & 0 & 0 & 0 & 0 & 0 \\ 6.94 & 0 & 27.8 & -6.94 & 0 & 13.9 & 0 & 0 & 0 & 0 & 0 & 0 \\ \hline -2.31 & 0 & -6.94 & 54.81 & 0 & -6.94 & -52.5 & 0 & 0 & 0 & 0 & 0 \\ 0 & -83.3 & 0 & 0 & 83.88 & -3.47 & 0 & -0.58 & -3.47 & 0 & 0 & 0 \\ 6.94 & 0 & 13.9 & -6.94 & -3.47 & 55.6 & 0 & 3.47 & 13.9 & 0 & 0 & 0 \\ \hline 0 & 0 & 0 & -52.5 & 0 & 0 & 52.5 & 0 & -6.94 & -2.31 & 0 & -6.94 \\ 0 & 0 & 0 & 0 & -0.58 & 3.47 & 0 & 83.88 & 3.47 & 0 & -83.3 & 0 \\ 0 & 0 & 0 & 0 & -3.47 & 13.9 & -6.94 & 3.47 & 55.6 & 6.94 & 0 & 13.9 \\ \hline 0 & 0 & 0 & 0 & 0 & 0 & -2.31 & 0 & 6.94 & 2.31 & 0 & 6.94 \\ 0 & 0 & 0 & 0 & 0 & 0 & 0 & -83.8 & 0 & 0 & 83.3 & 0 \\ 0 & 0 & 0 & 0 & 0 & 0 & -6.94 & 0 & 13.9 & 6.94 & 0 & 27.8 \end{bmatrix}$$

9.5 边界条件的处理

为了便于编制程序和提高程序的通用性,通常只采用一种单元(即自由单元)来建立结构原始刚度方程。从 9.4.2 节的讨论可知,结构原始刚度矩阵是奇异的,其逆矩阵不存在,故不能从结构原始刚度方程求解结点位移。而实际结构都具有足够的约束,构成几何不变体系,因此只有引入阻止结构刚体位移的边界条件,修改结构原始刚度方程之后,才能得到结点位移的唯一解答。

现以如图 9.11 所示刚架为例,讨论边界条件的处理方法。

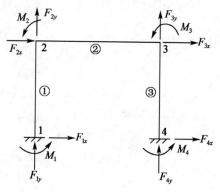

图 9.11

由图 9.11 可知,结点 1、4 的位移均为零,即边界条件为 $\{\Delta_1\}=\{0\}$,$\{\Delta_4\}=\{0\}$。将上述条件代入如图 9.11 所示刚架的原始刚度方程,则有

$$\begin{Bmatrix} \{F_1\} \\ \{F_2\} \\ \{F_3\} \\ \{F_4\} \end{Bmatrix} = \begin{bmatrix} [K_{11}] & [K_{12}] & [K_{13}] & [K_{14}] \\ [K_{21}] & [K_{22}] & [K_{23}] & [K_{24}] \\ [K_{31}] & [K_{32}] & [K_{33}] & [K_{34}] \\ [K_{41}] & [K_{42}] & [K_{43}] & [K_{44}] \end{bmatrix} \begin{Bmatrix} \{0\} \\ \{\Delta_2\} \\ \{\Delta_3\} \\ \{0\} \end{Bmatrix} \quad (9.30)$$

式中,$\{F_2\}$、$\{F_3\}$ 是已知结点荷载;$\{\Delta_2\}$、$\{\Delta_3\}$ 是待求的结点位移;$\{F_1\}$、$\{F_4\}$ 是未知支反力。

由式(9.30)利用矩阵的乘法,则有

$$\begin{Bmatrix} \{F_2\} \\ \{F_3\} \end{Bmatrix} = \begin{bmatrix} [K_{22}] & [K_{23}] \\ [K_{32}] & [K_{33}] \end{bmatrix} \begin{Bmatrix} \{\Delta_2\} \\ \{\Delta_3\} \end{Bmatrix} \quad (9.31)$$

和

$$\begin{Bmatrix} \{F_1\} \\ \{F_2\} \end{Bmatrix} = \begin{bmatrix} [K_{12}] & [K_{13}] \\ [K_{41}] & [K_{43}] \end{bmatrix} \begin{Bmatrix} \{\Delta_2\} \\ \{\Delta_3\} \end{Bmatrix} \quad (9.32)$$

由于已考虑了约束条件,此时结构无刚体位移,则方程(9.31)的刚度矩阵是非奇异的。将由方程(9.31)解出的结点位移值代入方程(9.32),即得支反力值。

方程(9.31)是结构原始刚度方程(9.30)引入边界条件而得到的,由于它反映了已知结点荷载与未知结点位移的关系,方程(9.31)称为结构刚度方程,其刚度矩阵称为结构刚度矩阵。不难看出,结构刚度矩阵是从结构原始值中删去与已知为零的结点位移向量所对应的行和列而得,它是非奇异的。

上述方法是先不考虑支座位移的限制,在采用自由单元集成结构原始刚度矩阵以后,再引入边界条件,修改结构原始刚度矩阵,使之成为结构刚度矩阵。这一方法称为后处理法。

常用的边界条件处理方法如下。

1. "划零置 1"法

如果结点位移分量为零,则可从结构原始刚度矩阵中删掉零位移所对应的行和列,直接得结构刚度矩阵。但这样的做法改变矩阵的阶数,对计算机分析仍不方便。实用的处理方法是:将结构原始刚度矩阵 $[K]$ 中与零位移分量对应的行和列全部元素置零,而主对角元素

置 1,同时将 $\{F\}$ 中的对应元素置零。对于如图 9.11 所示刚架的原始刚度方程可修改为

$$\begin{Bmatrix} \{0\} \\ \{F_2\} \\ \{F_3\} \\ \{0\} \end{Bmatrix} = \begin{bmatrix} [I] & [0] & [0] & [0] \\ [0] & [K_{22}] & [K_{23}] & [0] \\ [0] & [K_{32}] & [K_{33}] & [0] \\ [0] & [0] & [0] & [I] \end{bmatrix} \begin{Bmatrix} \{\Delta_1\} \\ \{\Delta_2\} \\ \{\Delta_3\} \\ \{\Delta_4\} \end{Bmatrix} \quad (9.33)$$

经过这样处理后,刚度矩阵化为非奇异矩阵,且保证了支座位移为零,从而可由式(9.33)求解未知结点位移。此方法称为"划零置 1"法,实际上是把边界条件的处理归结为对 $[K]$ 和 $\{F\}$ 的修改,且修改后的 $[K]$ 阶数不变。

对于不是全部位移分量为零的支座,如仅竖向位移 $v_i = 0$,使用"划零置 1"法仍然是方便的。

2. 置大数法

如果结点位移分量等于非零的已知值(如支座的沉陷),则可对该结点位移分量的对应方程进行修改。设结构的结点位移阵列中第 i 个位移分量 $\delta_i = C$,在结构原始刚度矩阵中,将主对角线元素 K_{ii} 改为 NK_{ii},将结点荷载列向量中 F_i 改成 CNK_{ii},其中 N 为一个大数,通常取 10^6 以上,经过修改,第 i 个方程改为

$$K_{i1}\delta_1 + K_{i2}\delta_2 + \cdots + NK_{ii}\delta_i + \cdots + K_{in}\delta_n = CNK_{ii}$$

由于 N 为很大的数,其余项相对很小,可忽略不计,则有

$$NK_{ii}\delta_i = CNK_{ii}$$

即

$$\delta_i = C$$

对于不考虑某杆件轴向变形的情况,将该杆的轴向刚度置大数,便可得出该杆件两端轴向位移相等的结果。

3. 先处理法

前面讨论的后处理法是在自由单元刚度矩阵形成原始刚度矩阵以后,再进行边界条件处理。如果在建立单元刚度矩阵时,就将各单元两端的位移条件先考虑进去,以有约束的单元刚度矩阵,通过对号入座,就能直接形成非奇异的结构刚度矩阵。这种在形成结构刚度矩阵之前引入边界条件的处理方法,通常称为先处理法。

采用先处理法带来的问题是增加了单元的类型,为方便起见,各单元刚度矩阵不是以子块形式,而是以元素形式进行对号入座,建立结构刚度矩阵。只要确定了单元刚度矩阵各元素在结构刚度矩阵的位置,就解决了由单元刚度矩阵直接集成结构刚度矩阵的问题。

在先处理法中,先对结构结点位移进行编码,凡结点位移分量为零的编码均用"0"来表示,如图 9.12 所示。

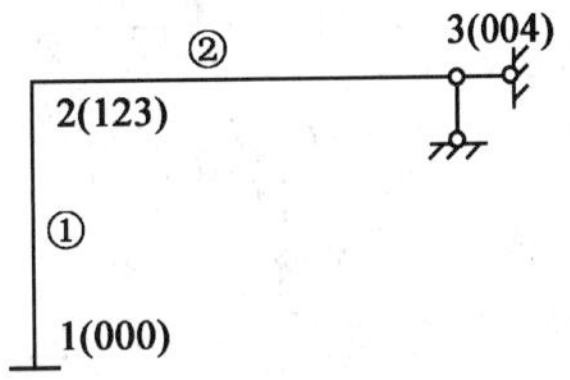

引入单元定位向量 λ,它是由单元杆端整体位移编码所组成的向量。对于如图 9.12 所示结构,各单元定位向量为

单元①: $\lambda^{①} = (0,0,0,1,2,3)^T$
单元②: $\lambda^{②} = (1,2,3,0,0,4)^T$

图 9.12

有了单元定位向量,就可以确定单元刚度矩阵各元素在结构刚度矩阵的位置。如图 9.12

所示结构各单元整体坐标系的单元刚度矩阵记为

$$[K]^{①} = \begin{matrix} & \begin{matrix} 0 & 0 & 0 & 1 & 2 & 3 \end{matrix} & \\ & \begin{bmatrix} K_{11} & K_{12} & K_{13} & K_{14} & K_{15} & K_{16} \\ K_{21} & K_{22} & K_{23} & K_{24} & K_{25} & K_{26} \\ K_{31} & K_{32} & K_{33} & K_{34} & K_{35} & K_{36} \\ K_{41} & K_{42} & K_{43} & K_{44} & K_{45} & K_{46} \\ K_{51} & K_{52} & K_{53} & K_{54} & K_{55} & K_{56} \\ K_{61} & K_{62} & K_{63} & K_{64} & K_{65} & K_{66} \end{bmatrix}^{①} & \begin{matrix} 0 \\ 0 \\ 0 \\ 1 \\ 2 \\ 3 \end{matrix} \end{matrix}$$

$$[K]^{②} = \begin{matrix} & \begin{matrix} 1 & 2 & 3 & 0 & 0 & 4 \end{matrix} & \\ & \begin{bmatrix} K_{11} & K_{12} & K_{13} & K_{14} & K_{15} & K_{16} \\ K_{21} & K_{22} & K_{23} & K_{24} & K_{25} & K_{26} \\ K_{31} & K_{32} & K_{33} & K_{34} & K_{35} & K_{36} \\ K_{41} & K_{42} & K_{43} & K_{44} & K_{45} & K_{46} \\ K_{51} & K_{52} & K_{53} & K_{54} & K_{55} & K_{56} \\ K_{61} & K_{62} & K_{63} & K_{64} & K_{65} & K_{66} \end{bmatrix}^{②} & \begin{matrix} 1 \\ 2 \\ 3 \\ 0 \\ 0 \\ 4 \end{matrix} \end{matrix}$$

将各单元定位向量写在各单元刚度矩阵的上方和右侧。在单元刚度矩阵中,单元定位向量为零对应的元素不参加集装,故结构刚度矩阵为

$$[K] = \begin{matrix} & \begin{matrix} 1 & 2 & 3 & 4 \end{matrix} & \\ & \begin{bmatrix} K_{44}^{①}+K_{11}^{②} & K_{45}^{①}+K_{12}^{②} & K_{46}^{①}+K_{13}^{②} & K_{16}^{②} \\ K_{54}^{①}+K_{21}^{②} & K_{55}^{①}+K_{22}^{②} & K_{56}^{①}+K_{23}^{②} & K_{26}^{②} \\ K_{64}^{①}+K_{31}^{②} & K_{65}^{①}+K_{32}^{②} & K_{66}^{①}+K_{33}^{②} & K_{36}^{②} \\ K_{61}^{②} & K_{62}^{②} & K_{63}^{②} & K_{66}^{②} \end{bmatrix} & \begin{matrix} 1 \\ 2 \\ 3 \\ 4 \end{matrix} \end{matrix}$$

9.6 非结点荷载的处理

前面推导的结构刚度方程是以只承受结点荷载为前提的。但在实际工程中,结构往往受非结点荷载的作用,这样就需对非结点荷载进行处理,将其转换为等效结点荷载,然后才能按结点荷载建立的方程求解。

下面以如图 9.13(a)所示刚架为例,介绍非结点荷载的处理问题。

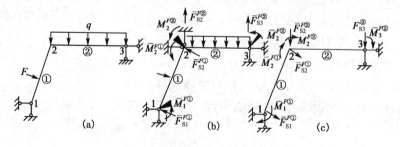

图 9.13

首先在 3 个结点上各加一个附加刚臂,在结点 2 处再加两根附加链杆,如图 9.13(b)所示。这样两个单元均为两端固端梁,在原荷载作用下,各单元将产生固端力。由表 7.1 可得

单元①的固端力：$\{\overline{F}_\mathrm{F}\}^① = \{0, \overline{F}_{S1}^{F①}, \overline{M}_1^{F①}, 0, \overline{F}_{S2}^{F①}, \overline{M}_2^{F①}\}^\mathrm{T}$

单元②的固端力：$\{\overline{F}_\mathrm{F}\}^② = \{0, \overline{F}_{S2}^{F②}, \overline{M}_2^{F②}, 0, \overline{F}_{S3}^{F②}, \overline{M}_3^{F②}\}^\mathrm{T}$

然后将结构上的附加联系取消，将各单元的固端力反号加于各结点，如图9.13(c)所示。此时，作用于结构上的荷载(图9.13(c)所示)称为原非结点荷载在局部坐标系的单元等效结点荷载。其一般表达式为

$$\{\overline{F}_\mathrm{E}\}^e = -\{\overline{F}_\mathrm{F}\}^e \tag{9.34}$$

由于如图9.13(b)所示结构的结点位移均为零，则如图9.13(a)和(c)所示结构就有相同的结点位移。因此，这里的等效结点荷载是指结点位移等效。

结构的结点荷载是在整体坐标系下来描述的，对于局部坐标系，各单元等效结点荷载需进行坐标变换。由式(9.15)得到在整体坐标系中的单元等效结点荷载为

$$\{F_\mathrm{E}\}^e = [T]^\mathrm{T} \{\overline{F}_\mathrm{E}\}^e = -[T]^\mathrm{T} \{\overline{F}_\mathrm{F}\}^e \tag{9.35}$$

最后各单元等效结点荷载可采用与集成整体刚度矩阵的类似方法，求出结构等效结点荷载$\{F_\mathrm{E}\}$。

如果在原结构上还直接作用有结点荷载$\{F_\mathrm{D}\}$，则总结点荷载(称为结构综合结点荷载)为

$$\{F\} = \{F_\mathrm{E}\} + \{F_\mathrm{D}\} \tag{9.36}$$

最后指出，当有非结点荷载作用时，单元杆端内力应由综合结点荷载引起的单元杆端力和单元固端力叠加而得，参见图9.13。由于单元杆端力的计算应在单元局部坐标系下进行，则有

$$\{\overline{F}\}^e = [\overline{K}]^e \{\overline{\delta}\}^e + \{\overline{F}_\mathrm{F}\}^e \tag{9.37}$$

我们知道结构结点位移$\{\Delta\}$求出之后，各单元整体坐标的单元杆端位移$\{\delta\}^e$成为已知量，由坐标变换可得

$$\{\overline{\delta}\}^e = [T]\{\delta\}^e$$

为此，单元杆端力为

$$\{\overline{F}\}^e = [\overline{K}]^e [T]\{\delta\}^e + \{\overline{F}_\mathrm{F}\}^e \tag{9.38}$$

若单元上无非结点荷载作用，式(9.38)中单元固端力项为零。

【例9.5】试求如图9.14所示平面刚架综合结点荷载向量。

解：将单元和结点编号，选取单元局部坐标系和结构整体坐标系，如图9.14所示。

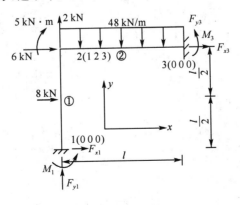

图9.14

(1) 求局部坐标系的单元等效荷载。

单元①：由表7.1得单元固端力为

$$\{\overline{F}_\mathrm{F}\}^① = \{0, 4, 5, 0, 4, -5\}^\mathrm{T}$$

由式(9.34)得局部坐标系等效结点荷载为
$$\{\overline{F}_E\}^① = -\{\overline{F}_F\}^① = \{0,-4,-5,0,-4,5\}^T$$
单元②:由表7.1得单元固端力为
$$\{\overline{F}_F\}^② = \{0,12,10,0,12,-10\}^T$$
由式(9.34)得局部坐标系等效结点荷载为
$$\{\overline{F}_E\}^② = -\{\overline{F}_F\}^② = \{0,-12,-10,0,-12,10\}^T$$

(2) 求整体坐标系下的单元等效结点荷载。

单元①:$\alpha=90°$,由式(9.35)得

$$\{\overline{F}_E\}^① = [T]^T \{\overline{F}_E\}^① = \begin{pmatrix} 0 & -1 & 0 & 0 & 0 & 0 \\ 1 & 0 & 0 & 0 & 0 & 0 \\ 0 & 0 & 1 & 0 & 0 & 0 \\ 0 & 0 & 0 & 0 & -1 & 0 \\ 0 & 0 & 0 & 1 & 0 & 0 \\ 0 & 0 & 0 & 0 & 0 & 1 \end{pmatrix} \begin{Bmatrix} 0 \\ -4 \\ -5 \\ 0 \\ -4 \\ 5 \end{Bmatrix} = \begin{Bmatrix} 4 \\ 0 \\ -5 \\ 0 \\ 4 \\ 5 \end{Bmatrix} \begin{matrix} 1 \\ \\ \\ 2 \\ \\ \end{matrix}$$

单元②:$\alpha=0$,得

$$\{F_E\}^② = \{\overline{F}_E\}^② = \begin{Bmatrix} 0 \\ -12 \\ -10 \\ 0 \\ -12 \\ 10 \end{Bmatrix} \begin{matrix} 2 \\ \\ \\ 3 \\ \\ \end{matrix}$$

(3) 计算等效结点荷载。

将已形成的整体坐标系单元等效结点荷载向量分块并按单元结点进行编号,对号入座形成结构等效结点荷载向量。

$$\{F_E\} = \begin{Bmatrix} \{F_{E1}^①\} \\ \{F_{E2}^①\} + \{F_{E2}^②\} \\ \{F_{E3}^②\} \end{Bmatrix} = \begin{Bmatrix} 4 \\ 0 \\ -5 \\ 4 \\ -12 \\ -5 \\ 0 \\ -12 \\ 10 \end{Bmatrix} \begin{matrix} 1 \\ \\ \\ 2 \\ \\ \\ 3 \\ \\ \end{matrix}$$

(4) 形成直接结点荷载。

$$\{F_D\} = \begin{Bmatrix} F_{x1} \\ F_{y1} \\ M_1 \\ 6 \\ 2 \\ -5 \\ F_{x3} \\ F_{y3} \\ M_3 \end{Bmatrix}$$

(5) 计算综合结点荷载。

$$\{F\} = \{F_E\} + \{F_D\} = \begin{Bmatrix} \{F_1\} \\ \{F_2\} \\ \{F_3\} \end{Bmatrix} = \begin{Bmatrix} F_{x1} \\ F_{y1} \\ M_1 \\ \hdashline 10 \\ -10 \\ -10 \\ \hdashline F_{x3} \\ F_{y3} \\ M_3 \end{Bmatrix} \begin{matrix} \\ 1 \\ \\ \\ 2 \\ \\ \\ 3 \\ \\ \end{matrix}$$

其中 $\{F_1\}$、$\{F_3\}$ 为支座处等效结点荷载和支反力之和,而支反力是未知的,又由于引入边界条件时,$\{F_1\}$、$\{F_3\}$ 将被删去或修改,所以此处 $\{F_1\}$、$\{F_3\}$ 用支反力来代替。

此例题也可采用先处理法。将各结点按结点位移编码,如图 9.14 所示。单元定位向量为

$$\lambda^{①} = \{0, 0, 0, 1, 2, 3\}, \lambda^{②} = \{1, 2, 3, 0, 0, 0\}$$

将整体坐标系下的单元等效结点荷载按单元定位向量集装成结构等效结点荷载,由于

$$\begin{matrix} & 0 & 0 & 0 & 1 & 2 & 3 \\ \{F_E\}^{①} = \{ & 4 & 0 & 5 & 4 & 0 & 5 \}^T \end{matrix}$$

$$\begin{matrix} & 1 & 2 & 3 & 0 & 0 & 0 \\ \{F_E\}^{②} = \{ & 0 & -12 & -10 & 0 & -12 & 10 \}^T \end{matrix}$$

则结构直接结点荷载为

$$\begin{matrix} & 1 & 2 & 3 \\ \{F_E\} = \{ & 4 & -12 & -5 \}^T \end{matrix}$$

$$\begin{matrix} & 1 & 2 & 3 \\ \{F_D\} = \{ & 6 & 2 & -5 \}^T \end{matrix}$$

结构综合结点荷载为

$$\begin{matrix} & 1 & 2 & 3 \\ \{F\} = \{F_E\} + \{F_D\} = \{ & 10 & -10 & -10 \}^T \end{matrix}$$

此处的 $\{F\}$ 为已知的结点荷载。

9.7 结构矩阵分析举例

通过上述各节的讨论,矩阵位移法的计算步骤可归纳如下。

(1) 结构离散化,将结构的结点、单元、结点位移进行编码,选择结构整体坐标系和各单元局部坐标系。

(2) 形成局部坐标系下的各单元刚度矩阵 $[\overline{K}]^e$。

(3) 坐标变换,计算整体坐标系下的单元刚度矩阵 $[K]^e = [T]^T [\overline{K}]^e [T]$。

(4) 利用直接刚度法,集装结构(原始)刚度矩阵 $[K]$。

(5) 计算等效结点荷载 $\{F_E\}$,求结构综合结点荷载 $\{F\}$,具体步骤如下。

① 求局部坐标系下的单元等效结点荷载 $\{\overline{F}_E\}^e = -\{\overline{F}_F\}^e$。

② 求整体坐标系下的单元等效结点荷载 $\{F_E\}^e = [T]^T \{\overline{F}_E\}^e$。

③ 集装结点等效结点荷载$\{F_E\}$和形成结构直接结点荷载$\{F_D\}$。
④ 叠加得结构综合等效结点荷载$\{F\}=\{F_D\}+\{F_E\}$。
(6) 若采用后处理法,需要进行边界条件处理,建立结构刚度方程。
(7) 求解结构刚度方程$[K]\{\Delta\}=\{F\}$,解得结点位移$\{\Delta\}$。
(8) 计算局部坐标系下各单元的杆端力$\{\overline{F}\}^e=[\overline{K}]^e[T]\{\delta\}^e+\{\overline{F}_F\}^e$,并作出结构的内力图。

【**例 9.6**】 用矩阵位移法计算如图 9.10 所示连续梁的内力。

解:(1) 结构离散化。
(2) 计算单元刚度矩阵。
(3) 形成结构原始刚度矩阵。以上计算结果见例 9.3。
(4) 计算结构等效结点荷载向量。

由于单元局部坐标系和整体坐标系一致,故单元等效结点荷载向量为

$$\{F_E\}^① = \{\overline{F}_E\}^① = -\{\overline{F}_F\}^① = -\begin{Bmatrix} \dfrac{ql^2}{12} \\ -\dfrac{ql^2}{12} \end{Bmatrix} = \begin{Bmatrix} -4.32 \\ 4.32 \end{Bmatrix} \begin{matrix} 1 \\ 2 \end{matrix}$$

$$\{F_E\}^③ = \{\overline{F}_E\}^③ = -\{\overline{F}_F\}^③ = -\begin{Bmatrix} \dfrac{ql^2}{12} \\ -\dfrac{ql^2}{12} \end{Bmatrix} = \begin{Bmatrix} -3 \\ 3 \end{Bmatrix} \begin{matrix} 3 \\ 4 \end{matrix}$$

$$\{F_E\}^② = \{\overline{F}_E\}^② = \begin{Bmatrix} 0 \\ 0 \end{Bmatrix} \begin{matrix} 2 \\ 3 \end{matrix}$$

$$\{F_E\}^④ = \{\overline{F}_E\}^④ = \begin{Bmatrix} 0 \\ 0 \end{Bmatrix} \begin{matrix} 4 \\ 5 \end{matrix}$$

对号入座,形成$\{F_E\}$为

$$\{F_E\} = \begin{Bmatrix} -4.32 \\ 4.32 \\ -3 \\ 3 \\ 0 \end{Bmatrix} \begin{matrix} 1 \\ 2 \\ 3 \\ 4 \\ 5 \end{matrix}$$

结构上无结点荷载,故结构综合结点荷载为

$$\{F\} = \{F_E\} = \begin{Bmatrix} -4.32 \\ 4.32 \\ -3 \\ 3 \\ 0 \end{Bmatrix}$$

结构的原始刚度方程为

$$\begin{Bmatrix} -4.32 \\ 4.32 \\ -3 \\ 3 \\ 0 \end{Bmatrix} = \frac{EI}{l} \begin{bmatrix} 3.33 & 1.67 & 0 & 0 & 0 \\ 1.67 & 7.33 & 2 & 0 & 0 \\ 0 & 2 & 8 & 2 & 0 \\ 0 & 0 & 2 & 7.33 & 1.67 \\ 0 & 0 & 0 & 1.67 & 3.33 \end{bmatrix} \begin{Bmatrix} \varphi_1 \\ \varphi_2 \\ \varphi_3 \\ \varphi_4 \\ \varphi_5 \end{Bmatrix}$$

(5) 边界条件处理。

引入边界条件:$\varphi_1=0,\varphi_5=0$,则得结构刚度方程为

$$\begin{Bmatrix}4.32\\-3\\3\end{Bmatrix}=\frac{EI}{l}\begin{bmatrix}7.33 & 2 & 0\\2 & 8 & 2\\0 & 2 & 7.33\end{bmatrix}\begin{Bmatrix}\varphi_2\\\varphi_3\\\varphi_4\end{Bmatrix}$$

(6) 求解结构刚度方程。

$$\{\Delta\}=\begin{Bmatrix}\varphi_2\\\varphi_3\\\varphi_4\end{Bmatrix}=\frac{l}{EI}\begin{Bmatrix}0.786\\-0.723\\0.606\end{Bmatrix}$$

(7) 计算各单元杆端力。

$$\{\overline{F}\}^{①}=[\overline{K}]^{①}\{\overline{\delta}\}^{①}+\{\overline{F}_F\}^{①}$$

$$=\begin{bmatrix}3.33 & 1.67\\1.67 & 3.33\end{bmatrix}\begin{Bmatrix}0\\0.786\end{Bmatrix}+\begin{Bmatrix}4.32\\-4.32\end{Bmatrix}=\begin{Bmatrix}5.63\\-1.70\end{Bmatrix}$$

$$\{\overline{F}\}^{②}=[\overline{K}]^{②}\{\overline{\delta}\}^{②}+\{\overline{F}_F\}^{②}$$

$$=\begin{bmatrix}4 & 2\\2 & 4\end{bmatrix}\begin{Bmatrix}0.786\\-0.723\end{Bmatrix}+\begin{Bmatrix}0\\0\end{Bmatrix}=\begin{Bmatrix}1.70\\-1.32\end{Bmatrix}$$

$$\{\overline{F}\}^{③}=[\overline{K}]^{③}\{\overline{\delta}\}^{③}+\{\overline{F}_F\}^{③}$$

$$=\begin{bmatrix}4 & 2\\2 & 4\end{bmatrix}\begin{Bmatrix}-0.723\\0.606\end{Bmatrix}+\begin{Bmatrix}3\\-3\end{Bmatrix}=\begin{Bmatrix}1.32\\-2.02\end{Bmatrix}$$

$$\{\overline{F}\}^{④}=[\overline{K}]^{④}\{\overline{\delta}\}^{④}+\{\overline{F}_F\}^{④}$$

$$=\begin{bmatrix}3.33 & 1.67\\1.67 & 3.33\end{bmatrix}\begin{Bmatrix}0.606\\0\end{Bmatrix}+\begin{Bmatrix}0\\0\end{Bmatrix}=\begin{Bmatrix}2.02\\1.01\end{Bmatrix}$$

(8) 作出结构弯矩图,如图 9.15 所示。

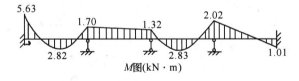

图 9.15

【例 9.7】 试用矩阵位移法计算如图 9.16 所示刚架的内力。

解:(1) 结构离散化。
(2) 计算单元刚度矩阵。
(3) 形成结构原始刚度矩阵。

以上计算结果见例 9.2 和例 9.4。

(4) 计算结构等效结点荷载和结构综合结点荷载。

利用式(9.35)计算各单元整体坐标系下的等效结点荷载。

单元①:$\alpha=90°,\sin\alpha=1,\cos\alpha=0$,则

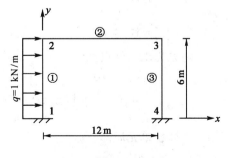

图 9.16

$$\{F_E\}^{①} = -[T]^T\{\overline{F_F}\}^{①} = \begin{pmatrix} 0 & -1 & 0 & 0 & 0 & 0 \\ 1 & 0 & 0 & 0 & 0 & 0 \\ 0 & 0 & 1 & 0 & 0 & 0 \\ 0 & 0 & 0 & 0 & -1 & 0 \\ 0 & 0 & 0 & 1 & 0 & 0 \\ 0 & 0 & 0 & 0 & 0 & 1 \end{pmatrix} \begin{pmatrix} 0 \\ 3 \\ -3 \\ 0 \\ 3 \\ -3 \end{pmatrix} = \begin{pmatrix} 3 \\ 0 \\ 3 \\ 3 \\ 0 \\ -3 \end{pmatrix} \begin{matrix} \\ \\ 1 \\ \\ \\ 2 \end{matrix}$$

单元②、③:无非结点荷载作用,则

$$\{F_E\}^{②} = \{0 \quad 0 \quad 0 \stackrel{2}{\vdots} \quad 0 \quad 0 \quad 0\}^T$$

$$\{F_E\}^{③} = \{0 \quad 0 \quad 0 \stackrel{3}{\vdots} \quad 0 \quad 0 \quad 0\}^T$$

将单元等效结点荷载按结点分块编号,集装结构等效结点荷载为

$$\{F_E\} = \{\underset{1}{3\ 0\ 3}\ \vdots\ \underset{2}{3\ 0\ -3}\ \vdots\ \underset{3}{0\ 0\ 0}\ \vdots\ \underset{4}{0\ 0\ 0}\}^T$$

而

$$\{F_D\} = \{\underset{1}{F_{x1}\ F_{y1}\ M_1}\ \vdots\ \underset{2}{0\ 0\ 0}\ \vdots\ \underset{3}{0\ 0\ 0}\ \vdots\ \underset{4}{F_{x4}\ F_{y4}\ M_4}\}$$

结构综合结点荷载为

$$\{F\} = \{F_D\} + \{F_E\} = \{\underset{1}{F_{x1}\ F_{y1}\ M_1}\ \vdots\ \underset{2}{3\ 0\ -3}\ \vdots\ \underset{3}{0\ 0\ 0}\ \vdots\ \underset{4}{F_{x4}\ F_{y4}\ M_4}\}$$

(5) 引入支承条件,修改结构刚度方程。

由图 9.16 可知: $u_1 = v_1 = \varphi_1 = 0, u_4 = v_4 = \varphi_4 = 0$,采用"划零置1"法,结构刚度矩阵为

$$\begin{pmatrix} 0 \\ 0 \\ 0 \\ 0 \\ -3 \\ 0 \\ 0 \\ 0 \\ 0 \\ 0 \\ 0 \\ 0 \end{pmatrix} = 10^{-3} \begin{pmatrix} 1 & 0 & 0 & 0 & 0 & 0 & 0 & 0 & 0 & 0 & 0 & 0 \\ 0 & 1 & 0 & 0 & 0 & 0 & 0 & 0 & 0 & 0 & 0 & 0 \\ 0 & 0 & 1 & 0 & 0 & 0 & 0 & 0 & 0 & 0 & 0 & 0 \\ 0 & 0 & 0 & 54.81 & 0 & -6.94 & -52.5 & 0 & 0 & 0 & 0 & 0 \\ 0 & 0 & 0 & 0 & 83.88 & -3.47 & 0 & -0.58 & -3.47 & 0 & 0 & 0 \\ 0 & 0 & 0 & -6.94 & -3.47 & 55.6 & 0 & 3.47 & 13.9 & 0 & 0 & 0 \\ 0 & 0 & 0 & -52.5 & 0 & 0 & 54.81 & 0 & -6.94 & 0 & 0 & 0 \\ 0 & 0 & 0 & 0 & -0.58 & 3.47 & 0 & 83.88 & 3.47 & 0 & 0 & 0 \\ 0 & 0 & 0 & 0 & -3.47 & 13.9 & -6.94 & 3.47 & 55.6 & 0 & 0 & 0 \\ 0 & 0 & 0 & 0 & 0 & 0 & 0 & 0 & 0 & 1 & 0 & 0 \\ 0 & 0 & 0 & 0 & 0 & 0 & 0 & 0 & 0 & 0 & 1 & 0 \\ 0 & 0 & 0 & 0 & 0 & 0 & 0 & 0 & 0 & 0 & 0 & 1 \end{pmatrix} \begin{pmatrix} u_1 \\ v_1 \\ \varphi_1 \\ u_2 \\ v_2 \\ \varphi_2 \\ u_3 \\ v_3 \\ \varphi_3 \\ u_4 \\ v_4 \\ \varphi_4 \end{pmatrix}$$

(6) 解方程求出结点位移 $\{\Delta\}$。

$$\{\Delta_1\} = \begin{Bmatrix} 0 \\ 0 \\ 0 \end{Bmatrix}, \{\Delta_2\} = \begin{Bmatrix} 847 \\ 5.13 \\ 28.4 \end{Bmatrix}, \{\Delta_3\} = \begin{Bmatrix} 824 \\ -5.13 \\ 96.5 \end{Bmatrix}, \{\Delta_4\} = \begin{Bmatrix} 0 \\ 0 \\ 0 \end{Bmatrix}$$

(7) 计算各单元局部坐标系下的杆端力 $\{\overline{F}\}^e$。

单元①: $\alpha = 90°$,则

$$\{F\}^{①}=[K]^{①}\{\delta\}^{①}+\{F_F\}^{①}$$

$$=10^{-3}\begin{bmatrix} 2.31 & 0 & 6.94 & -2.31 & 0 & 6.94 \\ 0 & 83.3 & 0 & 0 & -83.3 & 0 \\ 6.94 & 0 & 27.8 & -6.94 & 0 & 13.9 \\ -2.31 & 0 & -6.94 & 2.31 & 0 & -6.94 \\ 0 & -83.3 & 0 & 0 & 83.3 & 0 \\ 6.94 & 0 & 13.9 & -6.94 & 0 & 27.8 \end{bmatrix}\begin{Bmatrix} 0 \\ 0 \\ 0 \\ 847 \\ 5.13 \\ 28.4 \end{Bmatrix}+\begin{Bmatrix} -3 \\ 0 \\ -3 \\ -3 \\ 0 \\ 3 \end{Bmatrix}=\begin{Bmatrix} -4.76 \\ -0.43 \\ -8.49 \\ -1.24 \\ 0.43 \\ -2.09 \end{Bmatrix}$$

$$\{\overline{F}\}^{①}=[T]\{F\}^{①}=\begin{Bmatrix} -0.43 \\ 4.76 \\ -8.49 \\ 0.43 \\ 1.24 \\ -2.09 \end{Bmatrix}$$

单元 ②：$\alpha=0°$，则

$$\{\overline{F}\}^{②}=\{F\}^{②}=[K]^{②}\{\delta\}^{②}$$

$$=10^{-3}\begin{bmatrix} 52.5 & 0 & 0 & -52.5 & 0 & 0 \\ 0 & 0.58 & -3.47 & 0 & -0.58 & -3.47 \\ 0 & -3.47 & 27.8 & 0 & 3.47 & 13.9 \\ -52.5 & 0 & 0 & 52.5 & 0 & 0 \\ 0 & -0.58 & 3.47 & 0 & 0.58 & 3.47 \\ 0 & -3.47 & 13.9 & 0 & 3.47 & 27.8 \end{bmatrix}\begin{Bmatrix} 847 \\ 5.13 \\ 28.4 \\ 824 \\ -5.13 \\ 96.5 \end{Bmatrix}=\begin{Bmatrix} 1.24 \\ -0.43 \\ 2.09 \\ -1.24 \\ 0.43 \\ 3.04 \end{Bmatrix}$$

单元③：$\alpha=90°$，则

$$\{F\}^{③}=[K]^{③}\{\delta\}^{③}$$

$$=10^{-3}\begin{bmatrix} 2.31 & 0 & 6.94 & -2.31 & 0 & 6.94 \\ 0 & 83.3 & 0 & 0 & -83.3 & 0 \\ 6.94 & 0 & 27.8 & -6.94 & 0 & 13.9 \\ -2.31 & 0 & -6.94 & 2.31 & 0 & -6.94 \\ 0 & -83.3 & 0 & 0 & 83.3 & 0 \\ 6.94 & 0 & 13.9 & -6.94 & 0 & 27.8 \end{bmatrix}\begin{Bmatrix} 0 \\ 0 \\ 0 \\ 824 \\ -5.13 \\ 96.5 \end{Bmatrix}=\begin{Bmatrix} -1.24 \\ 0.43 \\ -4.38 \\ 1.24 \\ -0.43 \\ -3.04 \end{Bmatrix}$$

$$\{\overline{F}\}^{③}=[T]\{F\}^{③}=\begin{Bmatrix} 0.43 \\ 1.24 \\ -4.38 \\ -0.43 \\ -1.24 \\ -3.04 \end{Bmatrix}$$

(8) 绘制内力图，如图 9.17 所示。

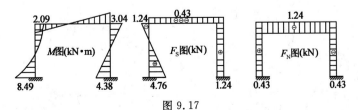

图 9.17

【9.8】 试用矩阵位移法计算如图 9.18 所示平面桁架的内力。$EA=$常数。

解：(1) 给单元和结点编号，如图 9.18 所示。

(2) 计算局部坐标系下的单元刚度矩阵。由式(9.7)得单元①、②、③、④在局部坐标下的单元刚度矩阵为

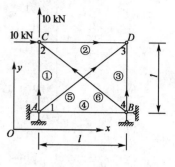

图 9.18

$$[\overline{K}]^① = [\overline{K}]^② = [\overline{K}]^③ = [\overline{K}]^④ = \frac{EA}{l}\begin{pmatrix} 1 & 0 & -1 & 0 \\ 0 & 0 & 0 & 0 \\ -1 & 0 & 1 & 0 \\ 0 & 0 & 0 & 0 \end{pmatrix}$$

单元⑤、⑥在局部坐标系下的刚度矩阵为

$$[\overline{K}]^⑤ = [\overline{K}]^⑥ = \frac{EA}{\sqrt{2}\,l}\begin{pmatrix} 1 & 0 & -1 & 0 \\ 0 & 0 & 0 & 0 \\ -1 & 0 & 1 & 0 \\ 0 & 0 & 0 & 0 \end{pmatrix}$$

(3) 求整体坐标系下的单元刚度矩阵。坐标变换矩阵采用式(9.21)。

单元①、③：$\alpha = 90°$，则

$$[T] = \begin{pmatrix} 0 & 1 & 0 & 0 \\ -1 & 0 & 0 & 0 \\ 0 & 0 & 0 & 1 \\ 0 & 0 & -1 & 0 \end{pmatrix}$$

$$[K]^① = [K]^③ = [T]^T [\overline{K}]^① [T] = \frac{EA}{l}\begin{pmatrix} 0 & 0 & 0 & 0 \\ 0 & 1 & 0 & -1 \\ 0 & 0 & 0 & 0 \\ 0 & -1 & 0 & 1 \end{pmatrix}$$

单元⑤：$\alpha = 45°$，则

$$[T] = \frac{1}{\sqrt{2}}\begin{pmatrix} 1 & 1 & 0 & 0 \\ -1 & 1 & 0 & 0 \\ 0 & 0 & 1 & 1 \\ 0 & 0 & -1 & 1 \end{pmatrix}$$

$$[K]^⑤ = [T]^T [\overline{K}]^⑤ [T] = \frac{EA}{l}\frac{1}{2\sqrt{2}}\begin{pmatrix} 1 & 1 & -1 & -1 \\ 1 & 1 & -1 & -1 \\ -1 & -1 & 1 & 1 \\ -1 & -1 & 1 & 1 \end{pmatrix}$$

单元②、④：$\alpha = 0°$，则

$$[K]^② = [K]^④ = \frac{EA}{l}\begin{pmatrix} 1 & 0 & -1 & 0 \\ 0 & 0 & 0 & 0 \\ -1 & 0 & 1 & 0 \\ 0 & 0 & 0 & 0 \end{pmatrix}$$

单元⑥：$\alpha = 135°$，则

$$[T] = \frac{1}{\sqrt{2}} \begin{pmatrix} -1 & 1 & 0 & 0 \\ -1 & -1 & 0 & 0 \\ 0 & 0 & -1 & 1 \\ 0 & 0 & -1 & -1 \end{pmatrix}$$

$$[K]^{⑥} = [T]^{\mathrm{T}} [\overline{K}]^{⑥} [T] = \frac{EA}{l} \frac{1}{2\sqrt{2}} \begin{pmatrix} 1 & -1 & -1 & 1 \\ -1 & 1 & 1 & -1 \\ -1 & 1 & 1 & -1 \\ 1 & -1 & -1 & 1 \end{pmatrix}$$

(4) 集装结构原始刚度矩阵。

将各整体坐标系下的单元刚度矩阵分块并按单元结点编号，对号入座形成结构原始刚度矩阵为

$$[K] = \frac{EA}{l} \begin{pmatrix} 1.35 & 0.35 & 0 & 0 & -0.35 & -0.35 & -1 & 0 \\ 0.35 & 1.35 & 0 & -1 & -0.35 & -0.35 & 0 & 0 \\ 0 & 0 & 1.35 & -0.35 & -1 & 0 & -0.35 & 0.35 \\ 0 & -1 & -0.35 & 1.35 & 0 & 0 & 0.35 & -0.35 \\ -0.35 & -0.35 & -1 & 0 & 1.35 & 0.35 & 0 & 0 \\ -0.35 & -0.35 & 0 & 0 & 0.35 & 1.35 & 0 & -1 \\ -1 & 0 & -0.35 & 0.35 & 0 & 0 & 1.35 & -0.35 \\ 0 & 0 & 0.35 & -0.35 & 0 & -1 & -0.35 & 1.35 \end{pmatrix}$$

(5) 计算结点荷载向量。

$$\{F\} = \{F_\mathrm{D}\} = \{F_{x1}, F_{y1}, 10, 10, 0, 0, F_{x4}, F_{y4}\}^{\mathrm{T}}$$

(6) 引入支承条件。

由于 $u_1 = v_1 = u_4 = v_4 = 0$，采用"划零置1"法，修改后的刚度方程为

$$\begin{Bmatrix} 0 \\ 0 \\ 10 \\ 10 \\ 0 \\ 0 \\ 0 \\ 0 \end{Bmatrix} = \frac{EA}{l} \begin{pmatrix} 1 & 0 & 0 & 0 & 0 & 0 & 0 & 0 \\ 0 & 1 & 0 & 0 & 0 & 0 & 0 & 0 \\ 0 & 0 & 1.35 & -0.35 & -1 & 0 & 0 & 0 \\ 0 & 0 & -0.35 & 1.35 & 0 & 0 & 0 & 0 \\ 0 & 0 & -1 & 0 & 1.35 & 0.35 & 0 & 0 \\ 0 & 0 & 0 & 0 & 0.35 & 1.35 & 0 & 0 \\ 0 & 0 & 0 & 0 & 0 & 0 & 1 & 0 \\ 0 & 0 & 0 & 0 & 0 & 0 & 0 & 1 \end{pmatrix} \begin{Bmatrix} u_1 \\ v_1 \\ u_2 \\ v_2 \\ u_3 \\ v_3 \\ u_4 \\ v_4 \end{Bmatrix}$$

(7) 解方程，求出结点位移。

$$\{\Delta\} = \begin{Bmatrix} u_1 \\ v_1 \\ u_2 \\ v_2 \\ u_3 \\ v_3 \\ u_4 \\ v_4 \end{Bmatrix} = \frac{1}{EA} \begin{Bmatrix} 0 \\ 0 \\ 26.94 \\ 14.42 \\ 21.36 \\ -5.58 \\ 0 \\ 0 \end{Bmatrix}$$

(8) 计算各单元在局部坐标系下的杆端力。

单元①：
$$\{\bar{F}\}^{①} = [T][K]^{①}\{\delta\}^{①}$$
$$= \begin{bmatrix} 0 & 1 & 0 & 0 \\ -1 & 0 & 0 & 0 \\ 0 & 0 & 0 & 1 \\ 0 & 0 & -1 & 0 \end{bmatrix} \begin{bmatrix} 0 & 0 & 0 & 0 \\ 0 & 1 & 0 & -1 \\ 0 & 0 & 0 & 0 \\ 0 & -1 & 0 & 1 \end{bmatrix} \begin{Bmatrix} 0 \\ 0 \\ 26.94 \\ 14.42 \end{Bmatrix} = \begin{Bmatrix} -14.42 \\ 0 \\ 14.42 \\ 0 \end{Bmatrix}$$

单元②：
$$\{\bar{F}\}^{②} = \{F\}^{②} = [K]^{②}\{\delta\}^{②}$$
$$= \begin{bmatrix} 1 & 0 & -1 & 0 \\ 0 & 0 & 0 & 0 \\ -1 & 0 & 1 & 0 \\ 0 & 0 & 0 & 0 \end{bmatrix} \begin{Bmatrix} 26.94 \\ 14.42 \\ 21.36 \\ -5.58 \end{Bmatrix} = \begin{Bmatrix} 5.58 \\ 0 \\ -5.58 \\ 0 \end{Bmatrix}$$

单元③：
$$\{\bar{F}\}^{③} = [T][K]^{③}\{\delta\}^{③}$$
$$= \begin{bmatrix} 0 & 1 & 0 & 0 \\ -1 & 0 & 0 & 0 \\ 0 & 0 & 0 & 1 \\ 0 & 0 & -1 & 0 \end{bmatrix} \begin{bmatrix} 0 & 0 & 0 & 0 \\ 0 & 1 & 0 & -1 \\ 0 & 0 & 0 & 0 \\ 0 & -1 & 0 & 1 \end{bmatrix} \begin{Bmatrix} 0 \\ 0 \\ 21.36 \\ -5.58 \end{Bmatrix} = \begin{Bmatrix} 5.58 \\ 0 \\ -5.58 \\ 0 \end{Bmatrix}$$

单元④：
$$\{\bar{F}\}^{④} = \{F\}^{④} = [K]^{④}\{\delta\}^{④} = \begin{Bmatrix} 0 \\ 0 \\ 0 \\ 0 \end{Bmatrix}$$

单元⑤：
$$\{\bar{F}\}^{⑤} = [T][K]^{⑤}\{\delta\}^{⑤}$$
$$= \frac{1}{\sqrt{2}}\begin{bmatrix} 1 & 1 & 0 & 0 \\ -1 & 1 & 0 & 0 \\ 0 & 0 & 1 & 1 \\ 0 & 0 & -1 & 1 \end{bmatrix} \times \frac{1}{2\sqrt{2}}\begin{bmatrix} 1 & 1 & -1 & -1 \\ 1 & 1 & -1 & -1 \\ -1 & -1 & 1 & 1 \\ -1 & -1 & 1 & 1 \end{bmatrix} \begin{Bmatrix} 0 \\ 0 \\ 26.36 \\ -5.58 \end{Bmatrix} = \begin{Bmatrix} -7.89 \\ 0 \\ 7.89 \\ 0 \end{Bmatrix}$$

单元⑥：
$$\{\bar{F}\}^{⑥} = [T][K]^{⑥}\{\delta\}^{⑥}$$
$$= \frac{1}{\sqrt{2}}\begin{bmatrix} -1 & 1 & 0 & 0 \\ -1 & -1 & 0 & 0 \\ 0 & 0 & -1 & 1 \\ 0 & 0 & -1 & -1 \end{bmatrix} \times \frac{1}{2\sqrt{2}}\begin{bmatrix} 1 & -1 & -1 & 1 \\ -1 & 1 & 1 & -1 \\ -1 & 1 & 1 & -1 \\ 1 & -1 & -1 & 1 \end{bmatrix} \begin{Bmatrix} 0 \\ 0 \\ 26.94 \\ 14.42 \end{Bmatrix} = \begin{Bmatrix} 6.26 \\ 0 \\ -6.26 \\ 0 \end{Bmatrix}$$

各杆内力值如图 9.19 所示。

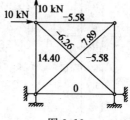

图 9.19

习 题

9.1 试求图 9.20 所示单元的单元刚度矩阵（不计轴向变形）。

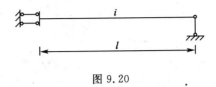

图 9.20

9.2 试以子块形式写出图 9.21 所示刚架原始总刚中的下列子块：$[K_{55}]$、$[K_{58}]$、$[K_{53}]$、$[K_{12}]$。

9.3 试用先处理法建立图 9.22 所示连续梁的结构刚度矩阵。EI 为常数。

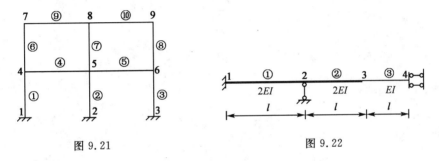

图 9.21　　　　　　　　　图 9.22

9.4 试用矩阵位移法计算图 9.23 所示连续梁，$EA=$ 常数。

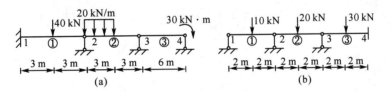

图 9.23

9.5 试用后处理法求图 9.24 所示刚架的综合结点荷载。

9.6 试用矩阵位移法计算图 9.25 所示桁架。各杆 EA 相同。

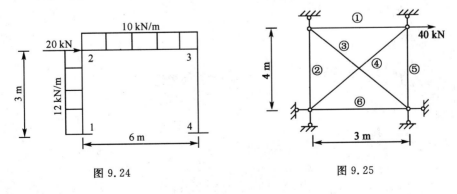

图 9.24　　　　　　　　　图 9.25

9.7 试对图 9.26 所示连续梁建立结构刚度方程。

9.8 试计算图 9.27 所示刚架内力，考虑轴向变形的影响。设两杆的 $E=2.8\times10^7$ kN·m，

$A=0.125 \text{ m}^2$, $I=2.6\times 10^{-3} \text{ m}^4$。

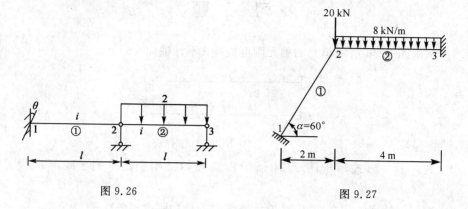

图 9.26   图 9.27

第10章 结构动力学

10.1 概　　述

10.1.1 结构动力计算的特点和目的

前面各章讨论了在静荷载作用下的结构计算问题。所谓静荷载，是指大小、方向和作用位置都不随时间变化的荷载。建筑结构除承受静荷载作用外，还会经常遇到动荷载的作用，如机械转动对结构的作用、桩机对基础的作用、快速行驶的车辆对桥梁的作用、地震对建筑物的作用等。动荷载是指大小、方向和作用位置随时间迅速改变的荷载。在动荷载作用下，结构将产生振动和加速度，为此动力计算时必须考虑惯性力的影响。区分静荷载与动荷载，不能单纯从荷载本身的性质来确定，更主要是看其对结构的影响。严格说来，结构上所受的荷载都是随时间变化的。若荷载随时间变化缓慢，引起结构质量的加速度很小，由此所产生的惯性力与荷载相比可以忽略不计，则可将其作为静荷载处理。只有当荷载随时间变化较快，并且所产生的惯性力不容忽视时，才将其视为动荷载进行分析计算。

在动荷载作用下，结构产生的内力和位移不仅是位置的函数，也是时间的函数。它们统称为动力响应。结构动力学就是研究在动荷载作用下结构动力响应规律的学科，求出它们的最大值作为结构设计的依据。

结构在没有动力荷载作用时，由初始干扰（如初位移或初速度）的影响所引起的振动称为自由振动。而在动荷载持续作用下的振动称为强迫振动。研究结构的自由振动可以得到结构本身的动力特性：自振频率、振型和阻尼参数，而结构的动力响应是与结构的动力特性密切相关的，因此结构自由振动的分析将是研究结构强迫振动的前提，所以我们研究问题的顺序是先讨论自由振动再讨论强迫振动。

10.1.2 动荷载的种类

根据动荷载随时间变化的规律，工程中常见的动荷载可分为如下几种。

(1) 周期荷载：这是随时间呈周期性变化的荷载。随时间按正弦（或余弦）规律改变大小的周期荷载称为简谐荷载。机械转动部分由于偏心引起对结构的作用是常见的简谐荷载。

(2) 冲击荷载：这是作用时间很短的一种荷载，如桩锤对桩的冲击、爆炸冲击波对结构的作用等。

(3) 突加荷载：这是在瞬间突然施加在结构上且保持一段较长时间的荷载，如吊车的制动力对结构的作用、在结构上突然放置一重物对结构的作用等。

(4) 随机荷载：前面提到的荷载都属于确定性的荷载，即荷载的变化是时间的确定性函数。如果荷载事先不可预知，在任一时刻其数值是随机变量，其变化规律不能用确定的函数关系表示，则这种荷载称为随机荷载，如脉动风和地震对结构的作用等。

随机荷载对结构的动力分析要用到数理统计的方法，将其称为结构的随机振动分析。本章只涉及确定性荷载的作用。

10.2 结构振动的自由度

动力计算时除考虑直接作用在结构上的动荷载之外，还必须考虑结构的惯性力的影响。为此，在选定动力计算简图时，必须考虑质量分布情况及在振动过程中质量位置的确定问题。通常动力计算是以质量的位移作为基本未知量，由于结构上各质点之间存在一定约束，也就是质点的位移不一定相互独立，因而动力计算的基本未知量应为独立的质点位移。这个问题可通过分析结构振动的自由度来解决。

在结构振动时，确定结构的全部质点在任一时刻的位置所需要的独立几何参数的数目称为结构振动自由度。由此可知，结构振动自由度等于结构全部质点的独立位移的个数。

实际结构的质量都是连续分布的，要确定其质量的位置需要无限多个独立的几何参数，也就是说，实际结构都是无限自由度的体系，若所有结构都按无限自由度体系进行动力计算，不仅十分困难，而且没有必要。在计算结果可靠、计算方法简便易行的前提下，通常将无限自由度体系简化为单自由度或多个自由度的体系。将实际结构简化成有限自由度体系的方法很多，本章仅介绍集中质量法。这种方法是将结构的连续分布的质量集中在结构的若干点，即结构动力计算简图为有限质点体系。如图 10.1 所示的简支梁在简化时，可将梁部分质量集中在梁的一点(如图 10.1(a)所示)或若干点(如图 10.1(b)所示)。显然，集中质点越多越接近原结构。

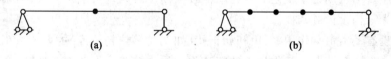

图 10.1

计算结构振动的自由度是由确定全部质点位置所需独立参数的数目来判定的。对于杆系结构质点惯性力矩对结构动力响应的影响很小，可忽略不计，因而质点的角位移不作为基本未知量。为了进一步减少结构振动的自由度，对于受弯杆件通常还忽略轴向变形的影响，即假定变形后杆上任意两点之间距离保持不变。例如图 10.2(a)所示平面刚架，由上面的假定可知，两个质点有 3 个位移 y_1、y_2 和 y_3，并且 $y_1 = y_3$。这样两个质点的位置可由 y_1 和 y_2 两个独立参数来确定，则结构有两个自由度。

根据上面的假定，确定结构振动自由度可采用附加链杆的方法：加入最少的链杆使结构上全部质点均不能运动，则结构振动的自由度为所加链杆的数目。例如图 10.2(a)所示结构，加入两根链杆就使两个质点不能运动，故其自由度为 2(如图 10.2(b)所示)。

对于如图 10.3 所示平面刚架，有两个质点，加入 3 根链杆就限制了全部质点的运动，则其自由度为 3。

对于如图 10.4 所示结构，加入两根链杆后限制了 3 个质点的运动，则其自由度为 2。若将此结构所有结点改为链结点，其自由度仍为 2。

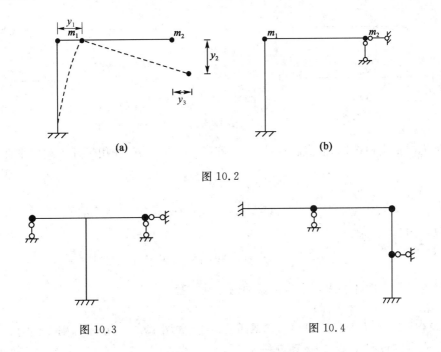

图 10.2

图 10.3　　　　图 10.4

由以上几个例子可以看出:结构振动自由度不一定等于质点的数目;结构自由度与超静定次数无关。

10.3　单自由度体系的自由振动

由于单自由度体系具有一般振动体系的一些共同特性,对其的研究是分析其他振动的基础,同时许多实际结构可简化成单自由度体系进行分析,因此单自由度体系的动力分析是非常重要的。

本节主要讨论单自由度体系的自由振动,其主要目的是确定体系的动力特性(即体系的频率、振型等),为研究结构在动荷载作用下的振动作准备。实际结构在振动过程中总是存在阻尼的,本节只讨论无阻尼的自由振动,阻尼对振动的影响将在后面讨论。

10.3.1　单自由度体系自由振动的运动方程

在结构动力计算中,一般取结构质点的位移为基本未知量,为求解它们,应建立体系的运动方程。建立体系运动方程的方法很多,在此介绍以达朗贝尔原理为依据的动静法。这种方法是将惯性力加于质点作为平衡问题来建立运动方程。利用动静法建立运动方程有两种方法:柔度法和刚度法。

以如图 10.5(a)所示单自由度体系为例,用动静法建立体系的运动方程。

(1) 刚度法(列动平衡方程)

设质点 m 在振动中任一时刻的位移为 $y(t)$。取质点 m 为隔离体(如图 10.5(b)所示),并分析其受力情况:弹性恢复力 $F_S = -k_{11}y(t)$,其中 k_{11} 为结构刚度系数,F_S 与质点位移 $y(t)$ 的方向相反;惯性力 $F_I = -m\ddot{y}(t)$,它与质点加速度 $\ddot{y}(t)$ 的方向相反。由于质点位移的计算始点取在质点静力平衡位置上,故质点重量的影响不必考虑。

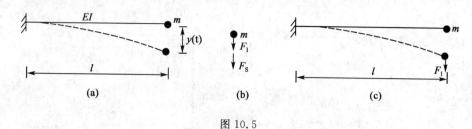

图 10.5

对于无阻尼自由振动,质点在惯性力 F_I 和弹性恢复力 F_S 作用下处于动力平衡状态,则有

$$F_I + F_S = 0$$

即

$$m\ddot{y}(t) + k_{11}y(t) = 0$$

将上式改写为

$$\ddot{y}(t) + \frac{k_{11}}{m}y(t) = 0 \tag{10.1}$$

式(10.1)为单自由度体系无阻尼自由振动的运动方程。

(2) 柔度法(列位移方程)

将惯性力 F_I 作为静力荷载加于体系的质点上(如图 10.5(c)所示),则惯性力 F_I 引起的位移等于质点的位移 $y(t)$,即运动方程为

$$y = F_I \delta_{11} = -M\ddot{y}\delta_{11}$$

式中,δ_{11} 为结构的柔度系数。上式可改写为

$$\ddot{y}(t) + \frac{1}{m\delta_{11}}y(t) = 0 \tag{10.2}$$

令

$$\omega^2 = \frac{k_{11}}{m} = \frac{1}{m\delta_{11}} \tag{10.3}$$

将式(10.3)代入式(10.1)或式(10.2),得到统一的运动方程为

$$\ddot{y}(t) + \omega^2 y(t) = 0 \tag{10.4}$$

式(10.4)为二阶常系数线性齐次微分方程,其通解为

$$y(t) = c_1\cos\omega t + c_2\sin\omega t \tag{10.5}$$

式中,c_1 和 c_2 为积分常数,由初始条件确定。

若当 $t=0$ 时,$y = y_0$,$\dot{y} = \dot{y}_0$,则有

$$c_1 = y_0, c_2 = \frac{\dot{y}_0}{\omega} \tag{10.6}$$

将式(10.6)代入式(10.5),则得到满足初始条件的任一时刻的质点位移为

$$y(t) = y_0\cos\omega t + \frac{\dot{y}_0}{\omega}\sin\omega t \tag{10.7}$$

若令 $y_0 = A\sin\varphi, \dfrac{\dot{y}_0}{\omega} = A\cos\varphi$,则有

$$A = \sqrt{y_0^2 + \frac{\dot{y}_0^2}{\omega^2}} \tag{10.8}$$

$$\tan\varphi = \frac{y_0\omega}{\dot{y}_0} \tag{10.9}$$

则式(10.7)改写为

$$y(t) = A\sin(\omega t + \varphi) \tag{10.10}$$

10.3.2 单自由度体系的自由振动分析

根据上述导出的结果分析,单自由度体系自由振动的特点如下。

式(10.10)表明自由振动中质点位移呈正弦函数变化,即自由振动为简谐振动。A 为质点最大的位移,称为振幅。φ 称为初相位角。由式(10.8)和式(10.9)可知,振幅 A 和初相位角 φ 仅与初始条件有关。在不计阻尼时,振幅 A 保持不变,振动将持续不断。

由式(10.10)还可以看出,若给时间 t 一个增量 $T = \dfrac{2\pi}{\omega}$,则位移 y 和速度 $\dot{y}$ 的数值不变,所以自由振动是一个周期振动,其振动周期为

$$T = \dfrac{2\pi}{\omega} \tag{10.11}$$

其常用单位为秒(s)。而每秒振动次数称为工程频率,用 f 表示,它与周期 T 的关系为

$$f = \dfrac{1}{T} \tag{10.12}$$

由式(10.11)可得 $\omega = \dfrac{2\pi}{T}$,即 ω 表示 2π 秒内完成振动的次数,称其为圆频率,简称频率。ω 的单位为弧度/秒(rad/s)。

在自由振动时,圆频率 ω 也称为自振频率。由式(10.3)可以看出,自振频率取决于体系的质量和刚度,而与外部的干扰无关,它是体系本身固有的特性,所以将自振频率也称为固有频率。它随刚度的增大而增大,随质量的增大而减小。也就是说,要调整体系的自振频率,可从改变体系的刚度和质量入手。

【例 10.1】 如图 10.6(a)所示,简支梁承受静荷载 $F = 12$ kN,梁 EI 为常数。设在 $t = 0$ 时刻把这个静荷载突然撤除,不计梁的阻力,试求质点 m 的位移。

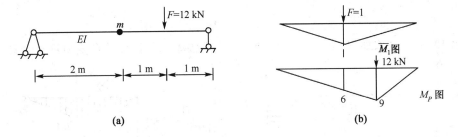

图 10.6

解:当静荷载撤除后,梁的运动为单自由度体系的无阻尼自由振动。此时,静荷载 $F = 12$ kN 引起质量 m 有初始位移 y_0,而初始速度 $\dot{y}_0$ 为零。由式(10.7)可知,求质点 m 的位移,关键在于确定初始位移 y_0 和自振频率 ω。

由图乘法计算 y_0 和柔度系数。作 $\overline{M}_1$ 和 M_P 图,如图 10.6(b)所示,则有

$$y_0 = \dfrac{1}{EI}\int \overline{M}_1 M_P \,\mathrm{d}x = \dfrac{11}{EI}$$

$$\delta_{11} = \dfrac{1}{EI}\int \overline{M}_1^2 \,\mathrm{d}x = \dfrac{4}{3EI}$$

$$\omega = \sqrt{\dfrac{1}{m\delta_{11}}} = \sqrt{\dfrac{3EI}{4m}}$$

质点 m 的位移为

$$y = y_0 \cos \omega t = \frac{11}{EI} \cos \sqrt{\frac{3EI}{4m}} t$$

【**例 10.2**】 如图 10.7(a)所示，排架横梁刚度可视为无穷大，不计其变形，并将排架质量集中在横梁上，试确定其自振频率。

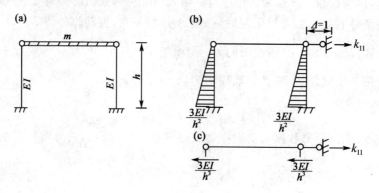

图 10.7

解：如图 10.7(a)所示排架为单自由度体系。

为求体系的刚度系数 k_{11}，在质量上沿位移方向加一链杆，令链杆沿位移方向发生单位移动，并绘制其弯矩图（如图 10.7(b)所示）。取横梁为隔离体，如图 10.7(c)所示，求出支座链杆反力，即求得刚度系数为

$$k_{11} = \frac{3EI}{h^3} \times 2 = \frac{6EI}{h^3}$$

将上式代入式(10.3)，得体系的自振频率为

$$\omega = \sqrt{\frac{k_{11}}{m}} = \sqrt{\frac{6EI}{mh^3}}$$

【**例 10.3**】 试求如图 10.8(a)所示结构的自振频率。不计杆件自重和阻尼影响。

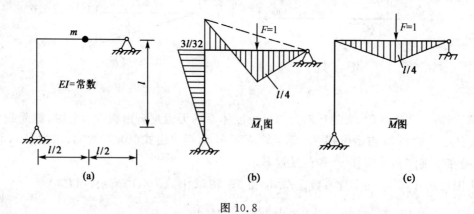

图 10.8

解：此结构为单自由度体系。

计算体系的柔度系数 δ_{11}：先用力矩分配法作出单位弯矩图（如图 10.8(b)所示）。然后作出结构虚拟状态的单位弯矩图（如图 10.8(c)所示）。由图乘法求出体系的柔度系数为

$$\delta_{11} = \frac{1}{EI} = \left(\frac{l^3}{48} - \frac{l}{2} \times \frac{l}{4} \times \frac{1}{2} \times \frac{3l}{32}\right) = \frac{23l^3}{1\,536EI}$$

将 δ_{11} 代入式(10.3),得体系的自振频率为

$$\omega = \sqrt{\frac{1}{m\delta_{11}}} = \sqrt{\frac{1\,536EI}{23l^3 m}}$$

10.4 单自由度体系在简谐荷载作用下的强迫振动

体系在动荷载作用下产生的振动称为强迫振动。研究强迫振动的目的是确定结构的最大动位移和最大动内力。本节先来讨论动荷载为简谐荷载时的情况。

10.4.1 体系的运动方程

设如图 10.9(a)所示体系受简谐荷载的作用,即

$$F(t) = F\sin\theta t$$

式中,F 为简谐荷载的荷载幅值(或振幅),θ 为荷载的频率。

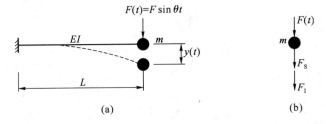

图 10.9

若 $F(t)$ 直接作用在质点上,则质点受力由图 10.9(b)所示。由动力平衡条件得

$$F_S + F_I + F(t) = 0$$

即

$$m\ddot{y}(t) + k_{11} y(t) = F\sin\theta t$$

由于 $\omega^2 = \dfrac{k_{11}}{m}$,则得体系运动方程的一般形式为

$$\ddot{y}(t) + \omega^2 y(t) = \frac{F}{m}\sin\theta t \tag{10.13}$$

方程(10.13)为二阶线性常系数非齐次微分方程,其通解为

$$y(t) = \bar{y}(t) + y^*(t) \tag{10.14}$$

式中,$\bar{y}(t)$ 为齐次方程的通解,$y^*(t)$ 为非齐方程的一个特解。

设齐次方程的通解为

$$y(t) = c_1 \cos\omega t + c_2 \sin\omega t \tag{10.15}$$

设特解为

$$y^*(t) = A\sin\theta t \tag{10.16}$$

式中,A 为待定系数。将式(10.16)代入式(10.13),得

$$(-\theta^2 + \omega^2) A\sin\theta t = \frac{F}{m}\sin\theta t$$

采用比较系数法,由上式得

代入式(10.16),得特解为

$$y^*(t) = \frac{F}{m(\omega^2-\theta^2)}\sin\theta t \tag{10.17}$$

将式(10.15)和式(10.17)代入式(10.14),则得方程(10.13)的通解为

$$y(t) = c_1\cos\omega t + c_2\sin\omega t + \frac{F}{m(\omega^2-\theta^2)}\sin\theta t \tag{10.18}$$

式中,c_1、c_2 为积分常数,由初始条件而定。

由式(10.18)可知,前两项是按自振频率 ω 自由振动,若考虑阻尼,其为衰减函数,在振动后的很短时间内消失,通常不考虑;第三项是按动荷载的频率 θ 振动,称为纯强迫振动或稳态强迫振动。一般把振动开始一段时间内几种振动同时存在的阶段称为过渡阶段,而把后面只存在纯强迫振动的阶段称为平稳阶段。通常过渡阶段比较短,因此在实际问题中平稳阶段动力分析更为重要。

10.4.2 纯强迫振动分析

由式(10.18)可知纯强迫振动的质点位移为

$$y(t) = \frac{F}{m(\omega^2-\theta^2)}\sin\theta t \tag{10.19}$$

质点的最大动位移(即振幅)为

$$A = \frac{F}{m(\omega^2-\theta^2)} = \frac{1}{1-\frac{\theta^2}{\omega^2}} \times \frac{F}{m\omega^2} \tag{10.20}$$

由于 $\delta_{11} = \frac{1}{m\omega^2}$,代入式(10.20),有

$$A = \frac{1}{1-\frac{\theta^2}{\omega^2}} \times F\delta_{11} = \frac{1}{1-\frac{\theta^2}{\omega^2}} y_{st}^F \tag{10.21}$$

式中,$y_{st}^F = F\delta_{11}$ 表示将动荷载的幅值 F 作为静荷载作用于结构时所引起的位移。

令

$$\mu = \frac{1}{1-\frac{\theta^2}{\omega^2}} \tag{10.22}$$

代入式(10.21),则

$$A = \mu y_{st}^F \tag{10.23}$$

式中,μ 称为动力系数,它表示质点的最大动位移与静位移的比值。由此可知:先求出简谐荷载的幅值作为静荷载所产生的静位移 y_{st}^F,然后将静位移乘以动力系数 μ,即可得到在动荷载作用下的最大动位移 A。这一方法称为动力系数法。

对于单自由度体系,若荷载作用在质点上,其作用线与质点的位移一致时,结构的动内力与动位移成比例,则动内力和动位移有相同的动力系数。最大动内力按与最大动位移相同的方法进行计算。例如,结构的最大动弯矩

$$M_d = \mu M_{st}^F \tag{10.24}$$

其中,M_{st}^F 为荷载幅值作为静荷载时所产生的弯矩。

由式(10.22)可以看出，μ 随 $\dfrac{\theta}{\omega}$ 变化的特点如下。

(1) 当 $\dfrac{\theta}{\omega} \to 0$ 时，$\mu \to 1$。此时动荷载的频率比结构自振频率小很多，即动荷载随时间变化缓慢，其引起的动位移幅值与荷载幅值作为静荷载所引起的位移趋于一致，故可将动荷载作为静荷载处理。

(2) 当 $\dfrac{\theta}{\omega} \to 1$ 时，$|\mu| \to \infty$。这说明当简谐荷载的频率与结构自振频率一致时，振幅无限增大，较小的荷载将产生很大的位移和内力，这种情况称为共振。在工程设计时，常常通过调整结构的刚度或质量来控制结构的自振频率，使其不致与动荷载的频率接近，以避免发生共振现象。

(3) 当 $0 < \dfrac{\theta}{\omega} < 1$ 时，动力系数 $\mu > 1$，且随 $\dfrac{\theta}{\omega}$ 值的增大而增大。当 $\dfrac{\theta}{\omega} > 1$ 时，$|\mu|$ 随 $\dfrac{\theta}{\omega}$ 增大而减小，此时 μ 为负值，说明动位移与动荷载在振动中反向。

10.4.3 算例

对于单自由度体系，当动荷载作用在质点上，且作用线与质点运动方向一致时，可采用上述介绍的动力系数法，直接计算动位移幅值和动内力幅值。

【例 10.4】 如图 10.10 所示为简支梁，惯性矩 $I = 8.8 \times 10^{-5}$ m^4，弹性模量 $E = 210$ GPa。在梁跨中间处有重量为 $Q = 35$ kN 的电动机，电动机转动时离心力的竖向分量为 $F \sin \theta t$，且 $F = 10$ kN。若不计梁的自重和阻尼，求当电动机的速度为 $n = 500$ r/min 时，梁的最大弯矩和最大挠度。

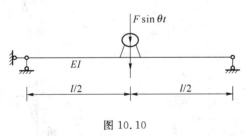

图 10.10

解：显然，最大弯矩和最大挠度发生在梁的中点，它们是在电动机重力 Q 和动荷载 $F \sin \theta$ 共同作用下引起的。

(1) 计算电机重力作用下的跨中弯矩和挠度。

$$M_Q = \frac{1}{4}Ql = \frac{1}{4} \times 35 \times 4 \text{ kN} \cdot \text{m} = 35 \text{ kN} \cdot \text{m}$$

$$y_Q = Q\delta_{11} = Q\frac{l^3}{48EI} = \frac{35 \times 10^3 \times 4^3}{48 \times 210 \times 10^9 \times 8.8 \times 10^{-5}} \text{m} = 2.53 \times 10^{-3} \text{ m}$$

(2) 计算动弯矩和动位移幅值。

将荷载幅值 F 作用在结构上，其跨中弯矩和位移为

$$M_{st}^F = \frac{1}{4}Fl = \frac{1}{4} \times 10 \times 4 \text{ kN} \cdot \text{m} = 10 \text{ kN} \cdot \text{m}$$

$$y_{st}^F = F\delta_{11} = \frac{10 \times 10^3 \times 4^3}{48 \times 210 \times 10^9 \times 8.8 \times 10^{-5}} \text{m} = 0.722 \times 10^{-3} \text{ m}$$

结构的自振频率为

$$\omega=\sqrt{\frac{1}{m\delta_{11}}}=\sqrt{\frac{g}{mg\delta_{11}}}=\sqrt{\frac{g}{y_Q}}=\sqrt{\frac{9.8}{2.53\times10^{-3}}}\text{rad/s}=62.3\text{ rad/s}$$

动荷载的频率为

$$\theta=\frac{2\pi n}{60}=\frac{2\times3.14\times500}{60}\text{rad/s}=52.3\text{ rad/s}$$

由式(10.22)求得动力系数为

$$\mu=\frac{1}{1-\dfrac{\theta^2}{\omega^2}}=\frac{1}{1-\dfrac{52.3^2}{62.3^2}}=3.4$$

梁跨中截面动弯矩幅值和动位移幅值为

$$M_d=\mu M_{st}^F=10\times3.4\text{ kN}\cdot\text{m}=34\text{ kN}\cdot\text{m}$$
$$A=\mu y_{st}^F=3.4\times0.722\times10^{-13}\text{ m}=2.45\times10^{-3}\text{ m}$$

(3) 计算跨中截面的最大弯矩和最大位移。

$$M_{\max}=M_Q+M_d=(35+34)\text{kN}\cdot\text{m}=69\text{ kN}\cdot\text{m}$$
$$y_{\max}=y_Q+A=2.53\times10^{-3}\text{ m}+2.45\times10^{-3}\text{ m}=4.98\times10^{-3}\text{ m}$$

【例 10.5】 如图 10.11(a)所示刚架受简谐荷载作用。已知 $\theta=\sqrt{\dfrac{18EI}{ml^3}}$，横梁为刚性杆，柱抗弯刚度均为 EI，不计阻尼，求横梁水平位移幅值和动弯矩图。

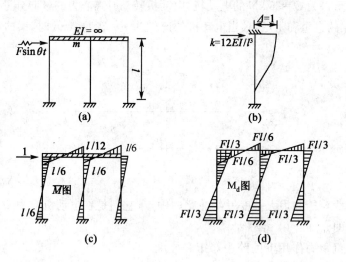

图 10.11

解：由图 10.1(b)可知

$$k_{11}=3\times\frac{12EI}{l^3}=\frac{36EI}{l^3}$$

则自振频率为

$$\omega=\sqrt{\frac{k_{11}}{m}}=\sqrt{\frac{36EI}{ml^3}}$$

动力系数为

$$\mu = \frac{1}{1-\frac{\theta^2}{\omega^2}} = 2$$

动弯矩幅值为

$$M_d = \mu M_{st}^F = \mu F \overline{M}$$

这里，$\overline{M}$ 图为结构在单位水平力作用下的弯矩图，如图 10.11(c) 所示。由上式就可求得动弯矩幅值图（如图 10.11(d) 所示）。

荷载幅值 F 引起的位移为

$$y_{st}^F = \frac{F}{k_{11}} = \frac{Fl^3}{36EI}$$

则横梁水平位移幅值为

$$y_{max} = \mu y_{st}^F = \frac{Fl^3}{18EI}$$

以上的分析均为动荷载 $F(t)$ 直接作用在质点上的情况。在实际问题中，动荷载 $F(t)$ 可能不直接作用在质点上，则动内力幅值、动位移幅值的计算与前述不完全相同。下面以如图 10.12(a) 所示结构为例加以说明。

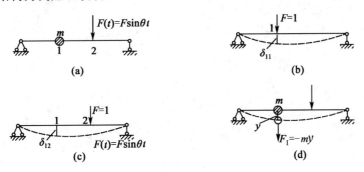

图 10.12

如图 10.12(a) 所示，体系上的动荷载不作用在质点上。将惯性力加在质点上（如图 10.12(d) 所示），用柔度法列质点的运动方程为

$$y(t) = -m\ddot{y}(t)\delta_{11} + F\sin\theta t \,\delta_{12}$$

或

$$m\ddot{y}(t) + \frac{1}{\delta_{11}}y(t) = \frac{\delta_{12}}{\delta_{11}}F\sin\theta t$$

式中，δ_{11}、δ_{12} 为柔度系数（如图 10.12(b)、(c) 所示）。

令

$$\overline{F} = F\frac{\delta_{12}}{\delta_{11}}$$

则

$$m\ddot{y}(t) + \frac{1}{\delta_{11}}y(t) = \overline{F}\sin\theta t$$

质点的位移幅值可用前述动力系数法求出，为

$$A = \overline{y}_{st}^F \mu = \overline{F}\delta_{11}\mu = \left(\frac{\delta_{12}}{\delta_{11}}F\delta_{11}\right)\mu = F\delta_{12}\mu$$

即

$$A = y_{st}^F \mu$$

式中，y_{st}^F 为在动荷载幅值 F 作用下质点的静力位移。

由此表明结点位移幅值仍可用动力系数法计算。

由于动荷载不作用在质点上,则荷载幅值 F 作为静荷载所引起的结构内力图与动荷载和惯性力引起的内力图不成比例,因此动内力与动位移没有统一的动力系数。此时,动内力幅值可用下述方法求得。

在简谐荷载作用下,质点的位移、加速度、惯性力和动荷载的变化规律分别为

$$y(t) = A\sin\theta t$$
$$\ddot{y}(t) = -A\theta^2\sin\theta t$$
$$F_1(t) = -m\ddot{y}(t) = mA\theta^2\sin\theta t$$
$$F(t) = F\sin\theta t$$

由此可见,它们随时间的变化规律一致,并同时达到最大值。根据这一特性,可将惯性力幅值和动荷载的幅值作为静荷载作用于结构上,按静力学方法可求得动位移幅值和动内力幅值。

【**例 10.6**】 试求如图 10.13(a)所示结构在简谐荷载作用下的质点动位移幅值和动弯矩幅值图。已知:$\theta = \sqrt{\dfrac{6EI}{ml^3}}$。

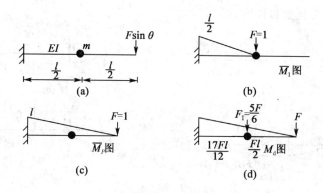

图 10.13

解:质点位移是由惯性力和动荷载引起的,用柔度法建立位移幅值方程为

$$A = y_{st}^F + mA\theta^2\delta_{11}$$

式中,y_{st}^F 为动荷载幅值作为静荷载所引起的质点位移。

整理后有

$$A = y_{st}^F \frac{1}{1 - \dfrac{\theta^2}{\omega^2}} = \mu y_{st}^F$$

上式与位移幅值计算公式(10.23)相同。由 $\overline{M}_1$ 和 $\overline{M}_P$,利用图乘法求得

$$y_{st}^F = F\delta_{1P} = \frac{5Fl^3}{48EI}$$

体系的自振频率为

$$\omega = \sqrt{\frac{1}{m\delta_{11}}} = \sqrt{\frac{24EI}{ml^3}}$$

位移的动力系数为

$$\mu = \frac{1}{1 - \dfrac{\theta^2}{\omega^2}} = \frac{4}{3}$$

质点动位移幅值为

$$A = \mu y_{st}^F = \frac{4}{3} \times \frac{5Fl^3}{48EI} = \frac{5Fl^3}{36EI}$$

质点惯性力幅值为

$$F_I^0 = mA\theta^2 = m\frac{5Fl^3}{36EI}\frac{6EI}{ml^3} = \frac{5F}{6}$$

将惯性力幅值 F_I^0 和荷载幅值 F 共同作用在结构上，作出弯矩图即为动弯矩幅值图，如图 10.13(d)所示。

10.5 阻尼对单自由度体系振动的影响

实际结构在振动过程中总是存在阻尼的。所谓阻尼，就是结构在振动时来自外部和内部使其能量损耗的作用。例如，外部介质的阻力、构件连接处及材料内部微粒之间的摩擦等。由于确切估计阻尼的作用是一个复杂的问题，对阻尼力的描述不同，存在不同的阻尼理论。为使计算简单，通常在结构动力分析中采用粘滞阻尼理论，即认为振动中物体所受的阻尼力与其运动速度成正比，方向与速度方向相反。若用 F_R 表示粘滞阻尼力，则

$$F_R(t) = -c\dot{y}(t)$$

式中，c 为阻尼系数，由实验可确定。

10.5.1 阻尼对单自由度体系自由振动的影响

当考虑阻尼时，质点 m 所受的力如图 10.14(b)所示。列动力平衡方程，则有

$$F_I + F_R + F_S = 0$$

即

$$m\ddot{y}(t) + c\dot{y}(t) + k_{11}y(t) = 0$$

或

$$\ddot{y}(t) + \frac{c}{m}\dot{y}(t) + \frac{k_{11}}{m}y(t) = 0$$

令

$$\omega^2 = \frac{k_{11}}{m}, \quad \xi = \frac{c}{2m\omega}$$

则有

$$\ddot{y}(t) + 2\xi\omega\dot{y}(t) + \omega^2 y = 0 \quad (10.25)$$

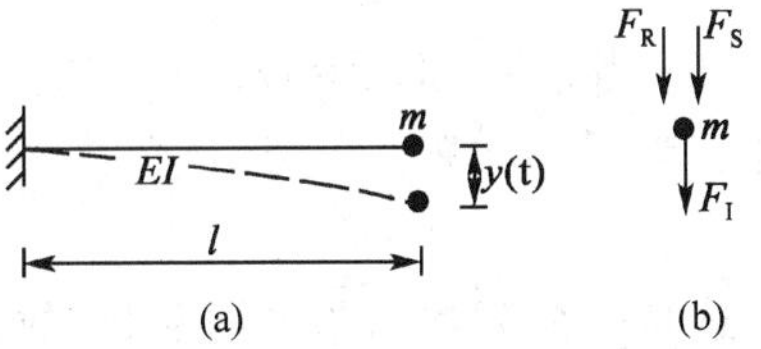

图 10.14

式(10.25)为线性常系数齐次微分方程，其解的形式为

$$y(t) = Ae^{\lambda t}$$

代入方程(10.25)，可得特征方程

$$\lambda^2 + 2\xi\omega\lambda + \omega^2 = 0$$

特征方程的根为

$$\lambda_{1,2} = -\xi\omega \pm \omega\sqrt{1-\xi^2}$$

根据阻尼的大小，即 ξ 取值不同，方程(10.25)的解有 3 种不同的形式。

(1) 当 $\xi<1$，即阻尼系数 $c<2m\omega$ 时，令

$$\omega_d = \omega\sqrt{1-\xi^2} \quad (10.26)$$

则方程(10.25)的通解为

$$y(t) = e^{-\xi\omega t}(c_1 \sin\omega_d t + c_2 \cos\omega_d t)$$

由初始条件 $y(t)|_{t=0}=y_0$,$\dot{y}(t)|_{t=0}=\dot{y}_0$,可确定积分常数 c_1、c_2 的值为

$$c_1=\frac{\dot{y}_0+\xi\omega y_0}{\omega_d},c_2=y_0$$

代入通解,得方程(10.25)的特解为

$$y(t)=e^{-\xi\omega t}\left(\frac{\dot{y}_0+\xi\omega y_0}{\omega_d}\sin\omega_d t+y_0\cos\omega_d t\right)$$

或

$$y(t)=e^{-\xi\omega t}A\sin(\omega_d t+\varphi_d) \tag{10.27}$$

其中

$$A=\sqrt{y_0^2+\left(\frac{\dot{y}_0+\xi\omega y_0}{\omega_d}\right)} \tag{10.28}$$

$$\tan\varphi_d=\frac{y_0\omega_d}{\dot{y}_0+\xi\omega y_0} \tag{10.29}$$

式(10.27)为 $\xi<1$(小阻尼)时质点位移的变化规律,质点位移曲线如图10.15所示。

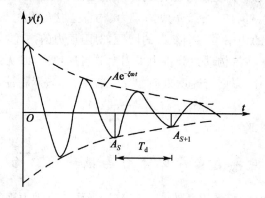

图 10.15

(2)当 $\xi=1$,即 $c=2m\omega$ 时,特征方程有两个相等的实根,即 $\lambda_{1,2}=-\xi\omega$。方程(10.27)的通解为

$$y=e^{-\xi\omega t}(c_1+c_2 t)$$

这是一个衰减的非周期函数,故结构不会出现振动。结构处于此种情况正是由振动过渡到非振动之间的临界状态,此时的阻尼系数定义为临界阻尼系数,记为 c_{cr}。显然

$$c_{cr}=2m\omega$$

结构所具有的阻尼大小在实际工程中可用 c 与临界阻尼的比值描述,这个比值称为阻尼比,即

$$\xi=\frac{c}{c_{cr}}=\frac{c}{2m\omega} \tag{10.30}$$

对于一般建筑结构,阻尼比 ξ 的值很小。例如,钢筋混泥土和砌体结构 $\xi=0.04\sim0.05$;钢结构 $\xi=0.02\sim0.03$。阻尼比 ξ 是阻尼的基本参数,可通过实验来测定。

(3)当 $\xi>1$,即 $c>2m\omega$ 时,特征方程有两个不相等的实根。

方程(10.27)的通解为

$$y=e^{-\xi\omega t}(c_1\text{ch}\omega\sqrt{\xi^2-1}\,t+c_2\text{sh}\omega\sqrt{\xi^2-1}\,t)$$

显然质点位移为衰减的非周期函数,故不产生振动。

由上述讨论可知,只有在小阻尼情况($\xi<1$)时结构才能发生自由振动。

由式(10.26)可见,有阻尼的自振频率 ω_d 随阻尼增大而减小。由于阻尼一般都很小,有

阻尼的自振频率接近无阻尼的自振频率,因此,在计算自振频率时可不考虑阻尼的影响。

当 $\sin(\omega_d t+\varphi_d)=1$ 时,质点位移 $Ae^{-\xi\omega t}$ 称为有阻尼质点的振幅。振幅是衰减的,随时间的增大而减小,其衰减的速度与阻尼大小有关。利用这个特点,通过实测自由振动质点的振幅来确定结构的阻尼。

若在 $t=t_0$ 时刻振幅为 y_n,经过一个周期后振幅为 y_{n+1},则有

$$\frac{y_n}{y_{n+1}}=\frac{Ae^{-\xi\omega t_0}}{Ae^{-\xi\omega(t_0+T_d)}}=e^{\xi\omega T_d}=常数$$

上式两边取对数,得

$$\ln\frac{y_n}{y_{n+1}}=\xi\omega T_d=\xi\omega\times\frac{2\pi}{\omega_d}\approx 2\pi\xi \tag{10.31}$$

称为振幅的对数衰减率。若实验测出 y_n 和 y_{n+1},可由式(10.31)求出阻尼比 ξ。

【例 10.7】 如图 10.16 所示单跨排架,横梁 $EA=\infty$,屋盖系统及柱子的部分质量集中在横梁处。在柱顶水平集中力 $F=120\text{ kN}$ 作用下,排架柱顶产生侧移 $y_0=0.6\text{ cm}$。这时突然释放,排架作自由振动,并测得周期 $T_d=2.0\text{ s}$,以及振动一个周期后柱顶的侧移 $y_1=0.5\text{ cm}$。试求排架的阻尼系数和振动 5 周后柱顶的振幅 y_5。

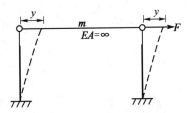

图 10.16

解:(1)求阻尼系数 c。

因为阻尼对频率和周期的影响很小,所以取 $T=T_d=2.0\text{ s}$,于是

$$\omega^2=\frac{k_{11}}{m}=\left(\frac{2\pi}{T}\right)^2=\left(\frac{2\pi}{2.0}\right)^2$$

而

$$k_{11}=\frac{F}{y_0}=\frac{120\times 10^3}{0.6\times 10^{-2}}\text{N/m}=2\times 10^7\text{ N/m}$$

则

$$m=\frac{k_{11}}{\omega^2}=\left(\frac{2.0}{2\pi}\right)^2\times 2\times 10^7\text{ kg}=2.206\times 10^3\text{ kg}$$

由式(10.31)得阻尼比为

$$\xi\approx\frac{1}{2\pi}\ln\frac{y_n}{y_{n+1}}=\frac{1}{2\pi}\ln\frac{y_0}{y_1}=\frac{1}{2\pi}\ln\frac{0.6}{0.5}=0.029$$

阻尼系数为

$$c=2m\omega\xi=2\times 2.206\times 10^3\times\frac{2\pi}{2.0}\times 0.029=0.402\text{ Mkg/s}$$

(2)求振动 5 周后柱顶的振幅 y_5。

由柱顶的运动方程

$$y(t)=Ae^{-\xi\omega t}\sin(\omega_d t+\varphi_d)$$

得

$$\frac{y_1}{y_0}=e^{-\xi\omega T_d}\quad\frac{y_5}{y_0}=e^{-5\xi\omega T_d}$$

所以

$$y_5=\left(\frac{y_1}{y_0}\right)^5\times y_0=\left(\frac{0.5}{0.6}\right)^5\times 0.6\text{ cm}=0.24\text{ cm}$$

10.5.2 阻尼对简谐荷载作用下强迫振动的影响

在简谐荷载作用下有阻尼的质点运动方程为

$$m\ddot{y}(t)+c\dot{y}(t)+k_{11}y(t)=F\sin\theta t$$

或
$$\ddot{y}(t)+2\xi\omega\dot{y}(t)+\omega^2 y(t)=\frac{F}{m}\sin\theta t \tag{10.32}$$

方程(10.32)为二阶非齐次常微分方程,其解由齐次方程的通解和特解两部分组成。阻尼使齐次方程的通解部分趋于零,在振动的平稳阶段只剩下特解部分。

设方程(10.32)的特解为
$$y(t)=c_1\cos\theta t+c_2\sin\theta t \tag{10.33}$$

式中,c_1、c_2 为待定系数。将式(10.33)代入方程(10.32),利用比较系数法,则有

$$c_1=-\frac{F}{m}\frac{2\xi\omega\theta}{(\omega^2-\theta^2)^2+4\xi^2\omega^2\theta^2}$$

$$c_2=\frac{F}{m}\frac{\omega^2-\theta^2}{(\omega^2-\theta^2)^2+4\xi^2\omega^2\theta^2}$$

将 c_1、c_2 代入式(10.33)即得方程(10.32)的特解,即为纯强迫振动的解。

令
$$\frac{(\omega^2-\theta^2)F}{m[(\omega^2-\theta^2)^2+4\xi^2\omega^2\theta^2]}=A\cos\varphi$$

$$-\frac{2\xi\omega\theta F}{m[(\omega^2-\theta^2)^2+4\xi^2\omega^2\theta^2]}=A\sin\varphi$$

纯强迫振动的解为
$$y=A\sin(\theta t+\varphi) \tag{10.34}$$

式中,
$$A=\frac{1}{\sqrt{(\omega^2-\theta^2)^2+4\xi^2\omega^2\theta^2}}\frac{F}{m} \tag{10.35}$$

$$\tan\varphi=\frac{2\xi\omega\theta}{\omega^2-\theta^2} \tag{10.36}$$

将 $\omega^2=\frac{1}{m\delta_{11}}$ 代入式(10.35),则振幅 A 可写为

$$A=\frac{1}{\sqrt{\left(1-\frac{\theta^2}{\omega^2}\right)^2+\frac{4\xi^2\theta^2}{\omega^2}}}\frac{F}{m\omega^2}=\mu y_{\text{st}}^F \tag{10.37}$$

式中
$$\mu=\frac{1}{\sqrt{\left(1-\frac{\theta^2}{\omega^2}\right)^2+\frac{4\xi^2\theta^2}{\omega^2}}} \tag{10.38}$$

由式(10.37)可知,有阻尼时位移幅值的计算与无阻尼时形式上是相同的,只是动力系数 μ 不仅与频比 θ/ω 有关,而且还与阻尼比 ξ 有关。也就是还要考虑阻尼对动力系数的影响。

现将讨论阻尼对动力系数 μ 的影响。对于不同的阻尼比,根据式(10.38),可绘出 μ 与 $\frac{\theta}{\omega}$ 的关系曲线,如图 10.17 所示。

(1) 当 $\theta\ll\omega$,即 $\frac{\theta}{\omega}$ 很小时,μ 接近1。此时,由于结构振动很慢,阻尼力很小,动荷载可作为静荷载计算。

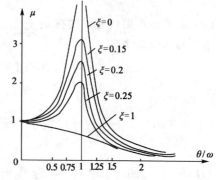

图 10.17

(2) 当 $\theta \gg \omega$，即 $\dfrac{\theta}{\omega}$ 很大时，μ 很小。这说明质点位移幅值很小，体现为震颤。由于此时惯性力很大，阻尼力相对可以忽略不计。

(3) 当 $\theta \approx \omega$ 时，μ 很大。由式(10.38)可以看出，当 $\theta = \omega$ 时，$\mu = \dfrac{1}{2\xi}$，$A = \dfrac{1}{2\xi} y_{st}^F$，即振幅不会趋于无限。通常把 $0.75 < \dfrac{\theta}{\omega} < 1.25$ 的范围称为共振区。在共振区内，阻尼的减振作用明显，不能忽视。

【例 10.8】 如图 10.18(a)所示梁承受简谐荷载 $F\sin\theta t$ 作用。已知：$F = 30$ kN，$\theta = 80$ rad/s，$m = 300$ kg，$EI = 90 \times 10^5$ N·m²，支座 B 的弹簧刚度 $K = \dfrac{48EI}{l^3}$。试求当阻尼比 $\xi = 0.05$ 时，梁中点的位移幅值及最大动弯矩。

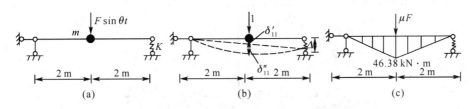

图 10.18

解：此梁运动为单自由度体系在简谐荷载作用下的强迫振动。

梁的柔度系数 $\delta_{11} = \delta'_{11} + \delta''_{11}$，如图 10.18(b)所示。其中

$$\delta'_{11} = \dfrac{1}{2} \times \dfrac{1}{2K} = \dfrac{l^3}{192EI}$$

$$\delta''_{11} = \dfrac{l^3}{48EI}$$

$$\delta_{11} = \delta'_{11} + \delta''_{11} = \dfrac{5l^3}{192EI}$$

故自振频率为 $\omega = \sqrt{\dfrac{1}{m\delta_{11}}} = \sqrt{\dfrac{192 \times 90 \times 10^5}{300 \times 5 \times 4^3}}$ rad/s $= 134.16$ rad/s

动力系数为

$$\mu = \dfrac{1}{\sqrt{\left(1 - \dfrac{\theta^2}{\omega^2}\right)^2 + 4\xi^2 \dfrac{\theta^2}{\omega^2}}} = \dfrac{1}{\sqrt{\left(1 - \dfrac{80^2}{134.16^2}\right)^2 + 4 \times 0.05^2 \times \left(\dfrac{80}{134.16}\right)^2}} = 1.546$$

跨中位移幅值为

$$A = \mu y_{st}^F = \mu F \delta_{11} = 1.546 \times 30 \times 10^3 \times \dfrac{5 \times 4^3}{192 \times 90 \times 10^5} \text{m} = 8.595 \times 10^{-3} \text{ m}$$

由于动荷载作用在质点上，故位移动力系数与内力动力系数相同。

跨中最大动弯矩为

$$M_{d\max} = \mu \times \dfrac{Fl}{4} = 1.546 \times \dfrac{1}{4} \times 30 \times 4 \text{ kN·m} = 46.38 \text{ kN·m}$$

动弯矩图如图 10.18(c)所示。

10.6 单自由度体系在任意荷载作用下的强迫振动

单自由度体系在任意荷载 $F(t)$ 作用下质点的运动方程为

$$\ddot{y}(t)+2\xi\omega\dot{y}(t)+\omega^2 y(t)=\frac{1}{m}F(t)$$

此方程为二阶线性非齐次微分方程。对于给定荷载 $F(t)$，通过解微分方程能够求出在 $F(t)$ 作用下的位移。为使计算更为简便和直观，这里将从冲量角度来讨论在任意荷载作用下的位移计算问题。

先来讨论瞬时冲量所引起的质点位移。瞬时冲量是指荷载 $F(t)$ 在极短的时间 Δt 内给予振动体系的冲量。若 $t=0$ 时，作用在质点的荷载大小为 F，作用时间为 Δt，则瞬时冲量为 $Q=f\Delta t$，即为如图 10.19(a) 所示的阴影面积。

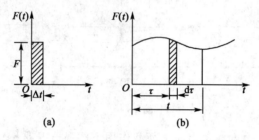

图 10.19

设静止的单自由度体系在 $t=0$ 时刻受冲量 Q 的作用，则其作用的质点 m 获得动量为 $m\dot{y}$。由于瞬时冲量 Q 全部传给质点，故有 $Q=m\dot{y}$，即

$$\dot{y}=\frac{Q}{m}$$

当作用在质点上的力离去时，质点已获得初始速度 $\dot{y}_0$，而质点初位移 $y_0=0$，因此质点在瞬时冲量作用后产生自由振动。由式(10.27)可知，质点 m 的位移方程为

$$y(t)=\frac{Q}{m\omega_d}e^{-\xi\omega t}\sin\omega_d t$$

若瞬时冲量在 $t=\tau$ 时作用在质点上，则质点位移在 $t<\tau$ 时为零，在 $t>\tau$ 时有

$$y(t)=\frac{Q}{m\omega_d}e^{-\xi\omega_d(t-\tau)}\sin\omega_d(t-\tau)$$

其中，瞬时冲量 $Q=F(\tau)\Delta\tau$。

由于一般荷载 $F(t)$ 可看成一系列瞬时冲量连续作用，即把每个瞬时冲量所引起的位移叠加，故可得到 $F(t)$ 作用下质点的位移为

$$y(t)=\int_0^t \frac{F(\tau)}{m\omega_d}e^{-\xi\omega(t-\tau)}\sin\omega_d(t-\tau)d\tau \tag{10.39}$$

若不计阻尼，则有 $\xi=0,\omega_d=\omega$，于是

$$y(t)=\frac{1}{m\omega}\int_0^t F(\tau)\sin\omega(t-\tau)d\tau \tag{10.40}$$

式(10.39)及式(10.40)称为杜哈梅积分。

若在 $t=0$ 时，体系还具有初始位移 y_0 和初始速度 $\dot{y}_0$，则质点的位移为

$$y(t) = \mathrm{e}^{-\xi\omega t}\left(y_0\cos\omega_\mathrm{d}t + \frac{\dot{y}_0 + \xi\omega y_0}{\omega_\mathrm{d}}\sin\omega_\mathrm{d}t\right) + \frac{1}{m\omega_\mathrm{d}}\int_0^t F(\tau)\mathrm{e}^{-\xi\omega(t-\tau)}\sin\omega_\mathrm{d}(t-\tau)\mathrm{d}\tau \tag{10.41}$$

若不计阻尼,则有

$$y(t) = y_0\cos\omega t + \frac{\dot{y}_0}{\omega}\sin\omega t + \frac{1}{m\omega}\int_0^t F(\tau)\sin\omega(t-\tau)\mathrm{d}\tau \tag{10.42}$$

【**例 10.9**】 试求单自度体系在突加荷载作用下的动位移幅值。加载前体系静止,不计阻尼。

突加荷载是指突然施加于结构上,并保持数值不变且长期作用的荷载。其随时间变化的规律为

$$F(t) = \begin{cases} 0 & (t=0) \\ F_0 & (t>0) \end{cases}$$

其函数曲线如图 10.20(a)所示。

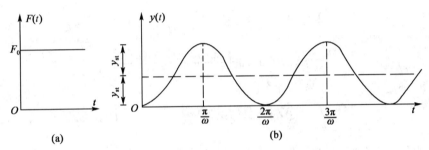

图 10.20

解:由于结构加载前处于静止状态,则由式(10.40)积分求出质点的位移为

$$\begin{aligned}
y(t) &= \int_0^t \frac{F_0}{m\omega}\sin(t-\tau)\mathrm{d}\tau \\
&= \frac{F_0}{m\omega^2}(1-\cos\omega t) \\
&= y_\mathrm{st}(1-\cos\omega t)
\end{aligned}$$

质点位移与时间的关系曲线如图 10.20(b)所示。由此可知,突加载引起质点的最大动位移 $y_\mathrm{d}=2y_\mathrm{st}^F$,动力系数为 2。

【**例 10.10**】 爆炸荷载可近似用如图 10.21 所示的规律表示,即

$$F(t) = \begin{cases} F\left(1-\dfrac{t}{t_1}\right) & (t\leqslant t_1) \\ 0 & (t\geqslant t_1) \end{cases}$$

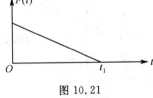

图 10.21

若不考虑阻尼,试求单自由度结构在此荷载作用下的动位移分式。设结构原处于静止状态。

解:(1) $t\leqslant t_1$ 时,结构的运动为初始条件均为零的强迫振动。

将 $F(t)$ 代入式(10.40),得

$$y(t) = \frac{F}{m\omega}\int_0^t\left(1-\frac{\tau}{t_1}\right)\sin\omega(t-\tau)\mathrm{d}\tau$$

将上式积分,得

$$y(t) = \frac{F}{m\omega^2}\left(1 - \cos\omega t + \frac{1}{\omega t_1}\sin\omega t - \frac{1}{t_1}\right)$$

设 $y_{st}^F = \frac{F}{k_{11}} = \frac{F}{m\omega^2}$，则

$$y(t) = y_{st}^F\left(1 - \cos\omega t + \frac{1}{\omega t_1}\sin\omega t - \frac{1}{t_1}\right)$$

(2) 在 $t \geqslant t_1$ 时，结构的运动为初始条件为 $y_0 = y(t_1)$，$\dot{y}_0 = \dot{y}(t_1)$ 的自由振动。由上式求得

$$y_0 = y(t_1) = y_{st}^F\left(\frac{1}{\omega t_1} - \cos\omega t_1\right)$$

$$\dot{y}_0 = \dot{y}(t_1) = y_{st}^F \omega\left(\sin\omega t_1 - \frac{1}{\omega t_1} + \frac{1}{\omega t_1}\cos\omega t_1\right)$$

将 y_0、$\dot{y}_0$ 代入无阻尼自由振动位移分式(10.7)，并将时间变量改为 $t - t_1$，即得 $t > t_1$ 时结构的位移，即

$$y = \frac{\dot{y}(t_1)}{\omega}\sin\omega(t - t_1) + y(t_1)\cos\omega t(t - t_1) \qquad (t \geqslant t_1)$$

或

$$y = y_{st}^F\left[-\cos\omega t + \frac{\sin\omega t - \sin\omega(t - t_1)}{\omega t_1}\right]$$

10.7 多自由度结构的自由振动

在结构的动力分析中，为了保证分析结果的精度，有些结构需要简化为多自由度体系进行计算。多自由度体系自由振动分析的主要目的在于确定体系的自振频率和振型，为其强迫振动分析作准备。在单自由度体系的分析中，阻尼对体系自振频率等影响很小，对于多自由度体系也有类似情况，因此在其自由振动分析中不考虑阻尼的影响。

10.7.1 体系运动方程的建立

设两个自由度体系如图 10.22(a)所示，集中质量分别为 m_1 和 m_2，不计梁的重量。在振动中任一时刻各质点位移分别为 $y_1(t)$ 和 $y_2(t)$。与单自由度体系相同，采用柔度法或刚度法建立运动方程。

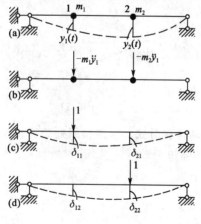

图 10.22

(1) 柔度法（列位移方程）

将惯性力 $-m_1\ddot{y}_1$ 和 $-m_2\ddot{y}_2$ 作为静荷载分别作用在质点 1、2 处（如图 10.22(b)所示）。由于为自由振动，梁无动荷载作用。在各惯性力作用下，各质点的位移为

$$\begin{cases} y_1 = \delta_{11}(-m_1\ddot{y}_1) + \delta_{12}(-m_2\ddot{y}_2) \\ y_2 = \delta_{21}(-m_1\ddot{y}_1) + \delta_{22}(-m_2\ddot{y}_2) \end{cases}$$

或

$$\begin{cases} y_1 + \delta_{11}m_1\ddot{y}_1 + \delta_{12}m_2\ddot{y}_2 = 0 \\ y_2 + \delta_{21}m_1\ddot{y}_1 + \delta_{22}m_2\ddot{y}_2 = 0 \end{cases}$$

式中，δ_{ij} 称为柔度系数，它表示沿 y_j 方向施加单位力时，在 y_i 方向所产生的位移（参见图 10.22(c)、(d)）。

同样,对于 n 个自由度体系,由柔度法建立的运动方程为

$$\begin{cases} y_1+\delta_{11}m_1\ddot{y}_1+\delta_{12}m_2\ddot{y}_2+\cdots+\delta_{1n}m_n\ddot{y}_n=0 \\ y_1+\delta_{21}m_1\ddot{y}_1+\delta_{22}m_2\ddot{y}_2+\cdots+\delta_{2n}m_n\ddot{y}_n=0 \\ \vdots \\ y_n+\delta_{n1}m_1\ddot{y}_1+\delta_{n2}m_2\ddot{y}_2+\cdots+\delta_{nn}m_n\ddot{y}_n=0 \end{cases}$$

写成矩阵形式,则有

$$\begin{Bmatrix} y_1 \\ y_2 \\ \vdots \\ y_n \end{Bmatrix} + \begin{bmatrix} \delta_{11} & \delta_{12} & \cdots & \delta_{1n} \\ \delta_{21} & \delta_{22} & \cdots & \delta_{2n} \\ \vdots & \vdots & & \vdots \\ \delta_{n1} & \delta_{n2} & \cdots & \delta_{nn} \end{bmatrix} \begin{bmatrix} m_1 & & & 0 \\ & m_2 & & \\ & & \ddots & \\ 0 & & & m_n \end{bmatrix} \begin{Bmatrix} \ddot{y}_1 \\ \ddot{y}_2 \\ \vdots \\ \ddot{y}_n \end{Bmatrix} = \begin{Bmatrix} 0 \\ 0 \\ \vdots \\ 0 \end{Bmatrix} \quad (10.43a)$$

或简写为

$$\{y\}+[\delta][M]\{\ddot{y}\}=\{0\} \quad (10.43b)$$

其中,$[\delta]$ 为结构的柔度矩阵,是对称方阵;$\{M\}$ 为质量矩阵;$\{y\}$ 为质点位移向量;$\{\ddot{y}\}$ 为质点加速度向量。

(2) 刚度法(列动力平衡方程)

列动力平衡方程时,可采取类似位移法的步骤来处理。首先在质点1、2处沿位移方向加入附加链杆(如图10.23(a)所示),则在各惯性力 $-m_i\ddot{y}_i(i=1,2)$ 作用下,各链杆的反力等于 $m_i\ddot{y}_i(i=1,2)$。然后令各链杆发生与各质点实际情况相同的位移(如图10.23(b)所示)。此时,体系恢复原自然状态,则附加链杆的反力 $R_1(t)$、$R_2(t)$ 也等于零。由此可列出各质点的动力平衡方程,有

$$\begin{cases} R_1(t)=K_{11}y_1+K_{12}y_2+R_{1I}=0 \\ R_2(t)=K_{21}y_1+K_{22}y_2+R_{2I}=0 \end{cases}$$

式中,K_{ij} 称为刚度系数,它表示由于链杆 j 发生单位位移(其余各链杆的位移为零)时在链杆 i 处引起的反力。R_{1I}、R_{2I} 为在质点惯性力作用下各链杆的反力(如图10.23(e)所示)。将 $R_{1I}(t)=m_1\ddot{y}_1(t)$,$R_{2I}(t)=m_2\ddot{y}_2(t)$ 代入上述方程,则运动方程为

$$\begin{cases} K_{11}y_1+K_{12}y_2+m_1\ddot{y}_1=0 \\ K_{21}y_1+K_{22}y_2+m_2\ddot{y}_2=0 \end{cases}$$

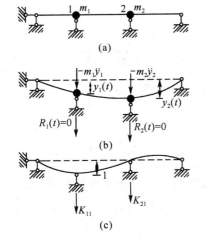
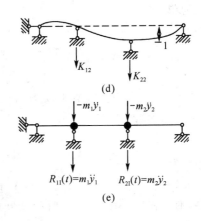

图 10.23

同样，对于 n 个自由度体系按刚度法建立运动方程为

$$\begin{cases} m_1\ddot{y}_1 + K_{11}y_1 + K_{12}y_2 + \cdots + K_{1n}y_n = 0 \\ m_2\ddot{y}_2 + K_{21}y_1 + K_{22}y_2 + \cdots + K_{2n}y_n = 0 \\ \quad\vdots \\ m_n\ddot{y}_n + K_{n1}y_1 + K_{n2}y_2 + \cdots + K_{nn}y_n = 0 \end{cases}$$

写成矩阵形式为

$$\begin{bmatrix} m_1 & & & 0 \\ & m_2 & & \\ & & \ddots & \\ 0 & & & m_n \end{bmatrix} \begin{Bmatrix} \ddot{y}_1 \\ \ddot{y}_2 \\ \vdots \\ \ddot{y}_n \end{Bmatrix} + \begin{bmatrix} K_{11} & K_{12} & \cdots & K_{1n} \\ K_{21} & K_{22} & \cdots & K_{2n} \\ \vdots & \vdots & & \vdots \\ K_{n1} & K_{n2} & \cdots & K_{nn} \end{bmatrix} \begin{Bmatrix} y_1 \\ y_2 \\ \vdots \\ y_n \end{Bmatrix} = \begin{Bmatrix} 0 \\ 0 \\ \vdots \\ 0 \end{Bmatrix} \tag{10.44a}$$

或简写为

$$[M]\{\ddot{y}\} + [K]\{y\} = \{0\} \tag{10.44b}$$

式中，$[K]$ 为体系的刚度矩阵，它是对称矩阵；$[M]$ 为质量矩阵；$\{\ddot{y}\}$ 为质点加速度列向量；$\{y\}$ 为质点位移列向量。

由于柔度矩阵 $[\delta]$ 与刚度矩阵 $[K]$ 互为逆矩阵，即 $[\delta] = [K]^{-1}$，则用柔度法或用刚度法建立的体系运动方程是等价的，只是表现形式不同而已。

10.7.2 频率和主振型

(1) 利用柔度法建立的运动方程讨论体系的频率和主振型计算问题。

设运动方程(10.43)的特解为

$$\{y\} = \{A\}\sin(\omega t + \varphi)$$

式中，$\{A\} = \{A_1\ A_2\ \cdots\ A_n\}^T$ 称为质点位移幅值向量。它是体系按某一频率 ω 作简谐振动时，各质点的位移幅值依次排列的一个列向量。由于 $\{A\}$ 不随时间而变化，体现了体系按频率 ω 作简谐振动时的振动形态，故称为主振型或简称振型。

将上式代入运动方程(10.43)，并消去公因子 $\sin(\omega t + \varphi)$，则得到振型方程

$$\left([\delta][M] - \frac{1}{\omega^2}[I]\right)\{A\} = 0 \tag{10.45a}$$

式中，$[I]$ 为单位矩阵。

其展开式为

$$\left.\begin{aligned} \left(\delta_{11}m_1 - \frac{1}{\omega^2}\right)A_1 + \delta_{12}m_2A_2 + \cdots + \delta_{1n}m_nA_n &= 0 \\ \delta_{21}m_1A_1 + \left(\delta_{22}m_2 - \frac{1}{\omega^2}\right)A_2 + \cdots + \delta_{2n}m_nA_n &= 0 \\ \vdots\qquad\qquad& \\ \delta_{n1}m_1A_1 + \delta_{n2}m_2A_2 + \cdots + \left(\delta_{nn}m_n - \frac{1}{\omega^2}\right)A_n &= 0 \end{aligned}\right\} \tag{10.45b}$$

式(10.45)为位移幅值 $A_1, A_2, \cdots, A_n$ 的齐次方程。由于体系发生振动，$A_1, A_2, \cdots, A_n$ 不全为零，则方程(10.45)有非零解的充分必要条件是其系数行列式为零，即

$$\left|[\delta][M] - \frac{1}{\omega^2}[I]\right| = 0 \tag{10.46a}$$

其展开式为

$$\begin{vmatrix} \left(\delta_{11}m_1-\dfrac{1}{\omega^2}\right) & \delta_{12}m_2 & \cdots & \delta_{1n}m_n \\ \delta_{21}m_1 & \left(\delta_{22}m_2-\dfrac{1}{\omega^2}\right) & \cdots & \delta_{2n}m_n \\ \vdots & \vdots & & \vdots \\ \delta_{n1}m_1 & \delta_{n2}m_2 & \cdots & \left(\delta_{nn}m_n-\dfrac{1}{\omega^2}\right) \end{vmatrix}=0 \qquad (10.46\text{b})$$

式(10.46)即为 n 个自由度体系的频率方程。将行列式展开可以得到一个关于 ω^2 或 $\dfrac{1}{\omega^2}$ 的 n 次代数方程。解此方程,可得到 ω^2 或 $\dfrac{1}{\omega^2}$ 的 n 个非负实根,即得由小到大排列的 n 个自振频率 $\omega_1,\omega_2,\cdots,\omega_n$。其中,最小的频率 ω_1 称为第一频率或基本频率。

将求得的频率 $\omega_K(K=1,2,\cdots,n)$ 分别代入振型方程(10.45),即

$$\left([\delta][M]-\dfrac{1}{\omega_K^2}[I]\right)\{A\}^{(K)}=\{0\}$$

由上式可确定与 ω_K 对应的主振型 $\{A\}^{(K)}=\{A_1^{(K)}\ A_2^{(K)}\ \cdots\ A_n^{(K)}\}^T$。由于振型方程的系数行列式为零,因而不唯一确定 $A_1^{(K)},A_2^{(K)},\cdots,A_n^{(K)}$ 的值,但可确定它们之间的相对值,即确定了振型。要想主振型 $\{A\}^{(K)}$ 中各元素的大小能够全部确定,还需要补充条件。常用办法是:任取 $\{A\}^{(K)}$ 中的一个元素(通常取第一个或最后一个元素)作为标准,取基值为1,根据振型方程可求出其余元素的数值。

对于两个自由度体系,其振型方程为

$$\left.\begin{aligned}\left(\delta_{11}m_1-\dfrac{1}{\omega^2}\right)A_1+\delta_{12}m_2A_2&=0\\ \delta_{21}m_1A_1+\left(\delta_{22}m_2-\dfrac{1}{\omega^2}\right)A_2&=0\end{aligned}\right\} \qquad (10.47)$$

频率方程为

$$\begin{vmatrix} \delta_{11}m_1-\dfrac{1}{\omega^2} & \delta_{12}m_2 \\ \delta_{21}m_1 & \delta_{22}m_2-\dfrac{1}{\omega^2} \end{vmatrix}=0 \qquad (10.48)$$

将式(10.48)展开,并令 $\dfrac{1}{\omega^2}=\lambda$,得

$$\lambda^2-(\delta_{11}m_1+\delta_{22}m_2)\lambda+(\delta_{11}\delta_{22}-\delta_{12}^2)m_1m_2=0$$

解方程,求得 λ 的两个根为

$$\lambda_{1,2}=\dfrac{1}{2}\left[(\delta_{11}m_1+\delta_{22}m_2)\pm\sqrt{(\delta_{11}m_1+\delta_{22}m_2)-4(\delta_{11}\delta_{22}-\delta_{12}^2)m_1m_2}\right] \qquad (10.49)$$

两个自振频率为

$$\omega_1=\sqrt{\dfrac{1}{\lambda_1}},\quad \omega_2=\sqrt{\dfrac{1}{\lambda_2}}$$

将 ω_1 和 ω_2 分别代入振型方程(10.47)中的第一个方程,即可求出两个振型:

$$\dfrac{A_2^{(1)}}{A_1^{(1)}}=\dfrac{\dfrac{1}{\omega_1^2}-\delta_{11}m_1}{\delta_{12}m_2} \qquad (10.50)$$

$$\frac{A_2^{(2)}}{A_1^{(2)}} = \frac{\frac{1}{\omega_2^2} - \delta_{11} m_1}{\delta_{12} m_2} \tag{10.51}$$

(2) 对于刚度法建立的运动方程，同上述分析过程类似，此时振型方程为

$$\{[K] - \omega^2 [M]\}\{A\} = 0 \tag{10.52a}$$

其展开形式为

$$\left.\begin{array}{l}(K_{11} - \omega^2 m_1)A_1 + K_{12}A_2 + \cdots + K_{1n}A_n = 0 \\ K_{21}A_1 + (K_{22} - \omega^2 m_2)A_2 + \cdots + K_{2n}A_n = 0 \\ \vdots \\ K_{n1}A_1 + K_{n2}A_2 + \cdots + (K_{nn} - \omega^2 m_n)A_n = 0\end{array}\right\} \tag{10.52b}$$

频率方程为

$$|[K] - \omega^2 [M]| = 0 \tag{10.53a}$$

其展开形式为

$$\begin{vmatrix}(K_{11} - \omega^2 m_1) & K_{12} & \cdots & K_{1n} \\ K_{21} & (K_{22} - \omega^2 m_2) & \cdots & K_{2n} \\ \vdots & \vdots & & \vdots \\ K_{n1} & K_{n2} & \cdots & (K_{nn} - \omega^2 m_n)\end{vmatrix} = 0 \tag{10.53b}$$

对于两个自由度体系，频率方程为

$$\begin{vmatrix}K_{11} - \omega^2 m_1 & K_{12} \\ K_{21} & K_{22} - \omega^2 m_2\end{vmatrix} = 0 \tag{10.54}$$

或

$$(\omega^2)^2 - \left(\frac{K_{11}}{m_1} + \frac{K_{22}}{m_2}\right)\omega^2 + \frac{K_{11}K_{22} - K_{12}^2}{m_1 m_2} = 0$$

由此可得自振频率 ω_1 和 ω_2 为

$$\omega_{1,2}^2 = \frac{1}{2}\left(\frac{K_{11}}{m_1} + \frac{K_{22}}{m_2}\right) \mp \frac{1}{2}\sqrt{\left(\frac{K_{11}}{m_1} + \frac{K_{22}}{m_2}\right)^2 - \frac{2(K_{11}K_{22} - K_{12}^2)}{m_1 m_2}} \tag{10.55}$$

两个主振型为

$$\begin{array}{l}\dfrac{A_2^{(1)}}{A_1^{(1)}} = \dfrac{\omega_1^2 m_1 - K_{11}}{K_{12}} \\ \\ \dfrac{A_2^{(2)}}{A_1^{(2)}} = \dfrac{\omega_2^2 m_1 - K_{11}}{K_{12}}\end{array} \tag{10.56}$$

由上面导出的频率和主振型方程可知：频率和主振型只与体系的质量和刚度有关，而与外部干扰无关，因此它们是体系本身所固有的特性。由于多自由度体系的强迫振动分析经常涉及体系的动力特性，因此计算体系的自振频率和主振型是十分重要的。

【例 10.11】 试求如图 10.24(a)所示结构的自振频率和振型。已知：$m_1 = m_2 = m$，抗弯刚度为 EI。

解：(1) 求自振频率。

根据图 10.24(b)、(c)，用图乘法求出柔度系数为

$$\delta_{11} = \delta_{22} = \frac{4l^3}{243EI}$$

$$\delta_{12} = \delta_{21} = \frac{7l^3}{486EI}$$

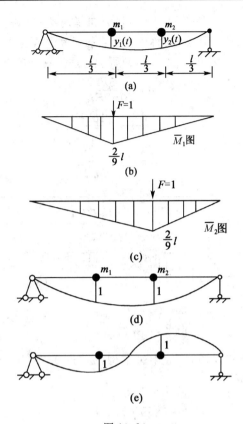

图 10.24

将柔度系数和质量代入式(10.49),得

$$\lambda_1 = \frac{15ml^3}{486EI}, \quad \lambda_2 = \frac{ml^3}{486EI}$$

则自振频率为

$$\omega_1 = \sqrt{\frac{1}{\lambda_1}} = 5.692\sqrt{\frac{EI}{ml^3}}, \omega_2 = \sqrt{\frac{1}{\lambda_2}} = 22.045\sqrt{\frac{EI}{ml^3}}$$

(2) 求主振型。

当 $\omega = \omega_1$ 时,主振型为

$$\frac{A_2^{(1)}}{A_1^{(1)}} = \frac{\frac{1}{\omega_1^2} - m_1\delta_{11}}{m_2\delta_{12}} = 1$$

则第一振型(如图 10.24(d)所示)为

$$\{A\}^{(1)} = \begin{Bmatrix} 1 \\ 1 \end{Bmatrix}$$

当 $\omega = \omega_2$ 时,主振型为

$$\frac{A_2^{(2)}}{A_1^{(2)}} = \frac{\frac{1}{\omega_2^2} - m_1\delta_{11}}{m_2\delta_{12}} = -1$$

则第二振型(如图 10.23(e)所示)为

$$\{A\}^{(2)} = \begin{Bmatrix} 1 \\ -1 \end{Bmatrix}$$

由图 10.24(d)、(e)可知,若体系刚度和质量分布是对称的,则它的振型也是对称(正对称或反对称)的。根据振型的这个特点,对称体系的自振频率和振型的计算可得到简化。在求正对称振型的频率时,取半边结构,如图 10.25(a)所示。这是一个单自由度体系,其柔度系数为

$$\delta_{11} = \frac{5l^3}{162EI}$$

其频率为

$$\omega^2 = \frac{1}{m\delta_{11}} = \frac{162EI}{5ml^3}$$

则

$$\omega = 5.692\sqrt{\frac{EI}{ml^3}}$$

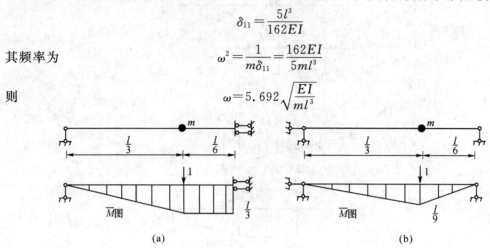

图 10.25

求反对称体系的振型和频率时,取半边结构,如图 10.25(b)所示。这也是一个自由度体系,其柔度系数和自振频率为

$$\delta_{11} = \frac{l^3}{486EI}$$

$$\omega = \sqrt{\frac{1}{m\delta_{11}}} = 22.045\sqrt{\frac{EI}{ml^3}}$$

比较两个频率可知:基本频率 $\omega_1 = 5.692\sqrt{\frac{EI}{ml^3}}$,对应的第一振型是正对称的;第二频率 $\omega_2 = 22.045\sqrt{\frac{EI}{ml^3}}$,对应的第二振型是反对称的。

【例 10.12】 试求如图 10.26(a)所示刚架的自振频率和振型。已知:横梁刚度 $EI = \infty$;质量 $m_1 = m_2 = m$;层间侧移刚度为 $K_1 = K_2 = K$。

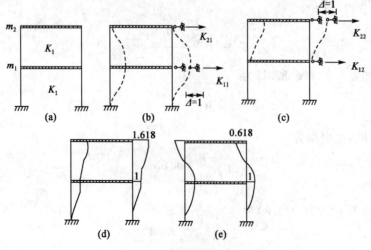

图 10.26

解:(1) 求刚架自振频率。

由图 10.26(b)、(c)可求得刚架的刚度系数为

$$K_{11}=K_1+K_2=2K, \quad K_{12}=-K_2=-K$$
$$K_{21}=-K_2=-K, \quad K_{22}=K_2=K$$

将刚度系数和质量代入式(10.54),则有

$$(2K-\omega^2 m)(K-\omega^2 m)-K^2=0$$

解频率方程,则得

$$\omega_1^2=\frac{1}{2}(3-\sqrt{5})\frac{K}{m}=0.381\,97\frac{K}{m}$$

$$\omega_2^2=\frac{1}{2}(3+\sqrt{5})\frac{K}{m}=2.618\,03\frac{K}{m}$$

两个自振频率为

$$\omega_1=0.618\sqrt{\frac{K}{m}}, \quad \omega_2=1.618\sqrt{\frac{K}{g}}$$

(2) 求振型。

当 $\omega=\omega_1$ 时,主振型为

$$\frac{A_2^{(1)}}{A_1^{(1)}}=\frac{m_1\omega_1^2-K_{11}}{K_{12}}=\frac{0.381\,97K-2K}{-K}=1.618$$

则第一振型(如图 10.26(d)所示)为

$$\{A\}^{(1)}=\begin{Bmatrix}1\\1.618\end{Bmatrix}$$

当 $\omega=\omega_2$ 时,主振型为

$$\frac{A_2^{(2)}}{A_1^{(2)}}=\frac{m_1\omega_2^2-K_{11}}{K_{12}}=\frac{2.618\,03K-2K}{-K}=-0.618$$

则第二振型(如图 10.26(e)所示)为

$$\{A\}^{(2)}=\begin{Bmatrix}1\\-0.618\end{Bmatrix}$$

(3) 讨论主振型的正交性。

由上面的分析可知,n 个自由度体系具有 n 个自振频率及相应的 n 个主振型,从 n 个振型中任取两个振型$\{A\}^{(i)}$ 和$\{A\}^{(j)}$,若使

$$\{A\}^{(i)\mathrm{T}}[m]\{A\}^{(j)}=0$$
$$\{A\}^{(i)\mathrm{T}}[K]\{A\}^{(j)}=0$$

则称为主振型满足正交性,即对质量矩阵正交,对刚度矩阵也正交。

事实上,将主振型$\{A\}^{(i)}$ 代入振型方程(10.52),有

$$([K]-\omega_i^2[M])\{A\}^{(i)}=0$$

或

$$[K]\{A\}^{(i)}=\omega_i^2[M]\{A\}^{(i)}$$

上式两边左乘$\{A\}^{(j)\mathrm{T}}$,有

$$\{A\}^{(j)\mathrm{T}}[K]\{A\}^{(i)}=\omega_i^2\{A\}^{(j)\mathrm{T}}\{M\}\{A\}^{(i)} \tag{a}$$

将主振型$\{A\}^{(j)}$ 代入振型方程同样可得

$$\{A\}^{(i)\mathrm{T}}[K]\{A\}^{(j)}=\omega_i^2\{A\}^{(i)\mathrm{T}}\{M\}\{A\}^{(j)}$$

将上式两边同时转置,这里$[K]$和$[M]$为对称矩阵,即$[K]^\mathrm{T}=[K]$,$[M]^\mathrm{T}=[M]$,则有

$$\{A\}^{(j)\mathrm{T}}[K]\{A\}^{(i)}=\omega_j^2\{A\}^{(j)\mathrm{T}}[M]\{A\}^{(i)} \tag{b}$$

式(a)减去式(b),有

$$(\omega_i^2 - \omega_j^2)\{A\}^{(j)\mathrm{T}}[M]\{A\}^{(i)} = 0$$

由 $\omega_i \neq \omega_j$,则有

$$\{A\}^{(j)\mathrm{T}}[M]\{A\}^{(i)} = 0 \tag{c}$$

将式(c)代入式(a),有

$$\{A\}^{(j)\mathrm{T}}[K]\{A\}^{(i)} = 0$$

上面证明了主振型具有正交性,它是体系本身固有的性质。利用主振型的正交性不仅可简化动荷载作用下强迫振动的计算,而且可以检验所求得的主振型是否正确。

例如,如图10.25(a)所示结构的质量矩阵和刚度矩阵为

$$[M] = \begin{bmatrix} m & 0 \\ 0 & m \end{bmatrix}, [K] = \begin{bmatrix} 2K & -K \\ -K & K \end{bmatrix}$$

所求得主振型为

$$\{A\}^{(1)} = \begin{Bmatrix} 1 \\ 1.618 \end{Bmatrix} \quad \{A\}^{(2)} = \begin{Bmatrix} 1 \\ -0.618 \end{Bmatrix}$$

验证正交性,有

$$\{A\}^{(1)\mathrm{T}}[M]\{A\}^{(2)} = \{1 \quad 1.618\} \begin{bmatrix} m & 0 \\ 0 & m \end{bmatrix} \begin{Bmatrix} 1 \\ -0.618 \end{Bmatrix} = 0$$

$$\{A\}^{(1)\mathrm{T}}[K]\{A\}^{(2)} = \{1 \quad 1.618\} \begin{bmatrix} 2K & -K \\ -K & K \end{bmatrix} \begin{Bmatrix} 1 \\ -0.618 \end{Bmatrix} = 0$$

故满足正交性。

10.8 多自由度体系在简谐荷载作用下的强迫振动

多自由度体系在简谐荷载作用下的强迫振动与单自由度体系类似,开始也存在一个过渡阶段,由于阻尼的影响,其中自由振动部分很快衰减掉,因此对于多自由度体系的强迫振动只讨论平稳阶段的纯强迫振动。

如图10.27(a)所示为两个自由度体系承受简谐荷载作用,且各荷载的频率和相位相同。

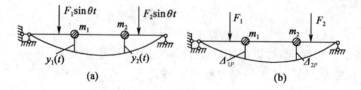

图10.27

用柔度法建立运动方程,有

$$\begin{cases} y_1(t) = \delta_{11}[-m_1 \ddot{y}_1(t)] + \delta_{12}[-m_2 \ddot{y}_2(t)] + \Delta_{1P}\sin\theta t \\ y_2(t) = \delta_{21}[-m_1 \ddot{y}_1(t)] + \delta_{22}[-m_2 \ddot{y}_2(t)] + \Delta_{2P}\sin\theta t \end{cases}$$

或

$$\begin{cases} y_1(t) + \delta_{11}m_1\ddot{y}_1(t) + \delta_{12}m_2\ddot{y}_2(t) = \Delta_{1P}\sin\theta t \\ y_2(t) + \delta_{21}m_1\ddot{y}_1(t) + \delta_{22}m_2\ddot{y}_2(t) = \Delta_{2P}\sin\theta t \end{cases} \tag{10.57}$$

式中，Δ_{1P}、Δ_{2P} 为荷载幅值作为静荷载所引起的质点位移，如图 10.27(b) 所示。

由于在平稳阶段各质点与荷载同频同步振动，则设方程(10.57)纯强迫振动的解为

$$\left.\begin{array}{l} y_1(t) = A_1 \sin\theta t \\ y_2(t) = A_2 \sin\theta t \end{array}\right\} \tag{10.58}$$

由此，质点的惯性力为

$$\left.\begin{array}{l} F_{I1}(t) = -m_1 \ddot{y}_1(t) = m_1 \theta^2 A_1 \sin\theta t \\ F_{I2}(t) = -m_2 \ddot{y}_2(t) = m_2 \theta^2 A_2 \sin\theta t \end{array}\right\} \tag{10.59}$$

将式(10.58)和式(10.59)代入方程(10.57)，整理得位移幅值方程为

$$\left.\begin{array}{l} \left(\delta_{11} m_1 - \dfrac{1}{\theta^2}\right) A_1 + \delta_{12} m_2 A_2 + \dfrac{\Delta_{1P}}{\theta^2} = 0 \\ \delta_{21} m_1 A_1 + \left(\delta_{22} m_2 - \dfrac{1}{\theta^2}\right) A_2 + \dfrac{\Delta_{2P}}{\theta^2} = 0 \end{array}\right\} \tag{10.60}$$

由式(10.59)有

$$\left.\begin{array}{l} F_{I1}^0 = m_1 \theta^2 A_1 \\ F_{I2}^0 = m_2 \theta^2 A_2 \end{array}\right\} \tag{10.61}$$

式中，F_{I1}^0、F_{I2}^0 为质点惯性力幅值。

将式(10.61)代入质点位移幅值方程(10.60)，整理得质点惯性力幅值方程为

$$\left.\begin{array}{l} \left(\delta_{11} - \dfrac{1}{m_1 \theta^2}\right) F_{I1}^0 + \delta_{12} F_{I2}^0 + \Delta_{1P} = 0 \\ \delta_{21} F_{I1}^0 + \left(\delta_{22} - \dfrac{1}{m_2 \theta^2}\right) F_{I2}^0 + \Delta_{2P} = 0 \end{array}\right\} \tag{10.62}$$

由式(10.58)、式(10.59)和动荷载的表达式可知，在纯强迫振动时，质点的位移、惯性力及动荷载将同时达到最大值，因此在计算最大动位移和动内力时，可将动荷载和惯性力的幅值作为静荷载作用于结构，用静力方法进行计算。

以上就两个自由度体系所得的结论对于 n 个自由度体系承受简谐荷载的情况也成立。

由式(10.57)知，n 个自由度体系在简谐荷载作用下的运动方程为

$$\left.\begin{array}{l} y_1 + \delta_{11} m_1 \ddot{y}_1 + \delta_{12} m_2 \ddot{y}_2 + \cdots + \delta_{1n} m_n \ddot{y}_n = \Delta_{1P} \sin\theta t \\ y_2 + \delta_{21} m_1 \ddot{y}_1 + \delta_{22} m_2 \ddot{y}_2 + \cdots + \delta_{2n} m_n \ddot{y}_n = \Delta_{2P} \sin\theta t \\ \qquad\qquad\qquad\qquad\qquad \vdots \\ y_n + \delta_{n1} m_1 \ddot{y}_1 + \delta_{n2} m_2 \ddot{y}_2 + \cdots + \delta_{nn} m_n \ddot{y}_n = \Delta_{nP} \sin\theta t \end{array}\right\} \tag{10.63a}$$

写成矩阵形式，则有

$$\{y\} + [\delta][M]\{\ddot{y}\} = \{\Delta_P\} \sin\theta t \tag{10.63b}$$

式中，$\{\Delta_P\} = \{\Delta_{1P} \Delta_{2P} \cdots \Delta_{nP}\}^T$，为荷载幅值引起的质点静位移列向量。

同样，由式(10.60)知，n 个自由度体系在简谐荷载作用下的质点位移幅值方程为

$$\left.\begin{array}{l} \left(\delta_{11} m_1 - \dfrac{1}{\theta^2}\right) A_1 + \delta_{12} m_2 A_2 + \cdots + \delta_{1n} m_n A_n + \dfrac{\Delta_{1P}}{\theta^2} = 0 \\ \delta_{21} m_1 A_1 + \left(\delta_{22} m_2 - \dfrac{1}{\theta^2}\right) A_2 + \cdots + \delta_{2n} m_n A_n + \dfrac{\Delta_{2P}}{\theta^2} = 0 \\ \qquad\qquad\qquad\qquad\qquad \vdots \\ \delta_{n1} m_1 A_1 + \delta_{n2} m_2 A_2 + \cdots + \left(\delta_{nn} m_n - \dfrac{1}{\theta^2}\right) A_n + \dfrac{\Delta_{nP}}{\theta^2} = 0 \end{array}\right\} \tag{10.64a}$$

写成矩阵形式,则有

$$\left([\delta][m]-\frac{1}{\theta^2}[I]\right)\{A\}+\frac{1}{\theta^2}\{\Delta_P\}=\{0\} \tag{10.64b}$$

式中,$[I]$ 为单位矩阵;$\{A\}$ 为质点位移幅值向量。

利用 $F_{Ii}^0=m_i\theta^2 A_i$,由式(10.64a)得 n 个自由度体系在简谐荷载作用下的质点惯性力幅值方程为

$$\left.\begin{aligned}\left(\delta_{11}+\frac{1}{m_1\theta^2}\right)F_{I1}^0+\delta_{12}F_{I2}^0+\cdots+\delta_{1n}F_{In}^0+\Delta_{1P}&=0\\ \delta_{21}F_{I1}^0+\left(\delta_{22}+\frac{1}{m_2\theta^2}\right)F_{I2}^0+\cdots+\delta_{2n}F_{In}^0+\Delta_{2P}&=0\\ \vdots&\\ \delta_{n1}F_{I1}^0+\delta_{n2}F_{I2}^0+\cdots+\left(\delta_{nn}+\frac{1}{m_n\theta^2}\right)F_{In}^0+\Delta_{nP}&=0\end{aligned}\right\} \tag{10.65a}$$

写成矩阵形式,则有

$$\left([\delta]-\frac{1}{\theta^2}[M]^{-1}\right)\{F_I^0\}+\{\Delta_P\}=\{0\} \tag{10.65b}$$

式中,$\{F_I^0\}$ 为惯性力幅值向量。

由质点振幅方程(10.64)可以看出,当 $\theta=\omega_K(K=1,2,\cdots,n)$,即动荷载的频率与体系任一个自振频率相等时,方程(10.64)的系数行列式与其频率方程(10.45)一样。此时,对于方程(10.64),由于系数行列式 $\left|[\delta][M]-\frac{1}{\theta^2}[I]\right|=0$,而 $\{\Delta_P\}$ 的元素不全为零,则质点振幅趋于无穷大,即发生共振。对于 n 个自由度体系,其自振频率有 n 个,故有 n 个共振区。实际上由于存在阻尼,质点的振幅不会为无限大,但这对结构仍是很不利的。

【例 10.13】 求如图 10.28(a)所示体系的振幅和动弯矩幅值图。已知:$m_1=m_2=m$,$\theta=0.6\omega_1$,$\omega_1=5.69\sqrt{\dfrac{EI}{ml^3}}$。

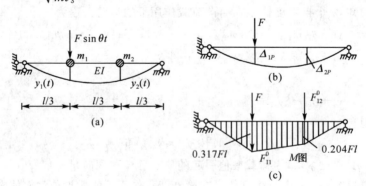

图 10.28

解:(1) 计算结构的柔度系数。

$$\delta_{11}=\delta_{22}=\frac{4l^3}{243EI},\quad \delta_{12}=\delta_{21}=\frac{7l^3}{486EI}$$

(2) 计算荷载幅值引起的位移(参见图 10.28(b))。

$$\Delta_{1P}=\delta_{11}F=\frac{4Fl^3}{243EI},\quad \Delta_{2P}=\delta_{21}F=\frac{7Fl^3}{486EI}$$

(3) 计算惯性力幅值。

由式(10.62),得

$$\left.\begin{array}{l}\left(\dfrac{4l^3}{243EI}-\dfrac{1}{m\theta^2}\right)F_{I1}^0+\dfrac{7l^3}{486EI}F_{I2}^0+\dfrac{4Fl^3}{243EI}=0\\ \dfrac{7l^3}{486EI}F_{I1}^0+\left(\dfrac{4l^3}{243EI}-\dfrac{1}{m\theta^2}\right)F_{I2}^0+\dfrac{4Fl^3}{486EI}=0\end{array}\right\}$$

解方程得

$$F_{I1}^0=0.297F,\quad F_{I2}^0=0.271F$$

(4) 绘制动弯矩幅值图。

将惯性力幅值和荷载幅值作用于结构,用静力法求出弯矩图,如图10.28(c)所示。这个弯矩图即为动弯矩幅值图。

(5) 计算位移幅值。

由式(10.61),直接求出质点的位移幅值

$$A_1=\dfrac{F_{I1}^0}{m_1\theta^2}=0.297F\times\dfrac{l^3}{11.65EI}=2.55\times10^{-2}\dfrac{Fl^3}{EI}$$

$$A_2=\dfrac{F_{I2}^0}{m_1\theta^2}=0.271F\times\dfrac{l^3}{11.65EI}=2.31\times10^{-2}\dfrac{Fl^3}{EI}$$

下面将介绍按刚度法求解的公式。对于如图10.29所示 n 个自由度的结构,当各简谐荷载均作用在质点处时,其动力平衡方程为

$$\left.\begin{array}{l}m_1\ddot{y}_1+K_{11}y_1+K_{12}y_2+\cdots+K_{1n}y_n=F_1\sin\theta t\\ m_2\ddot{y}_2+K_{21}y_1+K_{22}y_2+\cdots+K_{2n}y_n=F_2\sin\theta t\\ \qquad\vdots\\ m_n\ddot{y}_n+K_{n1}y_1+K_{n2}y_2+\cdots+K_{nn}y_n=F_n\sin\theta t\end{array}\right\} \quad (10.66a)$$

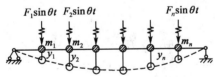

图 10.29

写成矩阵形式,则有

$$[M]\{\ddot{y}\}+[K]\{y\}=\{F\}\sin\theta t \quad (10.66b)$$

式中,$\{F\}=\{F_1\ F_2\cdots F_n\}^T$ 为荷载幅值向量。

设平稳阶段各质点均按频率 θ 同步振动,即

$$\{y\}=\{A\}\sin\theta t \quad (10.67)$$

式中,$\{A\}=\{A_1\ A_2\cdots A_n\}^T$ 为质点位移幅值向量。

将式(10.67)代入式(10.66b)并消去 $\sin\theta t$,得

$$([K]-\theta^2[M])\{A\}=\{F\} \quad (10.68)$$

式(10.68)为质点位移幅值方程。

利用 $\{F_I^0\}=\theta^2[M]\{A\}$ 关系式,将式(10.68)改写为

$$([K][M]^{-1}-\theta^2[I])\{F_I^0\}=\theta^2\{F\} \quad (10.69)$$

式中,$[I]$ 为单位矩阵。式(10.69)为惯性力幅值方程。

【例 10.14】 如图 10.30(a)所示刚架各横梁刚度为无穷大,试求各横梁处的位移幅值和柱端弯矩幅值。已知 $m=100$ t,$EI=5\times 10^5$ kN·m^2,$l=5$ m,简谐荷载幅值 $F=30$ kN,每分钟振动 240 次。

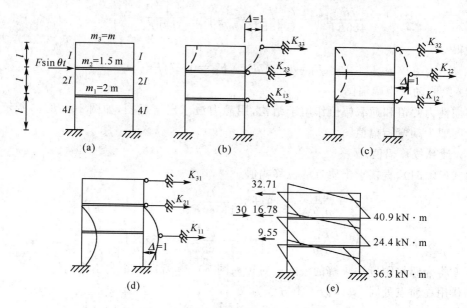

图 10.30

解:在各横梁水平方向设置附加链杆,并令 3 根附加链杆分别产生单位水平位移,如图 10.30(b)、(c)、(d)所示。根据截面平衡条件,求出各附加链杆的反力。

令
$$K=\frac{24EI}{l^3}=\frac{24\times 5\times 10^5}{5^3}\text{kN}=96\times 10^3 \text{ kN}$$

则
$$K_{11}=6K, \quad K_{22}=3K, \quad K_{33}=K$$
$$K_{12}=K_{21}=-2K, \quad K_{23}=K_{32}=-K, \quad K_{13}=K_{31}=0$$

$$[K]=\frac{24EI}{l^3}\begin{pmatrix} 6 & -2 & 0 \\ -2 & 3 & -1 \\ 0 & -1 & 1 \end{pmatrix}$$

而质量矩阵为

$$[M]=100\begin{pmatrix} 2 & 0 & 0 \\ 0 & 1.5 & 0 \\ 0 & 0 & 1 \end{pmatrix}$$

动荷载频率为

$$\theta=\frac{2\pi\times 240}{60}\text{rad/s}=8\pi \text{ rad/s}$$

代入纯强迫振动位移幅值方程(10.68),经整理有

$$10^3\times\begin{pmatrix} 449.669 & -192 & 0 \\ -192 & 193.252 & -96 \\ 0 & -96 & 32.835 \end{pmatrix}\begin{Bmatrix} A_1 \\ A_2 \\ A_3 \end{Bmatrix}=\begin{Bmatrix} 0 \\ 30 \\ 0 \end{Bmatrix}$$

求解上述方程,各质点位移幅值为

$A_1 = -0.0756 \times 10^{-3}$ m, $A_2 = -0.1771 \times 10^{-3}$ m, $A_3 = -0.5178 \times 10^{-3}$ m

惯性力幅值为 $\{F_1^0\} = \theta^2 [m]\{A\}$,即

$$\begin{Bmatrix} F_{11}^0 \\ F_{12}^0 \\ F_{13}^0 \end{Bmatrix} = 64\pi^2 \begin{bmatrix} 200 & & \\ & 150 & \\ & & 100 \end{bmatrix} \begin{Bmatrix} -0.0756 \times 10^3 \\ -0.1771 \times 10^3 \\ -0.5178 \times 10^3 \end{Bmatrix} = \begin{Bmatrix} -9.55 \\ -16.78 \\ -32.71 \end{Bmatrix}$$

将求得的惯性力幅值和简谐荷载幅值直接作用于刚架,如图 10.30(e)所示。

由于此刚架横梁刚度为无穷大,每层只有两根柱且其截面及柱高相等,故每根柱顶的弯矩为

$$M_i = \frac{Q_i l}{4}$$

式中,Q_i 为该层的总剪力,等于该层以上水平外力(包括惯性力)的代数和;l 为该层柱高。

于是各层柱端弯矩为

顶层: $M_3 = \dfrac{32.71 \times 5}{4}$ kN·m $= 40.8875$ kN·m

中层: $M_2 = \dfrac{(32.71 + 16.78 - 30) \times 5}{4}$ kN·m $= 24.4$ kN·m

底层: $M_1 = \dfrac{(32.71 + 16.78 - 30 + 9.55) \times 5}{4}$ kN·m $= 36.3$ kN·m

刚架弯矩幅值图如图 10.30(e)所示,对于横梁的杆端弯矩可由刚结点力矩平衡推得。

10.9 振型分解法

对于 n 个自由度体系,当动荷载均作用在质点上时,用刚度法建立的无阻尼强迫振动方程为

$$\left.\begin{aligned} m_1 \ddot{y}_1 + K_{11} y_1 + K_{12} y_2 + \cdots + K_{1n} y_n &= F_1(t) \\ m_2 \ddot{y}_2 + K_{21} y_1 + K_{22} y_2 + \cdots + K_{2n} y_n &= F_2(t) \\ &\vdots \\ m_n \ddot{y}_n + K_{n1} y_1 + K_{n2} y_2 + \cdots + K_{nn} y_n &= F_n(t) \end{aligned}\right\} \quad (10.70\text{a})$$

用矩阵表示为

$$[M]\{\ddot{y}\} + [K]\{y\} = \{F(t)\} \quad (10.70\text{b})$$

式中,$[M]$ 为质量矩阵,$[K]$ 为刚度矩阵,$\{\ddot{y}\}$ 为加速度列向量,$\{y\}$ 为位移列向量,$\{F(t)\}$ 为荷载向量。

由于刚度矩阵 $[K]$ 一般为非对角矩阵,则方程(10.70)的每一个方程都包含一个以上的未知质点的位移,即这些方程是互相耦联的。当动力荷载为一般荷载时,直接求解联立的微分方程组不是容易的。本节将利用振型的正交性,通过一定的坐标变换可将联合的(耦联的)微分方程组化成 n 个非耦联的微分方程,从而使每一个方程只含有一个未知量,即可分别独立求解。这种方法称为振型分解法。

前面建立的多自由度体系的运动方程均以各质点位移作为基本未知量,质点位移向量

$$\{y\} = \{y_1 \, y_2 \, \cdots \, y_n\}^T$$

称为几何坐标。

为了坐标变换的需要,取结构已规准化的 n 个主振型向量 $\{A\}^{(1)}, \{A\}^{(2)}, \cdots, \{A\}^{(n)}$ 作

为基底,将几何坐标$\{y\}$表示为该基底的线性组合,即

$$\{y\} = \eta_1\{A\}^{(1)} + \eta_2\{A\}^{(2)} + \cdots + \eta_n\{A\}^{(n)} = \sum_{i=1}^n \eta_i\{A\}^{(i)} \tag{10.71}$$

式中,$\{\eta\} = \{\eta_1 \eta_2 \cdots \eta_n\}^T$ 称为正则坐标。$\{A\}^{(i)}$与时间无关,而η_i是时间t的函数。

将式(10.71)代入运动方程(10.70),得到关于正则坐标的微分方程

$$[M]\left(\sum_{i=1}^n \ddot{\eta}_i\{A\}^{(i)}\right) + [K]\left(\sum_{i=1}^n \eta_i\{A\}^{(i)}\right) = \{F(t)\}$$

两边同乘$\{A\}^{(j)T}$,得

$$\sum_{i=1}^n \{A\}^{(j)T}[M]\{A\}^{(i)} \ddot{\eta}_i + \sum_{i=1}^n \{A\}^{(j)T}[K]\{A\}^{(i)} \eta_i = \{A\}^{(j)T}\{F(t)\} \tag{10.72}$$

由振型的正交性,有

$$\{A\}^{(j)T}[M]\{A\}^{(i)} = 0 \quad (j \neq i)$$
$$\{A\}^{(j)T}[K]\{A\}^{(i)} = 0 \quad (j \neq i)$$

则

$$\sum_{i=1}^n \{A\}^{(j)T}[M]\{A\}^{(i)} = \{A\}^{(j)T}[M]\{A\}^{(j)}$$

$$\sum_{i=1}^n \{A\}^{(j)T}[K]\{A\}^{(i)} = \{A\}^{(j)T}[K]\{A\}^{(j)}$$

于是式(10.72)成为

$$\{A\}^{(j)T}[M]\{A\}^{(j)} \ddot{\eta}_j + \{A\}^{(j)T}[K]\{A\}^{(j)} \eta_j = \{A\}^{(j)T}\{F(t)\} \tag{10.73}$$

令

$$\{A\}^{(j)T}[M]\{A\}^{(j)} = M_j^*$$
$$\{A\}^{(j)T}[K]\{A\}^{(j)} = K_j^* \tag{10.74}$$
$$\{A\}^{(j)T}\{F(t)\} = F_j^*(t)$$

则式(10.73)改写为

$$M_j^* \ddot{\eta}_j + K_j^* \eta_j = F_j^*(t) \tag{10.75}$$

式中,M_j^*为第j个主振型的广义质量;K_j^*为第j个主振型的广义刚度,$F_j^*(t)$为广义荷载。

将多自由度体系的振型方程

$$([K] - \omega_j^2[M])\{A\}^{(j)} = 0$$

两边同乘$\{A\}^{(j)T}$,得

$$\{A\}^{(j)T}[K]\{A\}^{(j)} - \omega_j^2\{A\}^{(j)T}[M]\{A\}^{(j)} = 0$$

则有

$$\omega_j^2 = \frac{K_j^*}{M_j^*}$$

于是,式(10.75)可写为

$$\ddot{\eta}_j + \omega_j^2 \eta_j = \frac{1}{M_j^*} F_j^*(t) \tag{10.76}$$

令以上过程中j从1到n,则可得到n个独立方程:

$$\ddot{\eta}_j + \omega_j^2 \eta_j = \frac{1}{M_j^*} F_j^*(t) \quad (j=1,2,\cdots,n) \tag{10.77}$$

这里每一个方程与无阻尼单自由度体系强迫振动方程的形式相同,因而可采用同样的

方法求解。在分别求出各正则坐标 $\eta_1, \eta_2, \cdots, \eta_n$ 之后，自由式(10.71)求得各几何坐标 $y_1, y_2, \cdots, y_n$。

综上所述，振型分解法的计算步骤如下。

(1) 计算结构的自振频率和振型。
(2) 由式(10.74)计算各振型的广义质量和广义荷载。
(3) 求解正则坐标的微分方程(10.77)，得到正则坐标。
(4) 按式(10.71)计算结构质点位移（几何坐标）。

【例 10.15】 试用振型分解法求如图 10.29(a)所示刚架的位移幅值和最大动弯矩。

解：(1) 求体系的自振频率和振型。

将如图 10.29(a)所示刚架的刚度矩阵 $[K]$ 和质量矩阵 $[M]$ 代入频率方程 $|[K]-\omega^2[M]|=0$，求得结构自振频率为

$$\omega_1 = 19.40 \text{ rad/s}, \quad \omega_2 = 42.27 \text{ rad/s}, \quad \omega_3 = 60.67 \text{ rad/s}$$

再利用幅值方程 $([K]-\omega^2[M])\{A\}=\{0\}$，求得结构振型为

$$\{A\}^{(1)} = \begin{Bmatrix} 1 \\ 2.608 \\ 4.290 \end{Bmatrix}, \quad \{A\}^{(2)} = \begin{Bmatrix} 1 \\ 1.226 \\ -1.584 \end{Bmatrix}, \quad \{A\}^{(3)} = \begin{Bmatrix} 1 \\ -0.834 \\ 0.294 \end{Bmatrix}$$

(2) 计算广义质量和广义荷载。

$$M_1^* = \{A\}^{(1)\text{T}}[M]\{A\}^{(1)} = \{1 \quad 2.608 \quad 4.290\} \begin{bmatrix} 2m & 0 & 0 \\ 0 & 1.5m & 0 \\ 0 & 0 & m \end{bmatrix} \begin{Bmatrix} 1 \\ 2.608 \\ 4.290 \end{Bmatrix} = 30.607m$$

$$M_2^* = \{A\}^{(2)\text{T}}[M]\{A\}^{(2)} = \{1 \quad 1.226 \quad -1.584\} \begin{bmatrix} 2m & 0 & 0 \\ 0 & 1.5m & 0 \\ 0 & 0 & m \end{bmatrix} \begin{Bmatrix} 1 \\ 1.226 \\ -1.584 \end{Bmatrix} = 6.7637m$$

$$M_3^* = \{A\}^{(3)\text{T}}[M]\{A\}^{(3)} = \{1 \quad -0.834 \quad 0.294\} \begin{bmatrix} 2m & 0 & 0 \\ 0 & 1.5m & 0 \\ 0 & 0 & m \end{bmatrix} \begin{Bmatrix} 1 \\ -0.834 \\ 0.294 \end{Bmatrix} = 3.1298m$$

$$F_1^*(t) = \{A\}^{(1)\text{T}}\{F(t)\} = \{1 \quad 2.608 \quad 4.290\} \begin{Bmatrix} 0 \\ F\sin\theta t \\ 0 \end{Bmatrix} = 2.608 F\sin\theta t$$

$$F_2^*(t)\{A\}^{(2)\text{T}}\{F(t)\} = \{1 \quad 1.226 \quad -1.584\} \begin{Bmatrix} 0 \\ F\sin\theta t \\ 0 \end{Bmatrix} = 1.226 F\sin\theta t$$

$$F_3^*(t)\{A\}^{(3)\text{T}}\{F(t)\} = \{1 \quad -0.834 \quad 0.294\} \begin{Bmatrix} 0 \\ F\sin\theta t \\ 0 \end{Bmatrix} = -0.834 F\sin\theta t$$

(3) 求正则坐标的运动方程。

正则坐标的运动方程为

$$\ddot{\eta}_i + \omega_i^2 \eta_i = \frac{F_i^*(t)}{M_i^*} \quad (i=1,2,3)$$

由于 $F_i^*(t)$ 为简谐荷载，上述方程为 3 个独立的单自由度体系在简谐荷载作用下的强迫振动方程。由式(10.19)得

$$\eta_1 = \frac{F_1^*(t)}{M_1^*(\omega_1^2-\theta^2)} = \frac{2.608F\sin\theta t}{30.607m(19.40^2-64\pi^2)} = -0.100\,13\times10^{-3}\sin\theta t$$

$$\eta_2 = \frac{F_2^*(t)}{M_2^*(\omega_2^2-\theta^2)} = \frac{1.266F\sin\theta t}{6.763m(41.27^2-64\pi^2)} = -0.050\,747\times10^{-3}\sin\theta t$$

$$\eta_3 = \frac{F_3^*(t)}{M_3^*(\omega_3^2-\theta^2)} = \frac{-0.834F\sin\theta t}{3.129\,8m(60.67^2-64\pi^2)} = -0.026\,217\times10^{-3}\sin\theta t$$

(4) 计算质点位移（几何坐标）。

$$\{y\} = \sum_{i=1}^{3}\{A\}^{(i)}\eta_i$$

$$\begin{Bmatrix}y_1\\y_2\\y_3\end{Bmatrix} = \begin{Bmatrix}1\\2.608\\4.290\end{Bmatrix}\eta_1 + \begin{Bmatrix}1\\1.226\\-1.584\end{Bmatrix}\eta_2 + \begin{Bmatrix}1\\-0.834\\0.294\end{Bmatrix}\eta_3 = \begin{Bmatrix}-0.075\,6\\-0.177\,1\\-0.517\,8\end{Bmatrix}\times10^{-3}\sin\theta t$$

各质点最大动位移为

$$A_1 = -0.075\,6\times10^3\,\text{m}, A_2 = -0.177\,1\times10^{-3}\,\text{m}, A_3 = -0.517\,8\times10^{-3}\,\text{m}$$

(5) 计算结构最大动弯矩。

采用例 10.14 的方法绘出动弯矩图，如图 10.30(e)所示。

习　　题

10.1　试确定图 10.31 所示体系的振动自由度。

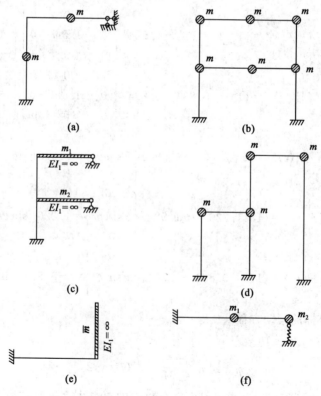

图 10.31

10.2 试求图 10.32 所示体系的自振频率。

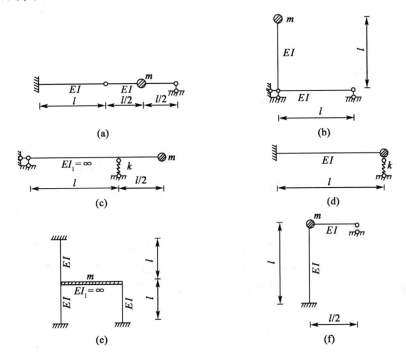

图 10.32

10.3 如图 10.33(a)所示结构的周期为 T_i,则证明图 10.33(b)所示体系的周期为 $T = \sqrt{T_1^2 + T_2^2 + T_3^2}$。

10.4 试求图 10.34 所示体系的自振频率,已知:集中质量为 M,弹簧刚度系数 $K = \dfrac{4EI}{L^3}$,各杆质量忽略不计。

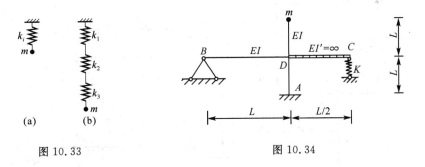

图 10.33   图 10.34

10.5 已知图 10.35(a)所示体系的自振频率 $\omega_a = \sqrt{\dfrac{45EI}{2ml^3}}$,试求图 10.35(b)所示体系的自振频率 ω_b。已知 $EA = \dfrac{6EI}{l^2}$,杆件的质量忽略不计,各杆长度为 l。

10.6 在图 10.36 所示刚架中,横梁的刚度为无穷大,质量集中在横梁上,其重量为 $mg = 200 \text{ kN}$,柱刚度 $EI = 5 \times 10^4 \text{ kN} \cdot \text{m}^2$。若阻尼比 $\xi = 0.05$,$y_0 = 10 \text{ mm}$,$\dot{y}_0 = 0.1 \text{ m} \cdot \text{s}^{-1}$,试求 $t = 1$ 时的位移。

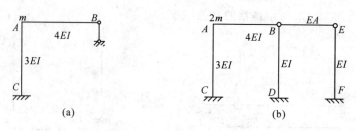

图 10.35

10.7 测得某结构自由振动经过 10 个周期后,振幅降为原来的 5%。试求阻尼比和在简谐荷载作用下共振时的动力系数。

10.8 图 10.37 所示结构在简谐荷载作用下,试求质点的振幅和 C 截面的动弯矩幅值。已知:$\theta = \frac{1}{2}\omega$。

10.9 图 10.38 所示体系中,电机重 $W = 10$ kN 置于刚性横梁上,电机转速 $n = 500$ r/min,水平方向强迫荷载为 $F(t) = 2\sin\theta t$。已知柱顶侧移刚度 $K = 1.02 \times 10^4$ kN/m,自振频率 $\omega = 100$ rad/s。求稳态振动的振幅及最大动力弯距图。

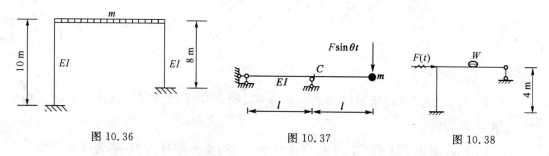

图 10.36　　　　图 10.37　　　　图 10.38

10.10 试求图 10.39 所示结构的自振频率和振型($EI = $ 常数)。

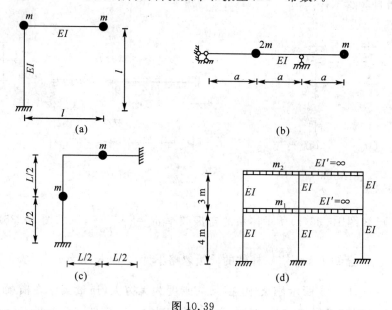

图 10.39

10.11 试求图 10.40 所示结构质点的最大竖向位移、最大水平位移及最大动弯矩。已知：$EI = 9 \times 10^6$ kN·m²，$\theta = \sqrt{\dfrac{EI}{ml^3}}$，$l = 4$ m，动荷载幅值 $F = 1$ kN，不计阻尼影响。

10.12 对于图 10.41 所示两层框架结构，已知：$m_1 = 100$ t，$m_2 = 120$ t，柱的线刚度 $i_1 = 14$ MN·m，$i_2 = 20$ MN·m，动荷载幅值 $F = 5$ kN，机器转速 $n = 150$ r/min。试求横面处的位移幅值。

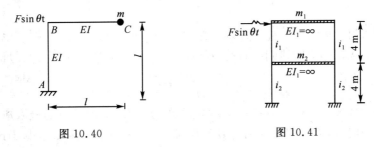

图 10.40   图 10.41

10.13 试用振型分解法重做题 10.11。

第 11 章 结构的极限荷载

前面各章所讨论的结构计算均是以线弹性结构为基础的,即限定结构在弹性范围内工作。当结构的最大工作应力达到材料的极限应力 σ_n 时,结构将会破坏,故强度条件为

$$\sigma_{\max} \leqslant [\sigma] = \frac{\sigma_n}{K}$$

式中,$\sigma_{\max}$ 为结构的最大工作应力;$[\sigma]$ 为材料的许用应力;σ_n 为材料的极限应力,对于脆性材料为其强度极限 σ_b,对于塑性材料为其屈服极限 σ_s;K 为安全系数。基于这种假定的结构分析称为弹性分析。

从结构强度角度来看,弹性分析具有一定的缺点。对于塑性材料的结构,尤其是超静定结构,在某一截面的最大应力达到屈服应力,某一局部已进入塑性阶段时,结构并不破坏,还能承受更大的荷载继续工作,因此按弹性分析设计是不够经济合理的。另外,弹性分析无法考虑材料超过屈服极限以后结构这一部分的承载能力。

塑性分析方法就是为了弥补弹性分析的不足而提出和发展起来的。它充分地考虑了材料的塑性性质,以结构完全丧失承载能力时的极限状态作为结构破坏的标志。此时的荷载是结构所能承受荷载的极限,称为极限荷载,记为 F_u。结构的强度条件可表示为

$$F \leqslant \frac{F_u}{K}$$

式中,F 为结构工作荷载,K 为安全系数。显然,塑性分析的强度条件比弹性分析更切合实际。

塑性分析方法只适用于延展性较好的塑性材料结构,对于脆性材料结构或对变形有较大限制的结构应慎用这种方法。

对结构进行塑性分析时,平衡条件和几何条件与弹性分析时相同,如平截面假设仍然成立,所不同的是物理条件。为了简化计算,对于所用的材料,常用如图 11.1 所示的应力—应变曲线。在应力达到屈服极限以前,材料处于弹性阶段,应力与应变成正比;当应力达到屈服极限 σ_s 时,材料开始进入塑性变形阶段,应力保持不变,应变可无限增加;卸载时,材料恢复弹性但存在残余变形。凡符合这种应力—应变关系的材料,称为理想弹塑性材料。实际钢结构一般可视为理想弹塑性材料。对于钢筋混凝土受弯

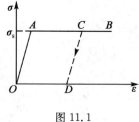

图 11.1

构件,在混凝土受拉区出现裂缝后,拉力完全由钢筋承受,故也可采用这种简化的应力—应变曲线进行塑性分析。

11.1 极限弯矩、塑性铰和破坏机构

下面研究静定梁在弹塑性阶段的受力和变形特点,并介绍与极限荷载计算有关的一些基本概念。

理想弹塑性材料的矩形截面梁承受纯弯曲的作用,如图 11.2(a)所示。随着荷载 M 逐渐增加,梁的变形可分为 3 个阶段:弹性阶段、弹塑性阶段和塑性阶段。

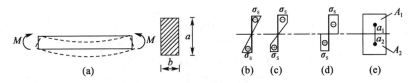

图 11.2

(1) 弹性阶段:当荷载较小时,截面上所有正应力都小于屈服极限 σ_s,应力与应变呈线性关系,梁处于弹性阶段。这一阶段直至截面边缘处的正应力达到屈服极限 σ_s 为止(如图 11.2(b)所示)。这时,截面上的弯矩称为屈服极限弯矩,记为 M_s,此梁屈服极限弯矩为

$$M_s = \sigma_s W = \frac{bh^2}{\sigma}\sigma_s$$

(2) 弹塑性阶段:当荷载继续增加时,从边缘开始有一部分材料进入塑性流动状态,它们的应力都保持 σ_s 的值。而截面中部的材料仍处于弹性状态(如图 11.2(c)所示)。

(3) 塑性阶段:随着荷载的继续增加,塑性区域将由外向里扩展到整个截面,并且截面上所有正应力都达到屈服极限 σ_s,其应力分布如图 11.2(d)所示。此时,截面上的弯矩已达到结构所能承受的极限值,称为极限弯矩,记为 M_u。

在塑性阶段,截面的极限弯矩值保持不变,变形仍可继续发展,则两个无限靠近的相邻截面沿极限弯矩方向发生有限的相对转动,相当于在该截面处形成一个铰,这样的截面称为塑性铰。塑性铰与普通铰的差别在于:普通铰是双向的,铰的两侧截面可相对自由转动,而塑性铰是单向的,其两侧截面只能沿极限弯矩方向发生相对转动;普通铰不能传递弯矩,而塑性铰能传递极限弯矩;普通铰的位置是固定的,而塑性铰随卸载而消失或随荷载不同而变化。

极限弯矩是一个截面所能承受的最大弯矩,与外力无关,仅与材料的物理性质及截面的几何形状和尺寸有关。截面的极限弯矩可根据该截面处于塑性流动状态时的正应力分布图形来确定。设其受压和受拉部分的面积为 A_1 和 A_2,由于梁在荷载作用时轴力为零,则

$$\sigma_s A_1 - \sigma_s A_2 = 0$$

即

$$A_1 = A_2 = \frac{A}{2}$$

式中,A 为梁的横截面面积。这表明受拉区和受压区的面积相等,即这时中性轴为等分截面轴。截面上受压部分上的合力 $A_1\sigma_s$ 与受拉部分上的合力 $A_2\sigma_s$ 数值相等,方向相反,构成一个力偶,该力偶矩就是该截面的极限弯矩,即有

$$M_u = \sigma_s A_1 a_1 + \sigma_s A_2 a_2 = \sigma_s (s_1 + s_2)$$

式中,a_1 和 a_2 分别为面积 A_1 和 A_2 的形心到等分截面轴的距离;s_1 和 s_2 分别为 A_1 和 A_2 对该轴的静矩(如图 11.2(e)所示)。

若令
$$W_s = s_1 + s_2 \tag{11.1}$$

W_s 称为塑性截面系数,则极限弯矩为

$$M_u = \sigma_s W_s \tag{11.2}$$

对于如图 11.2(a)所示矩形截面梁,由式(11.1)有

$$W_s = s_1 + s_2 = 2 \times \frac{bh}{2} \times \frac{h}{4} = \frac{bh^2}{4}$$

则极限变矩为

$$M_u = \sigma_s W_s = \frac{bh^2}{4}\sigma_s$$

故而极限弯矩与屈服极限弯矩之比为

$$\frac{M_u}{M_s} = 1.5$$

这表明对于矩形截面来说，按塑性计算比按弹性计算承载能力提高 50%。

静定结构出现一个塑性铰或超静定结构出现几个塑性铰而成为几何可变体系或瞬变体系，称为破坏机构(简称机构)。此时结构已丧失了承载能力，即结构达到了极限状态。极限状态时的荷载就是极限荷载。

11.2 静定结构的极限荷载

静定结构无多余约束，只要出现一个塑性铰则成为破坏机构。塑性铰的位置可根据结构弹性弯矩图及各杆截面情况分析得到。对于各杆均为等截面的结构，塑性铰必出现在弯矩绝对值最大的截面，即$|M|_{max}$处。对于各杆截面不同的结构，塑性铰出现在所受弯矩与极限弯矩之比绝对值最大的截面，即$\left|\frac{M}{M_u}\right|_{max}$处。在塑性铰的位置确定后，令塑性铰处的弯矩等于极限弯矩，利用平衡条件即可求出结构的极限荷载。

【例 11.1】 试求如图 11.3(a)所示等截面简支梁的极限荷载。已知梁的极限弯矩为M_u。

解：该等截面梁的塑性铰将出现在弯矩值最大的截面上，即在跨中荷载F的作用处。该处出现塑性铰时，梁将成为破坏机构(如图 11.3(b)所示，黑小圆点表示塑性铰)，此时该截面弯矩达到极限弯矩M_u。

根据静力平衡方程作出极限状态时的弯矩图，如图 11.3(c)所示，由

$$M_u = \frac{F_u l}{4}$$

则求出极限荷载为

$$F_u = \frac{4M_u}{l}$$

上面利用静力平衡方程求得极限荷载的方法称为静力法。此外，还可以根据虚位移原理，由虚功方程(平衡条件的另一种形式)确定极限弯矩，即为机动法。

设如图 11.3(d)所示机构沿荷载正方向产生任意微小的虚位移，由虚位移原理，求出虚功方程为

$$F_u \times \frac{l}{2}\theta = M_u \times 2\theta$$

由虚位移θ的任意性，则有

$$F_u = \frac{4M_u}{l}$$

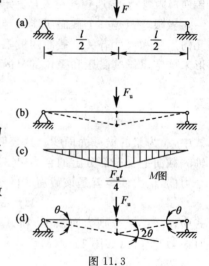

图 11.3

11.3 单跨超静定梁的极限荷载

单跨超静定梁由于具有多余约束，当出现一个塑性铰时，只能改变梁的工作条件，产生

新的内力分布,但并不足以使其成为破坏机构。当相继出现更多的塑性铰后,单跨超静定梁才能变成几何可变体系或瞬变体系,形成破坏机构,丧失承载能力。

例如,如图 11.4(a)所示为一端固定一端铰支的等截面梁,跨中承受集中荷载 F 的作用,由弹性分析的弯矩图(如图 11.4(b)所示)可知,最大弯矩发生在固定端 A 处,当荷载增大到一定值时,截面 A 首先出现塑性铰,此时梁已成为在 A 端作用极限弯矩 M_u 并且跨中承受荷载 F 的简支梁。若继续增加荷载,A 端弯矩不变,而跨中截面 B 的弯矩达到极限值 M_u,在该截面形成塑性铰。此时,梁已出现两个塑性铰,即梁丧失了承载能力(如图 11.4(e)所示)。

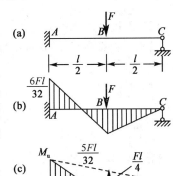

对于单跨超静定梁,如果能根据其受力情况和杆件截面特征直接确定破坏机构的形式,就无须考虑结构的弹塑性变形的发展过程,而可直接采用 11.2 节所述的静力法或机动法求出梁的极限荷载。

如图 11.4(a)所示超静定梁的极限荷载计算如下。

(1) 用静力法求解

根据此梁的受力状况可直接确定其实际破坏机构。显然,机构中两个塑性铰必发生在正负弯矩最大的截面,即截面 A 和 B 处。此时令各塑性铰处的弯矩均等于极限弯矩 M_u,按静力平衡条件绘出极限状态下的弯矩图,如图 11.4(d)所示。

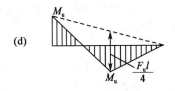

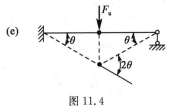

图 11.4

由弯矩叠加法,则有

$$\frac{F_u l}{4} - \frac{M_u}{2} = M_u$$

故

$$F_u = \frac{6M_u}{l}$$

(2) 用机动法求解

设机构沿荷载 F 正方向产生任意微小虚位移(如图 11.4(e)所示),由虚功方程,有

$$F_u \times \frac{l}{2}\theta = M_u \theta + M_u \times 2\theta$$

由虚位移 θ 的任意性,则有

$$F_u = \frac{6M_u}{l}$$

【例 11.2】 试求如图 11.5(a)所示两端固端等截面梁的极限荷载。已知梁的极限弯矩为 M_u。

解:此梁必须出现 3 个塑性铰才能成为瞬变体系而进入极限状态。由于最大正弯矩发生在截面 C,而最大的负弯矩发生在支座固端截面 A、B,故极限状态下 3 个塑性铰必出现在这 3 个截面。

(1) 用静力法求解。

作出极限状态下的弯矩图,如图 11.5(b)所示,由弯矩叠加法,则有

$$\frac{F_u ab}{l} - M_u = M_u$$

因此得
$$F_u = \frac{2l}{ab}M_u$$

(2) 用机动法求解。

设机构沿荷载 F 正方向产生任意微小虚位移（如图 11.5(c)所示），列虚功方程如下：
$$F_u a\theta = M_u \theta + M_u \frac{a}{b}\theta + M_u \frac{l}{b}\theta$$

仍可解得
$$F_u = \frac{2l}{ab}M_u$$

【例 11.3】 试求如图 11.6(a)所示等截面梁的极限荷载。已知梁的极限弯矩为 M_u。

解：此梁出现两个塑性铰即为破坏机构。根据弹性弯矩图（如图 11.6(b)所示）可知，一个塑性铰在 A 截面处，另一个塑性铰在正弯矩最大即剪力等于零截面 C 处，截面 C 位置待定。现用静力法求解。设截面 C 到右支座的距离为 x（如图 11.6(c)所示）。由机构的平衡条件，有

$$\sum M_A = 0, F_{By} = \frac{1}{l}\left(q_u l \times \frac{l}{2} - M_u\right) \tag{a}$$

$$\sum M_C = 0, M_C = F_{By} x - \frac{1}{2} q_u x^2$$
$$= \left(\frac{q_u l}{2} - \frac{M_u}{l}\right) x - \frac{1}{2} q_u x^2 \tag{b}$$

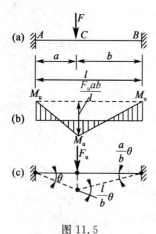

图 11.5

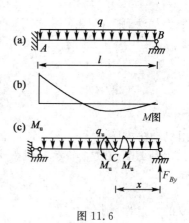

图 11.6

令 $\dfrac{dM_C}{dx} = 0$ 则有
$$\frac{q_u l}{2} - \frac{M_u}{l} - q_u x = 0$$

即
$$q_u = \frac{2M_u}{l(l-2x)} \tag{c}$$

将式(c)代入式(b)，并令 $M_C = M_u$，得
$$x^2 + 2lx - l^2 = 0$$

解方程，得

舍去负根,得塑性铰位置为

$$x=(-1\pm\sqrt{2})l$$

$$x=(\sqrt{2}-1)l=0.414\,2l$$

将 x 值代入式(c),得极限荷载为

$$q_u=\frac{11.66M_u}{l^2}$$

11.4 比例加载时关于极限荷载的几个定理

比例加载是指作用在结构上的所有荷载增加时,始终保持它们之间原有的固定比例关系,全部荷载可用一个参数 F 来表示,且不出现卸载现象。本章只考虑比例加载的情况。

(1) 结构处于极限状态时,应同时满足下列 3 个条件。

① 机构条件:在极限状态中,结构必须出现足够数目的塑性铰而成为机构(几何可变体系或瞬变体系),并且可沿荷载方向发生单向运动。

② 屈服条件:在极限状态中,结构上任一截面弯矩的绝对值都不超过其极限弯矩值,即 $|M|\leqslant M_u$。

③ 平衡条件:在结构的极限受力状况中,结构的整体或任一局部能维持瞬间的平衡状态。

由前面的算例可知,确定极限荷载的关键在于找出结构的破坏机构。但在结构和荷载较复杂时,真实的破坏机构形式不容易直接确定,为此其极限荷载的计算将涉及有关极限荷载的几个定理。

为了便于讨论,下面把满足机构条件和平衡条件的荷载(不一定满足屈服条件)称为可破坏荷载,用 F^+ 表示;而把满足平衡条件和屈服条件(不一定满足机构条件)的荷载称为可接受的荷载,用 F^- 表示。例如,对于任何一个可能破坏机构,用平衡条件求得的荷载就是可破坏荷载。与结构内力状态相平衡,且各截面的内力都不超过其极限值的荷载就是可接受荷载。

(2) 比例加载时有关极限荷载的几个定理。

① 极小值定理(上限定理):极限荷载是所有可破坏荷载中的最小值,即

$$F_u\leqslant F^+$$

这表明,可破坏荷载的最小值就是极限荷载的上限值。

② 极大定理(下限定理):极限荷载是所有可接受荷载中的最大值,即

$$F_u\geqslant F^-$$

这表明,可接受荷载的最大值就是极限荷载的下限值。

③ 唯一性定理(单值定理):极限荷载只有一个确定值,如果荷载既是可破坏荷载,又是可接受荷载,则此荷载也是极限荷载。这表明,同时满足平衡条件、屈服条件和机构条件的荷载即为极限荷载。

上述各定理的证明,可参阅有关结构力学的书籍,在此从略。

(3) 当结构极限状态的破坏机构难以确定时,根据上述各定理,通常可采用比较法和试算法求得极限荷载。

① 比较法:列出所有各种可能的破坏机构,由平衡条件求出相应的破坏荷载并作比较,取其中的最小值为极限荷载。比较法的理论依据是极小定理。

② 试算法:任取一种可能破坏机构,并求出相应的可破坏荷载,然后验算在该荷载下的

弯矩分布是否满足屈服条件。若能满足，则该荷载即为极限荷载；若不能满足，则另选一机构再进行试算，直到满足屈服条件为止。试算法的特点是，不必考虑所有可能破坏机构，只需取几个破坏情况，求出其可破坏荷载，检查它是否为可接受荷载，由此来确定极限荷载。

【例 11.4】 试求如图 11.7(a)所示变截面梁的极限荷载。

解：先确定可能形成塑性铰的截面。最大正弯矩和最大负弯矩所在截面 A 和 C 及截面突变处 D 均为可能出现塑性铰的地方。由于如图 11.7(a)所示梁出现两个塑性铰成为破坏机构，故有 3 种可能的破坏机构，分别如图 11.7(b)、(c)、(d)所示。

(1) 用比较法求解。

利用机动法求各可能破坏机构的可破坏荷载。

机构 1：由虚功方程，有

$$F_1 \times \frac{l}{3}\theta = 2M_u \times 2\theta + M_u \times 3\theta$$

则

$$F_1 = \frac{21M_u}{l}$$

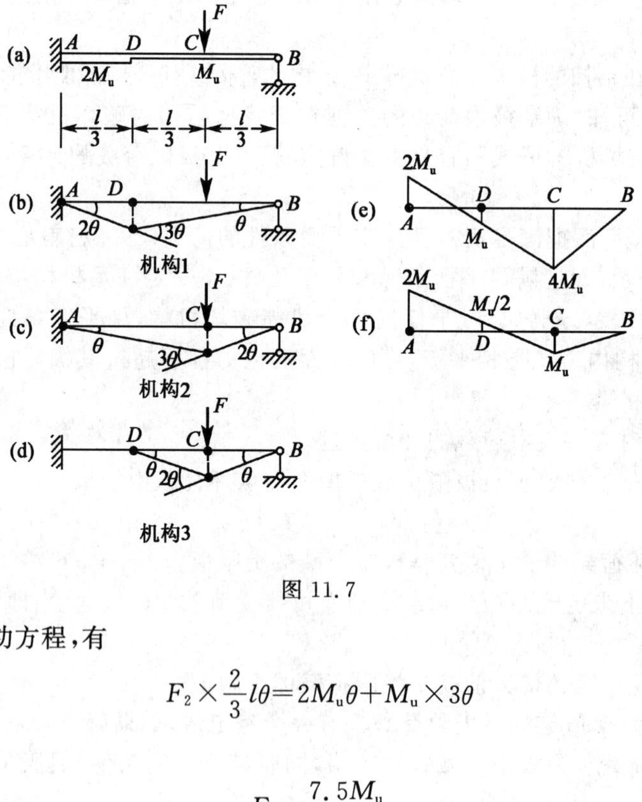

图 11.7

机构 2：由虚功方程，有

$$F_2 \times \frac{2}{3}l\theta = 2M_u\theta + M_u \times 3\theta$$

则

$$F_2 = \frac{7.5M_u}{l}$$

机构 3：由虚功方程，有

$$F_3 \times \frac{l}{3}\theta = M_u\theta + M_u \times 2\theta$$

则

$$F_3 = \frac{9M_u}{l}$$

由于 $F_2 < F_3 < F_1$，故极限荷载为

$$F_u = F_2 = \frac{7.5M_u}{l}$$

(2) 用试算法求解。

首先选取如图 11.7(b) 所示的机构 1，求出相应的可能破坏荷载为 $F_1 = \frac{21M_u}{l}$。作出与此破坏机构相应的弯矩图，如图 11.7(e) 所示。由于截面 C 的弯矩为 $4M_u$，所以 F_1 为不可接受的荷载。

另选机构 2（如图 11.7(c) 所示）试算。先求出相应的可能破坏荷载为 $F_2 = \frac{7.5M_u}{l}$，且作出其弯矩图，如图 11.7(f) 所示。可知梁任一截面的弯矩均未超过极限弯矩，根据唯一性定理，则极限荷载为 $F_u = \frac{7.5M_u}{l}$。

11.5 连续梁的极限荷载

先讨论连续梁的可能破坏机构形式。如图 11.8(a) 所示连续梁可能由于某一跨出现 3 个塑性铰或铰支端边跨出现两个塑性铰而成为破坏机构（如图 11.8(b)、(c)、(d) 所示），也可能由相邻各跨联合形成破坏机构（如图 11.8(e)、(f) 所示）。若各跨分别为等截面，各跨荷载方向均相同时，实际的破坏机构只能是某一跨单独破坏的机构。事实上，由于各跨荷载方向相同，各跨的最大负弯矩只能发生在两端支座处而不会在跨间，因在各跨联合构成的破坏机构中至少会有一跨的跨间会出现负弯矩的塑性铰，这是不可能的。根据这一特点，只需对每一个单跨破坏机构分别求出相应的可能破坏荷载，然后取最小值，便得到连续梁的极限荷载。

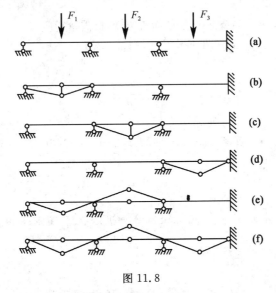

图 11.8

【例 11.5】 试求如图 11.9(a) 所示连续梁的极限荷载。各跨分别是等截面的，AB、BC 跨的极限弯矩为 M_u，CD 跨的极限弯矩为 $3M_u$。

解：各跨单独破坏的机构如图 11.9(b)、(c)、(d)、(e) 所示。利用机动法分别求出各跨单独破坏时的可能破坏荷载。

机构 1（如图 11.9(b) 所示）：对于图示虚位移情况，列虚功方程

则
$$0.8Fa\theta = M_u \times 2\theta + M_u\theta$$

$$F_1 = \frac{3.75M_u}{a}$$

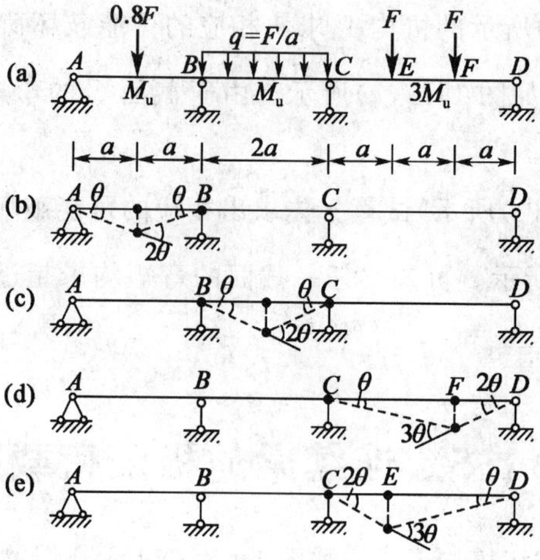

图 11.9

机构 2(如图 11.9(c)所示):对于图示虚位移情况,列虚功方程
$$\frac{F}{a}\left(\frac{1}{2} \times 2aa\theta\right) = M_u\theta + M_u \times 2\theta + M_u\theta$$

则
$$F_2 = \frac{4M_u}{a}$$

机构 3(如图 11.9(d)所示):支座 C 处截面有突变,极限弯矩应取较小者,列虚功方程
$$Fa\theta + F \times 2a\theta = M_u\theta + 3M_u \times 3\theta$$

则
$$F_3 = \frac{3.33M_u}{a}$$

机构 4(如图 11.9(e)所示):列虚功方程
$$F \times 2a\theta + Fa\theta = M_u \times 2\theta + 3M_u \times 3\theta$$

则
$$F_4 = \frac{3.67M_u}{a}$$

比较以上求出的可能破坏荷载,可知机构 3 为极限状态,极限荷载为
$$F_u = \frac{3.33M_u}{a}$$

11.6 刚架的极限荷载

确定刚架的极限荷载比梁较为复杂,除了可能破坏机构形式较多之外,还有刚架的轴力对塑性铰的形成是有影响的。但当轴力很小时,它对极限弯矩的影响很小,可以忽略,本节只讨论不考虑轴力影响时刚架的极限荷载计算,所采用的仍是前面介绍的比较法和试算法。

首先讨论一种简单的情况。如图 11.10(a)所示的 3 次超静定刚架,设所有杆均为等截面杆。

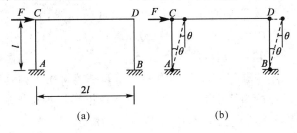

图 11.10

由于无节间荷载作用,各杆弯矩图均为直线,因此塑性铰只能出现在结点和支座。对于 3 次超静定的刚架出现 4 个塑性铰即形成破坏机构,则此刚架的破坏机构只有一种,如图 11.10(b)所示,列虚功方程

$$F_u \theta l = 4M_u \theta$$

得极限荷载为

$$F_u = \frac{4M_u}{l}$$

对于一般刚架,可能的破坏机构有多种。能否正确列出所有可能的破坏机构,是求极限荷载的关键。刚架的可能破坏机构分为基本机构和组合机构。常见的基本结构有梁机构、侧移机构、结点机构、山墙机构,如图 11.11 所示。将两种或两种以上的基本机构组合,可以得到组合机构。

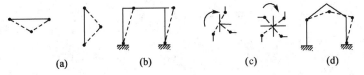

图 11.11

通常在确定可能破坏机构时,根据弹性分析的弯矩图轮廓判断峰值弯矩所在截面,即可找出可能出现的塑性铰截面。然后列出由此组成的基本机构及组合机构。

【例 11.6】 试求如图 11.12(a)所示刚架结构的极限荷载。已知梁 CD 的极限弯矩为 $2M_u$,柱 AC 和 BD 的极限弯矩为 M_u。

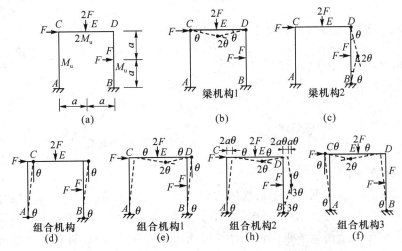

图 11.12

解：(1) 确定可能破坏机构。

根据刚架受力情况，峰值弯矩所在截面即可能出现塑性铰，为 A、B、C、D、E、F 处。由此只能组合成 3 个基本机构，如图 11.12(b)、(c)、(d) 所示。

然后由上述 3 个基本机构分别组成 3 个联合机构：把梁机构 1 和侧移机构组合在一起，去掉 C 处塑性铰可得组合机构 1，如图 11.12(e) 所示。把梁机构 1 和侧移机构组合在一起，去掉 D 处塑性铰可得组合机构 2，如图 11.12(f) 所示。把梁机构 1、2 和侧移机构组合在一起，去掉 C、D 处塑性铰可得组合机构 3，如图 11.12(h) 所示。

(2) 用比较法求解。

梁机构 1：列出虚功方程为

$$2Fa\theta = M_u\theta + 2M_u \times 2\theta + M_u\theta$$

则

$$F = \frac{3M_u}{a}$$

梁机构 2：列出虚功方程为

$$Fa\theta = M_u\theta + 2M_u \times 2\theta + M_u\theta$$

则

$$F = \frac{4M_u}{a}$$

侧移机构：列出虚功方程为

$$F \times 2a\theta + Fa\theta = 4M_u\theta$$

则

$$F = \frac{4M_u}{3a}$$

组合机构 2：列出虚功方程为

$$-F \times 2a\theta + 2Fa\theta - Fa\theta = M_u\theta + M_u \times 2\theta + 2M_u\theta + M_u \times 2\theta$$

则

$$F = -\frac{8M_u}{a}$$

组合机构 3：列出虚功方程为

$$F \times 2a\theta + 2Fa\theta + F \times 3\theta a = M_u\theta + 2M_u\theta + 2M_u \times 2\theta + M_u \times 3\theta + M_u \times 3\theta + M_u\theta$$

则

$$F = \frac{12M_u}{7a}$$

从上述计算得到的 6 个可能破坏荷载中选出最小的，即为极限荷载 $F_u = \dfrac{4M_u}{3a}$。实际的破坏机构为侧移机构。

用比较法和试算法求简单刚架的极限荷载还是比较方便的。但对于较复杂刚架来说，由于可能破坏机构形式过多，容易漏掉一些破坏机构，这样所求出的最小可破坏荷载不一定是极限荷载。对于复杂刚架的极限荷载计算可采用变刚度法，用计算机进行求解。解算方法可参阅其他的结构力学教材。

习 题

11.1 试求图 11.13 所示等截面的极限荷载。已知:$a=2$ m,$M_u=300$ kN·m。

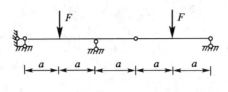

图 11.13

11.2 试求图 11.14 所示单跨静定梁的极限荷载。极限弯矩为 M_u。

11.3 试求图 11.15 所示等截面超静定梁的极限荷载。极限弯矩为 M_u。

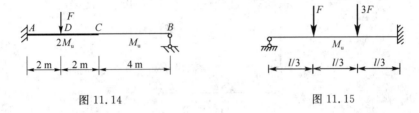

图 11.14 图 11.15

11.4 试求图 11.16 所示梁的极限荷载。

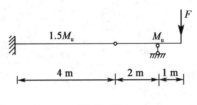

图 11.16

11.5 试求图 11.17 所示连续梁的极限荷载。

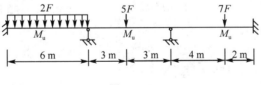

图 11.17

11.6 试求图 11.18 所示等截面连续梁的极限荷载。已知:截面均为矩形,$b \times h = 50 \text{ mm} \times 200 \text{ mm}$,$\sigma_s = 23.5$ kN/cm^2。

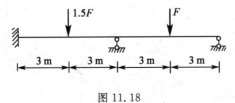

图 11.18

11.7 试求图 11.19 所示各刚架的极限荷载,极限弯矩为 M_u。

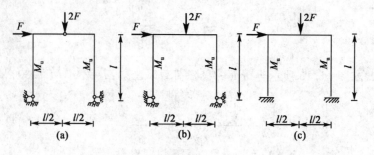

图 11.19

11.8 试求图 11.20 所示刚架的极限荷载。

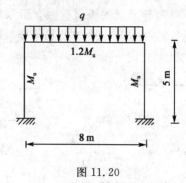

图 11.20

第 12 章 结构稳定性计算

12.1 结构稳定问题概述

结构构件在荷载作用下将在某一位置保持平衡。若从稳定的角度来考察平衡问题,有 3 种平衡状态存在。

(1) 稳定平衡状态

如图 12.1(a)所示,体系处于某种平衡状态,由于受微小干扰而偏离其平衡位置,在干扰消除后,仍能恢复至初始平衡位置,保持原有形式的平衡,则原始的平衡状态称为稳定平衡状态。

(2) 不稳定平衡状态

如图 12.1(b)所示,撤除使体系偏离平衡位置的干扰后,体系不能恢复到原来的平衡状态,则原始的平衡状态称为不稳定平衡状态。

(3) 随遇平衡状态

如图 12.1(c)所示,体系在任何位置均可保持平衡,故称为随遇平衡状态。它可视为体系由稳定平衡到不稳定平衡过渡的中间状态。

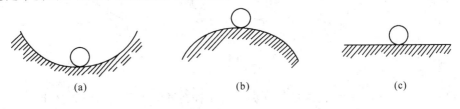

图 12.1

在材料力学中已讨论过压杆稳定的问题,如图 12.2 所示。当 $F<F_{cr}$ 时,撤除干扰力后,压杆能够恢复到原直线平衡位置,此时压杆处于稳定平衡状态,如图 12.2(a)所示。当 $F=F_{cr}$ 时,撤除干扰力后,压杆不能恢复到原来的平衡位置,而在任意微小的弯曲状态下维持平衡,如图 12.2(b)所示,此时压杆处于随遇平衡状态。当 $F>F_{cr}$ 时,撤除干扰力后,杆件无法回到原直线平衡位置,变形迅速增加,最后失去承载能力,此时压杆进入了不稳定平衡状态,如图 12.2(c)所示。

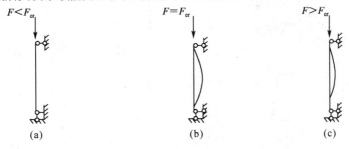

图 12.2

通常，结构随荷载的增大，其原始平衡状态由稳定平衡转为不稳定平衡，此过程称为结构失稳。由于结构丧失稳定时，变形迅速增大而具有突然性，常会给工程带来严重的后果，因此结构设计除了需保证足够的强度和刚度外，还需保证结构具有必要的稳定性。

根据结构失稳前后变形性质是否改变，结构失稳有两种基本形式：分支点失稳和极值点失稳。

(1) 分支点失稳（第一类稳定问题）

如图 12.2 所示轴向受压理想杆件，当 $F<F_{cr}$ 时，原始直线平衡状态是稳定的，并且此时压杆只有一种直线平衡形式。而当 $F=F_{cr}$ 时，原始的平衡状态已转为不稳定平衡状态，此时压杆出现直线和弯曲两种平衡形式。显然，稳定平衡状态与不稳定平衡状态的分界点就是平衡形式的分支点。分支点处出现了平衡的二重性，即原始平衡状态和新的平衡状态。分支点对应的荷载为临界荷载，其对应的状态为临界状态。具有这种特征的失稳形式称为分支点失稳，或称为丧失第一类稳定性。

除中心受压直杆外，丧失第一类稳定性的现象还可在其他结构中发生。例如，如图 12.3(a) 所示，承受静水压力作用的圆弧拱，当水压力 q 小于临界值 q_{cr} 时，它维持稳定的圆形平衡形式；而当 q 达到 q_{cr} 时，原来的平衡形式就成为不稳定的，可能出现图中实线所示的平衡形式。如图 12.3(b) 所示的承受集中荷载 F 的刚架，当 $F<F_{cr}$ 时，仅处于轴向受压状态；当 $F=F_{cr}$ 时，则可能出现如图中实线所示的平衡形式。如图 12.3(c) 所示工字梁，当荷载未达到临界值时，它仅在腹板平面内弯曲；当荷载达到临界值时，梁将从腹板平面内偏离出来，发生斜弯曲和扭转。

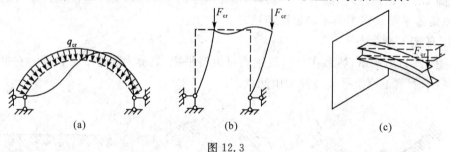

图 12.3

(2) 极值点失稳（第二类稳定问题）

例如，如图 12.4(a) 所示的两端铰支偏心受压杆在开始承受压力时就产生侧向挠度，处于弯曲平衡状态。如图 12.4(b) 所示为压杆的最大挠度 Δ 随压力 F 的变化曲线，从图中可以看出，$F-\Delta$ 曲线具有明显的极值点 B。当 $F<F_{cr}$ 时，随着 F 的增大，挠度 Δ 不断增加，它们之间呈非线性关系，弯曲平衡状态是稳定的。当 $F>F_{cr}$ 时，曲线开始向下弯曲，此时荷载不增加，而挠度仍继续增加，说明平衡状态是不稳定的。极值点处的荷载为临界荷载。具有这种特征的失稳形式称为极值点失稳，或称丧失第二类稳定性。第二类稳定问题较为复杂，本章只限于讨论在弹性范围内第一类稳定性问题。

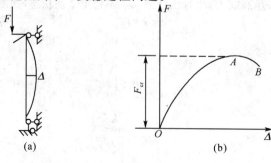

图 12.4

12.2 结构稳定分析的静力法

结构稳定分析的中心问题在于确定临界荷载。用静力法确定临界荷载,就是以结构达到临界状态时平衡的二重性为依据,应用静力平衡条件,寻求结构在新的形式下能维持平衡的荷载的最小值。

12.2.1 有限自由度体系的临界荷载计算

将如图 12.5(a)所示结构的压杆 AB 单独取出,两根水平弹性杆对压杆的约束可用如图 12.5(b)所示弹性支座代替,弹性支座的刚度系数 k 为使 B 端发生单位转角时所需的力矩。如图 12.5(b)所示为单自由度体系。根据平衡的二重性,假设一种新的平衡状态,即 AB 杆转动微小转角 θ,则弹性支座系数为

$$k = \frac{6EI}{l} \times 2 = \frac{12EI}{l}$$

由静力平衡条件 $\sum M_B = 0$ 可得

$$F\Delta_A - \frac{12EI}{l}\theta = 0 \tag{a}$$

由于 θ 为微量,有 $\Delta_A = l\theta$,则上式可写为

$$Fl\theta - \frac{12EI}{l}\theta = 0$$

经整理有

$$\left(Fl - \frac{12EI}{l}\right)\theta = 0 \tag{b}$$

上式是以位移参数 θ 为未知量的齐次方程。显然,当 $\theta = 0$ 时,对应原始平衡状态;对于新的平衡状态,参数 θ 有非零解,因此齐次方程中系数应为零,即

$$Fl - \frac{12EI}{l} = 0$$

上式为结构失稳时外荷载所满足的稳定方程,也称为特征方程。由此特征方程求得临界荷载为

$$F_{cr} = \frac{12EI}{l^2}$$

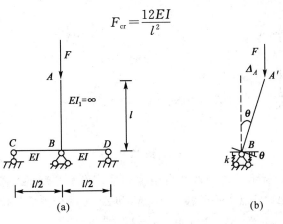

图 12.5

对于具有 n 个自由度的结构,同样对新的平衡状态可列出 n 个独立平衡方程,它们是含有 n 个独立参数的齐次线性方程组。根据临界状态 n 个参数有非零解,因此该方程组的系数行列式等于零,便得到稳定方程。由稳定方程可求出 n 个特征荷载,其中最小者为临界荷载。

【例 12.1】 试求如图 12.6(a)所示结构的临界荷载。

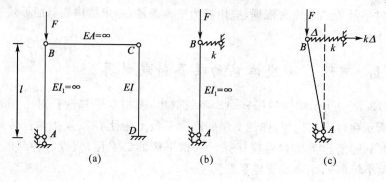

图 12.6

解:将如图 12.6(a)所示结构简化为如图 12.6(b)所示带有弹性约束的直杆稳定问题,其中 B 端弹性支承的刚度系数 k 等于柱 CD 使 C 端产生单位水平位移所需的力,即 $k=\dfrac{3EI}{l^3}$。

设一新的平衡位置如图 12.6(c)所示。由静力平衡条件 $\sum M_A = 0$ 得

$$F\Delta - lk\Delta = 0$$

即
$$(F - lk)\Delta = 0$$

其特征方程为

$$F - lk = 0$$

结构的临界荷载为

$$F_{cr} = lk = \dfrac{3EI}{l^2}$$

【例 12.2】 试求如图 12.7(a)所示结构的临界荷载。已知弹簧刚度为 k。

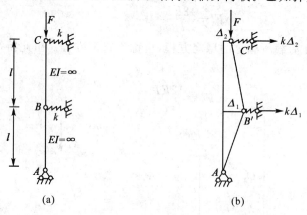

图 12.7

解:如图 12.7(a)所示结构为两个自由度体系。设一个新的平衡位置如图 12.7(b)所示,B 点水平位移为 Δ_1,C 点水平位移为 Δ_2,Δ_1 和 Δ_2 为两个独立的位移参数。

取整体为隔离体,由 $\sum M_A = 0$ 得

$$F\Delta_2 - k\Delta_1 l - k\Delta_2 \times 2l = 0$$

取 $B'C'$ 段为隔离体，由 $\sum M'_B = 0$ 得

$$F(\Delta_2 - \Delta_1) - k\Delta_2 l = 0$$

经整理得

$$\left. \begin{aligned} kl\Delta_1 + (2kl-F)\Delta_2 &= 0 \\ F\Delta_1 + (kl-F)\Delta_2 &= 0 \end{aligned} \right\}$$

由于临界状态 Δ_1 和 Δ_2 不全为零，则有

$$\begin{vmatrix} kl & 2kl-F \\ F & kl-F \end{vmatrix} = 0$$

展开上式，得特征方程

$$F^2 - 3klF + (kl)^2 = 0$$

解得

$$F = \frac{3 \pm \sqrt{5}}{2}kl = \begin{cases} 2.618kl \\ 0.382kl \end{cases}$$

取最小值为临界荷载，即

$$F_{cr} = 0.382kl$$

12.2.2 无限自由度体系临界荷载计算

前面讨论有限自由度体系时，均假设压杆为刚性的。实际结构中，压杆往往为弹性的，失稳时压杆为连续变化的曲线，所以体系是无限自由度体系。

对于无限自由度体系，用静力法计算临界荷载的步骤与有限自由度体系相同。即先假设结构处于一个新的平衡形式（弯曲变形状态），建立其平衡方程。此时平衡方程不是代数方程，而是微分方程。求解此微分方程得到失稳曲线的通解，然后利用边界条件得到与积分常数数目相同的齐次线性方程。令方程组的系数行列式等于零，即得到特征方程。此特征方程为超越方程，它具有无限多个根，即对应无穷多个特征荷载，其中最小值为临界荷载。

如图 12.8(a) 所示为两端铰支轴向受压的理想直杆，首先假设一个新的平衡位置，如图 12.8(b) 所示。由平衡条件得到任意截面 x 处的弯矩为

$$M(x) = Fy$$

由小变形曲线近似微分方程

$$EIy'' = -M(x) = -Fy$$

得

$$y'' + \frac{F}{EI}y = 0$$

令

$$k^2 = \frac{F}{EI}$$

则上式改写为

$$y'' + k^2 y = 0$$

上式为二阶齐次微分方程，其通解为

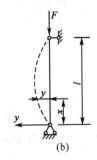

图 12.8

$$y = A\sin kx + B\cos kx$$

其中 A、B 为积分常数，由压杆边界条件来确定。

由边界条件 $y|_{x=0}=0$ 和 $y|_{x=l}=0$，可得齐次方程组

$$\left.\begin{array}{r}0\times A+B=0\\ A\sin kl+B\cos kl=0\end{array}\right\}$$

当 $A=0, B=0$ 时，则 $y=0$，此时压杆处于原始平衡状态。所以压杆的稳定条件为 A 和 B 不全为零，即上式系数行列式等于零，便得压杆的特征方程为

$$\begin{vmatrix} 0 & 1 \\ \sin kl & \cos kl \end{vmatrix}=0$$

整理后得

$$\sin kl = 0$$

此方程为超越方程，求出 kl 最小正根，代入 k^2 表达式可求得临界荷载。由上式解得

$$kl = n\pi \quad (n=0,1,2,\cdots)$$

当 $n=0$ 时，$kl=0$，即 $F=0$，这与实际不符。取 $n=1$，$kl=\pi$。

由 k^2 表达式得到压杆临界荷载为

$$F_{cr} = \frac{\pi^2 EI}{l^2}$$

【例 12.3】 试用静力法求如图 12.9(a)所示结构的临界荷载。

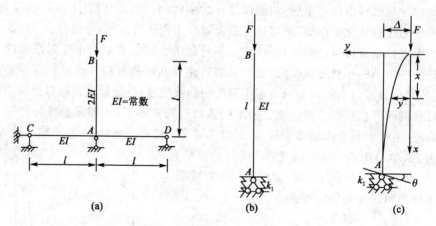

图 12.9

解：将 AB 杆简化为一端自由，另一端为弹性支承的压杆，如图 12.9(b)所示。抗转弹簧的刚度 k_1 可由结点 A 发生单位转角时所需的力矩来确定，即

$$k_1 = M_{AC} + M_{AD} = \frac{6EI}{l}$$

假设一个新的平衡位置，如图 12.9(c)所示。建立如图 12.9(c)所示坐标系，杆任意截面弯矩为

$$M(x) = Fy$$

压杆挠曲线微分方程为

$$EIy'' = -Fy$$

或
$$y'' + n^2 y = 0$$
式中
$$n^2 = \frac{F}{EI}$$

压杆挠曲线微分方程的通解为
$$y = A\cos nx + B\sin nx$$

当 $x=0$ 时,$y=0$,得
$$A = 0$$

当 $x=l$ 时,$y=\Delta$,得
$$B\sin nl - \Delta = 0$$

由 $y'|_{x=l} = \theta = \dfrac{F\Delta}{k_1}$ 得
$$Bn\cos nl - \frac{F\Delta}{k_1} = 0$$

因为 B 和 Δ 不全为零,则由以上两式组成的方程组的系数行列式等于零,即
$$\begin{vmatrix} \sin nl & -1 \\ n\cos nl & -\dfrac{F}{k_1} \end{vmatrix} = 0$$

将 $n^2 = \dfrac{F}{EI}$ 和 $k_1 = \dfrac{6EI}{l}$ 代入上述特征方程,则有
$$\tan nl = \frac{3}{nl}$$

上述可采用图解法求解:作 $y = \tan nl$ 和 $y = \dfrac{3}{nl}$ 两组曲线,以 nl 为横坐标,其交点的横坐标就是方程的解,如图 12.10 所示。其中 $(nl)_{\min} = 1.2$,将其代入 n^2 表达式求得该结构的临界荷载为

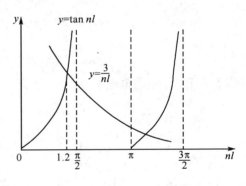

图 12.10

$$F_{cr} = (1.2)^2 \times \frac{2EI}{l^2} = \frac{2.88EI}{l^2}$$

【**例 12.4**】 试用静力法求如图 12.11(a)所示结构的临界荷载。

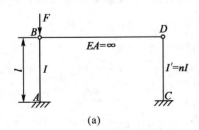  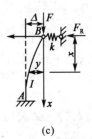

(a)   (b)   (c)

图 12.11

解:将杆 AB 简化为一端固定、另一端弹性支承的压杆,如图 12.11(b)所示。弹性支座

的刚度系数 $k = \dfrac{3EI}{l^3}$。

假设结构一个新的平衡位置,如图 12.11(c)所示,此时在柱顶处有未知的水平反力 F_R。由静力平衡条件求出弹性杆任意截面的弯矩为

$$M(x) = Fy - F_R x$$

弹性曲线的微分方程为

$$EI y'' + Fy = F_R x$$

其通解为

$$y = A\cos \alpha x + B\sin \alpha x + \dfrac{F_R}{F} x$$

其中

$$\alpha^2 = \sqrt{\dfrac{F}{EI}}$$

由弹性压杆的边界条件:当 $x = 0$ 时,$y = 0$,可得 $A = 0$,则

$$y = B\sin \alpha x + \dfrac{F_R}{F} x$$

当 $x = l$ 时,$y = \Delta = \dfrac{F_R}{k}$ 和 $y' = 0$,则有

$$\left. \begin{array}{l} B\sin \alpha l + \dfrac{F_R}{F} l - \dfrac{F_R}{k} = 0 \\ B\alpha \cos \alpha l + \dfrac{F_R}{F} = 0 \end{array} \right\}$$

由于 B 和 F_R 不能都等于零,则上述齐次方程系数行列式为

$$\begin{vmatrix} \sin \alpha l & \dfrac{l}{F} - \dfrac{1}{k} \\ \alpha \cos \alpha l & \dfrac{1}{F} \end{vmatrix} = 0$$

展开上式,并利用 $F = \alpha^2 EI$ 和 $k = \dfrac{3EI}{l^3}$,则结构特征方程为

$$\tan \alpha l = \alpha l - \dfrac{(\alpha l)^3}{3}$$

此超越方程可用试算法求解。最小的正根 αl 一般在 $0 \sim 4.7$ 范围内变化,当取定 αl 值后,试算 $D = \dfrac{(\alpha l)^3}{3} + \tan \alpha l - \alpha l$ 的值。试算情况如下:当 $\alpha l = 2.4$ 时,$D = 1.192$;当 $\alpha l = 2.0$ 时,$D = -1.518$;当 $\alpha l = 2.2$ 时,$D = -0.025$;当 $\alpha l = 2.21$ 时,$D \approx 0$。

由此最小的正根 $\alpha l = 2.21$ 知,其对应的临界荷载为

$$F_{cr} = (2.21)^2 \dfrac{EI}{l^2} = \dfrac{4.88 EI}{l^2}$$

【**例 12.5**】 试求图 12.12(a)所示体系的特征方程。

解:假设一个新的平衡位置,并建立坐标系,如图 12.12(b)所示。
弹性曲线的微分方程为

$$\begin{cases} EI_1 y_1'' + F y_1 = 0 & (0 \leqslant x \leqslant l_1) \\ EI_2 y_2'' + F y_2 = 0 & (l_1 \leqslant x \leqslant l) \end{cases}$$

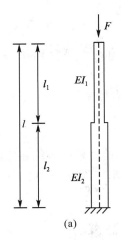
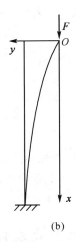

图 12.12

经整理有

$$\begin{cases} y_1'' + \alpha_1 y_1 = 0 & (0 \leqslant x \leqslant l_1) \\ y_2'' + \alpha_2 y_2 = 0 & (l_1 \leqslant x \leqslant l) \end{cases}$$

其中

$$\alpha_1^2 = \frac{F}{EI_1}, \alpha_2^2 = \frac{F}{EI_2}$$

方程的一般解为

$$y_1 = A_1 \sin \alpha_1 x + B_1 \cos \alpha_1 x$$
$$y_2 = A_2 \sin \alpha_2 x + B_2 \cos \alpha_2 x$$

由压杆的边界条件,当 $x=0$ 时,$y_1=0$,求得 $B_1=0$。当 $x=l$ 时,$y_2'=0$,则有

$$A_2 B_2 \tan \alpha_2 l = 0$$

再由在 $x=l_1$ 处变形连续条件:$y_1=y_2$ 和 $y_1'=y_2'$,可得

$$\begin{cases} A_1 \sin \alpha_1 l_1 - B_2 (\tan \alpha_2 l \sin \alpha_2 l_1 + \cos \alpha_2 l_1) = 0 \\ A_1 \alpha_1 \cos \alpha_1 l_1 - B_2 \alpha_2 (\tan \alpha_2 l \cos \alpha_2 l_1 - \sin \alpha_2 l_1) = 0 \end{cases}$$

由于 A_1 和 B_2 不全为零,其特征方程为

$$\begin{vmatrix} \sin \alpha_1 l_1 & -(\tan \alpha_2 l \sin \alpha_2 l_1 + \cos \alpha_2 l_1) \\ \alpha_1 \cos \alpha_1 l_1 & -\alpha_2 (\tan \alpha_2 l \cos \alpha_2 l_1 - \sin \alpha_2 l_1) \end{vmatrix} = 0$$

整理得

$$\tan \alpha_1 l_1 \tan \alpha_2 l_2 = \frac{\alpha_1}{\alpha_2}$$

这个特征方程只有当给定 I_2/I_1 和 l_2/l_1 的比值时才可求解。

12.3 结构稳定分析的能量法

利用能量法确定临界荷载,就是以结构达到临界状态时平衡的二重性为依据,用能量形式表示平衡条件,从而求出临界荷载。

势能驻值原理是用能量形式表示平衡条件。弹性体的势能驻值原理可表述为:满足约束条件和变形连续条件的虚位移为满足平衡条件的位移的充分必要条件是,系统在此位移

下总势能取驻值,也就是系统势能的一阶变分等于零,即
$$\delta \Pi = 0 \tag{12.1}$$
式中,Π 为结构的总势能,它等于结构的弹性势能 U 和外力势能 V_F 之和,即
$$\Pi = U + V_F \tag{12.2}$$
其中弹性势能 U 可按材料力学有关方式计算;而外力势能 V_F 等于外力所作虚功的负值,即
$$V_F = -\sum_{i=1}^{n} F_i \Delta_i \tag{12.3}$$

势能驻值原理可由弹性体虚功原理导出,在此从略。根据势能驻值原理可知,势能的一阶变分大于零,平衡状态是稳定的;势能的一阶变分小于零,平衡状态是不稳定的;势能的一阶变分等于零,平衡处于临界状态。

12.3.1 有限自由度体系临界荷载计算

对于有限自由度体系,结构的位移和势能均为有限参数的函数。设有限独立参数为 $a_1, a_2, \cdots, a_n$,则结构势能变分为
$$\partial \Pi = \frac{\partial \Pi}{\partial a_1} \delta a_1 + \frac{\partial \Pi}{\partial a_2} \delta a_2 + \cdots + \frac{\partial \Pi}{\partial a_n} \delta a_n$$
由 $\delta \Pi = 0$ 及 $\delta a_1, \delta a_2, \cdots, \delta a_n$ 的任意性,则有
$$\left. \begin{array}{l} \dfrac{\partial \Pi}{\partial a_1} = 0 \\ \dfrac{\partial \Pi}{\partial a_2} = 0 \\ \vdots \\ \dfrac{\partial \Pi}{\partial a_n} = 0 \end{array} \right\}$$

上式为 $a_1, a_2, \cdots, a_n$ 的齐次线性方程组。由于 $a_1, a_2, \cdots, a_n$ 不全为零,则此方程组系数行列式等于零,即得到结构特征方程,从而可确定临界荷载。与静力法计算临界荷载相比,仅是建立平衡方程的方法不同,而其他步骤相同。

【**例 12.6**】 试用能量法计算如图 12.13 所示结构的临界荷载。

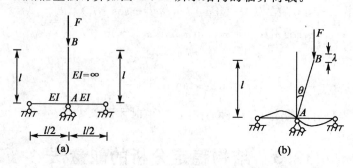

图 12.13

解:如图 12.13(a)所示为一单自由度结构,假设一个新的平衡位置如图 12.13(b)所示。杆 AB 转动 θ 角,B 点下降距离为 λ。

两弹性杆的弹性势能为

$$U = \frac{1}{2} \times \frac{6EI}{l}\theta \times 2\theta = \frac{6EI}{l}\theta^2$$

由于
$$\lambda = l - l\cos\alpha = 2l\sin^2\frac{\theta}{2} \approx 2l \times \left(\frac{\theta}{2}\right)^2 = \frac{l\theta^2}{2}$$

则外力势能为
$$V_F = -F\lambda = -\frac{Fl}{2}\theta^2$$

总势能为
$$\Pi = U + V_F = \frac{6EI}{l}\theta^2 - \frac{Fl}{2}\theta^2$$

由势能驻值原理 $\delta\Pi = 0$,得
$$\left(\frac{6EI}{l} - \frac{Fl}{2}\right)\theta = 0$$

由 θ 不等于零,则得临界状态的特征方程为
$$\frac{6EI}{l} - \frac{Fl}{2} = 0$$

由此求得临界荷载为
$$F_{cr} = \frac{12EI}{l^2}$$

【例 12.7】 试用能量法计算如图 12.14(a)所示结构的临界荷载。

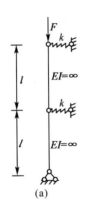
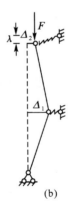

图 12.14

解：如图 12.14(a)所示为两自由度结构,假设新的平衡位置如图 12.14(b)所示。

弹簧的弹性势能为
$$U = \frac{1}{2}k\Delta_1^2 + \frac{1}{2}k\Delta_2^2$$

外力势能为
$$V_F = -F\lambda = -F\left[\frac{\Delta_1^2}{2l} + \frac{1}{2l}(\Delta_2 - \Delta_1)^2\right]$$

结构总势能为
$$\Pi = U + V_F = \frac{k}{2}(\Delta_1^2 + \Delta_2^2) - \frac{F}{2l}[\Delta_1^2 - (\Delta_2 - \Delta_1)^2]$$

由势能驻值原理 $\delta \Pi = 0, \dfrac{\partial \Pi}{\partial \Delta_1} = 0$, 得

$$(kl - 2F)\Delta_1 + F\Delta_2 = 0$$

由 $\dfrac{\partial \Pi}{\partial \Delta_2} = 0$, 得

$$F\Delta_1 + (kl - F)\Delta_2 = 0$$

由于 Δ_1、Δ_2 不全为零,得其特征方程为

$$\begin{vmatrix} kl - 2F & F \\ F & kl - F \end{vmatrix} = 0$$

特征方程的解为

$$F = \dfrac{3 \pm \sqrt{5}}{2} kl = \begin{cases} 2.618kl \\ 0.382kl \end{cases}$$

由此得结构的临界荷载为

$$F_{cr} = 0.382kl$$

12.3.2 无限自由度体系临界荷载计算

下面讨论利用能量法计算无限自由度体系的临界荷载。如图 12.15(a)所示弹性压杆,失稳时产生弯曲变形。若不考虑轴向变形和剪切变形的影响,压杆的应变能为

$$U = \dfrac{1}{2} \int_0^l \dfrac{M^2}{EI} dx = \dfrac{1}{2} \int_0^l EI (y'')^2 dx \tag{12.4}$$

外力势能为

$$V_F = -F\lambda \tag{12.5}$$

式中,λ 为荷载作用点处的竖向位移。

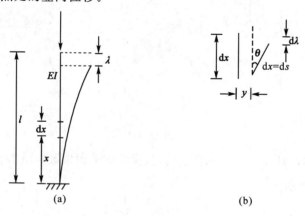

图 12.15

由图 12.15(b)可知,$d\lambda$ 就是长为 dx 的微段由于转动 θ 所造成荷载作用点的下降量,显然,有

$$d\lambda = dx - dx\cos\theta = \dfrac{1}{2}\theta^2 dx = \dfrac{1}{2}(y')^2 dx$$

将上式代入 $V_F = -F\lambda$,则其外力势能为

$$V_\mathrm{F} = -\frac{1}{2}\int_0^l F(y')^2 \mathrm{d}x$$

压杆的总势能为

$$\Pi = U + V_\mathrm{F} = \frac{1}{2}\int_0^l EI(y'')^2 \mathrm{d}x - \frac{1}{2}\int_0^l F(y')^2 \mathrm{d}x \tag{12.6}$$

此时描述挠曲线函数 y 需要无限多个独立参数，精确地应用势能驻值原理，需要变分计算，比较麻烦。为了计算方便，通常采用将无限自由度体系转化成有限自由度体系计算。具体的做法是，将挠曲线 y 用有限个已知函数线性组合表示，一般形式为

$$y = a_1\varphi_1(x) + a_2\varphi_2(x) + \cdots + a_n\varphi_n(x) = \sum_{i=1}^n a_i\varphi_i(x)$$

式中，$\varphi_i(x)$ 为满足边界条件的已知函数；a_i 为未知参数。这样就可用有限自由度的情况计算临界荷载。所得到的结果为一个近似解。

解答的近似程度取决于所假设的挠曲线与真实挠曲线的接近程度。挠曲线函数仅取一项时，往往不能较好地近似真实挠曲线。为了提高解的精度，可取多项计算，一般取 2～3 项就能得到良好的结果。

由于假设的挠曲线相当于真实挠曲线中引入了附加约束。因此用这种方法求得的临界荷载的近似值总比精确解大。

【例 12.8】 试用能量法计算如图 12.16 所示简支压杆的临界荷载。

解：简支压杆的位移边界条件为：当 $x=0$，$x=l$ 时，$y=0$。

挠曲线分别选取 3 种不同函数进行计算。

(1) 假设压杆挠曲线为满足位移边界条件的正弦曲线，函数为挠曲线

$$y = a_1\varphi_1(x) = a_1\sin\frac{\pi x}{l}$$

则

$$U = \frac{1}{2}\int_0^l EI(y'')^2 \mathrm{d}x = \frac{EI}{2}\int_0^l \left(-\frac{\pi^2 a_1}{l^2}\sin\frac{\pi x}{l}\right)^2 \mathrm{d}x = \frac{\pi^4 EI}{4l^2}a_1^2$$

$$V_\mathrm{F} = -\frac{1}{2}\int_0^l F(y')^2 \mathrm{d}x = -\frac{F}{2}\int_0^l \left(-\frac{\pi a_1}{l}\cos\frac{\pi x}{l}\right)^2 \mathrm{d}x = -\frac{\pi^2}{4l}Fa_1^2$$

因而压杆总势能为

$$\Pi = U + V_\mathrm{F} = \left(\frac{\pi^4 EI}{4l^3} - \frac{\pi^2}{4l}F\right)a_1^2$$

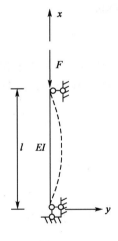

图 12.16

由 $\dfrac{\partial \Pi}{\partial a_1} = 0$，则有

$$\left(\frac{\pi^4 EI}{2l^3} - \frac{\pi^2}{2l}F\right)a_1 = 0$$

而 $a_1 \neq 0$，故有

$$\frac{\pi^4 EI}{2l^3} - \frac{\pi^2}{2l}F = 0$$

则有

$$F_\mathrm{cr} = \frac{\pi^2 EI}{l^2}$$

这与静力法所得的精确解相同，说明此正弦曲线正是简支压杆失稳时真实的挠曲线。

(2) 设压杆挠曲线为满足位移边界条件的抛物线，挠曲线函数为

$$y=a_1\varphi_1(x)=a_1\frac{4x(l-x)}{l^2}$$

则有

$$\Pi=\frac{1}{2}\int_0^l EI(y'')^2\mathrm{d}x=\frac{1}{2}\int_0^l EI\left(-\frac{8a_1}{l^2}\right)^2\mathrm{d}x=\frac{32EI}{l^3}a_1^2$$

$$V_F=-\frac{1}{2}\int_0^l F(y')^2\mathrm{d}x=-\frac{1}{2}\int_0^l F\left[\frac{16a_1}{l^4}(l-2x)^2\right]\mathrm{d}x=-\frac{8}{3l}Fa_1^2$$

因而压杆总势能为

$$\Pi=U+V_F=\left(\frac{32EI}{l^3}-\frac{8}{3l}F\right)a_1^2$$

由 $\dfrac{\partial \Pi}{\partial a_1}=0$，得

$$2\left(\frac{32EI}{l^3}-\frac{8}{3l}F\right)a_1=0$$

而 $a_1\neq 0$，则有

$$\frac{32EI}{l^3}-\frac{8}{3l}F=0$$

于是得

$$F_{cr}=\frac{12EI}{l^2}$$

此结果与精确解相比误差为 21.6%。

(3) 设压杆的挠曲线为满足位移边界条件的横向均布荷载作用引起的挠曲线函数为

$$y=a_1\varphi_1(x)=a_1(xl^3-2l^3x^3+x^4)$$

则

$$U=\frac{1}{2}\int_0^l EI(y'')^2\mathrm{d}x=\frac{17EIl^7}{70}a_1^2$$

$$V_F=-\frac{1}{2}\int_0^l F(y')^2\mathrm{d}x=-\frac{144Fl^5}{60}a_1^2$$

因而压杆总势能为

$$\Pi=U+V_F=\left(\frac{17EIl^7}{70}-\frac{144Fl^5}{60}\right)a_1^2$$

由 $\dfrac{\partial \Pi}{\partial a_1}=0$，且 $a_1\neq 0$，得

$$F_{cr}=\frac{9.882EI}{l^2}$$

该值与精确解相比误差为 0.13%。

【例 12.9】 试用能量法计算如图 12.17 所示压杆的临界荷载。

解：如图 12.17 所示压杆的位移边界条件为：当 $x=0,x=l$ 时，$y=0$；当 $x=l$ 时，$y'=0$。
设压杆挠曲线满足位移边界条件的函数为

$$y=a_1\varphi_1(x)+a_2\varphi_1(x)$$
$$=a_1x^2(l-x)+a_2x^3(l-x)$$

则

$$U = \frac{1}{2}\int_0^l EI(y'')^2 \mathrm{d}x = \frac{EI}{2}\left(4l^3 a_1^2 + 8l^4 a_1 a_2 + \frac{24}{5}l^5 a_2^2\right)$$

$$V_F = -\frac{1}{2}\int_0^l F(y')^2 \mathrm{d}x = -\frac{F}{2}\left(\frac{2}{15}l^5 a_1^2 + \frac{2}{10}l^6 a_1 a_2 + \frac{3}{35}l^7 a_2^2\right)$$

此压杆的总势能为 $\Pi = U + V_F$，由 $\frac{\partial \Pi}{\partial a_1} = 0, \frac{\partial \Pi}{\partial a_2} = 0$，得

$$\left. \begin{array}{l} \left(4EI - \dfrac{2}{15}l^2 F\right)a_1 + \left(4EIl - \dfrac{1}{10}l^3 F\right)a_2 = 0 \\ \left(4EI - \dfrac{1}{10}l^2 F\right)a_1 + \left(\dfrac{24}{5}EIl - \dfrac{3}{35}l^3 F\right)a_2 = 0 \end{array} \right\}$$

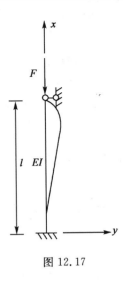

图 12.17

由 a_1、a_2 不全为零，则特征方程为

$$\begin{vmatrix} 4EI - \dfrac{2}{15}l^2 F & 4EIl - \dfrac{1}{10}l^3 F \\ 4EI - \dfrac{1}{10}l^2 F & \dfrac{24}{5}EIl - \dfrac{3}{35}l^3 F \end{vmatrix} = 0$$

整理得

$$F^2 - 128\frac{EI}{l^2}F + 2\,240\left(\frac{EI}{l^2}\right)^2 = 0$$

求出特征方程最小正根，即临界荷载为

$$F_{cr} = \frac{20.92EI}{l^2}$$

该值与精确解 $20.19\dfrac{EI}{l^2}$ 相比误差为 3.6%。当仅取第一项 $a_1\varphi_1(x)$ 时，临界荷载为 $F_{cr} = 30\dfrac{EI}{l^2}$，误差为 48.6%；当仅取第二项 $a_2\varphi_1(x)$ 时，临界荷载为 $F_{cr} = 56\dfrac{EI}{l^2}$，误差为 177%。显然随着自由度的增加，计算精度会显著提高。

12.4 平面刚架稳定分析的矩阵位移法

前面介绍的静力法和能量法是确定临界荷载的基本方法，常用来解决简单结构的稳定问题。由于刚架的杆件较多，其稳定性分析较为复杂。本节介绍利用矩阵位移法计算平面刚架的临界荷载。

当横梁上承受竖向荷载作用时，刚架柱将发生压缩和弯曲变形，这样当荷载接近临界荷载时刚架会丧失第二类稳定性，而计算丧失第二类稳定性问题的临界荷载比较复杂。为简化计算，常将横梁上的荷载分解为作用在梁两端结点上的集中荷载，并使刚架柱只承受轴向压力，这样刚架稳定可转化为丧失第一类稳定性的问题来研究。本节假定刚架只承受结点集中受压荷载。

在第 9 章中所介绍的矩阵位移法同样可用于计算刚架的稳定问题。但是由于结构稳定性的特殊性，在单元分析时，压杆单元刚度矩阵应考虑轴向压力的影响，压杆单元刚度矩阵有所变化。此外，刚架只承受结点集中受压荷载，而轴向压力已在单元分析时考虑，因此结构综合结点荷载向量为零，此时结构刚度方程为

$$[K]\{\Delta\} = \{0\} \tag{12.7}$$

式中，$\{\Delta\}$ 为结点位移向量。结构处于临界状态时，$\{\Delta\} \neq \{0\}$，则结构刚度矩阵所对应的行

列式为零，即
$$|[K]|=0$$
上式即为结构的特征方程，从而可以求得结构的临界荷载。

下面应用能量法求出压杆单元在临界状态时的单元刚度矩阵。

如图 12.18 所示为一等截面压杆单元，两端承受轴向压力 F。

若不计单元轴向变形，则单元杆端力和单元杆端位移列向量分别表示为

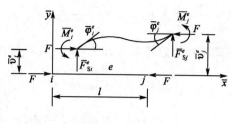

图 12.18

$$\{\overline{F}\}^e = \{\overline{F}_{Si}^e \overline{M}_i^e \overline{F}_{Sj}^e \overline{M}_j^e\}^T \tag{12.8}$$

$$\{\overline{\delta}\}^e = \{\overline{V}_i^e \overline{\varphi}_i^e \overline{V}_j^e \overline{\varphi}_j^e\}^T \tag{12.9}$$

单元在荷载和单元杆端力作用下产生弯曲变形，单元的总势能 Π 由 3 部分组成：单元本身的应变能 U、轴向压力产生的势能 V_F 和单元杆端力产生的势能 V_1，因此有

$$\begin{aligned}\Pi &= U + V_F + V_1 \\ &= \frac{1}{2}\int_0^l EI(y'')^2 dx - \frac{1}{2}\int_0^l F(y')^2 dx - \{\overline{F}\}^{eT}\{\overline{\delta}\}^e\end{aligned} \tag{12.10}$$

利用式(12.10)，求出单元刚度矩阵之前，尚需要建立单元杆端位移 $\{\overline{\delta}\}^e$ 与单元任一点位移 $y(x)$ 之间的关系。设单元挠曲线函数为

$$y(x) = a_1 + a_2 x + a_3 x^2 + a_4 x^3$$

式中，a_1、a_2、a_3、a_4 为待定常数，可由单元的边界条件来确定。

由单元位移边界条件：当 $x=0$ 时，$y=\overline{V}_i^e$，$y'=\overline{\varphi}_i^e$，当 $x=l$ 时，$y=\overline{V}_j^e$，$y'=\overline{\varphi}_j^e$，则有

$$\left.\begin{aligned}a_1 &= \overline{V}_i^e \\ a_2 &= \overline{\varphi}_i^e \\ a_1 + a_2 l + a_3 l^2 + a_4 l^3 &= \overline{V}_j^e \\ a_2 + 2a_3 l + 3a_4 l^2 &= \overline{\varphi}_j^e\end{aligned}\right\}$$

由此可解得

$$\left.\begin{aligned}a_1 &= \overline{V}_i^e \\ a_2 &= \overline{\varphi}_i^e \\ a_3 &= -\frac{3}{l^2}\overline{V}_i^e - \frac{2}{l}\overline{\varphi}_i^e + \frac{3}{l^2}\overline{V}_j^e - \frac{1}{l}\overline{\varphi}_j^e \\ a_4 &= \frac{2}{l^3}\overline{V}_i^e + \frac{1}{l^2}\overline{\varphi}_i^e - \frac{2}{l^3}\overline{V}_j^e + \frac{1}{l^2}\overline{\varphi}_j^e\end{aligned}\right\}$$

将上式代入单元挠曲线函数，有

$$y(x) = \left(1 - \frac{3}{l^2}x^2 + \frac{2}{l^3}x^3\right)\overline{V}_i^e + \left(x - \frac{2}{l}x^2 + \frac{1}{l^2}x^3\right)\overline{\varphi}_i^e + \left(\frac{3}{l^2}x^2 - \frac{2}{l^3}x^3\right)\overline{V}_j^e + \left(-\frac{1}{l}x^2 + \frac{1}{l^2}x^3\right)\overline{\varphi}_j^e \tag{12.11}$$

或
$$y(x) = [N]\{\overline{\delta}\}^e \tag{12.12}$$

式中

$$[N] = [N_1 \ N_2 \ N_3 \ N_4]$$

$$N_1 = 1 - \frac{3}{l^2}x^2 + \frac{2}{l^3}x^3$$

$$N_2 = x - \frac{2}{l}x^2 + \frac{1}{l^2}x^3$$

$$N_3 = \frac{3}{l^2}x^2 + \frac{2}{l^3}x^3$$

$$N_4 = -\frac{1}{l}x^2 + \frac{1}{l^2}x^3$$

由式(12.11)可知,N_i 为单位杆端位移 $\bar{\delta}_i^e = 1$,其他杆端位移为零时所引起的挠度,称为形函数。

由式(12.12),则有

$$y'(x) = \frac{\mathrm{d}[N]}{\mathrm{d}x}\{\bar{\delta}\}^e = [B]\{\bar{\delta}\}^e$$

$$y''(x) = \frac{\mathrm{d}^2[N]}{\mathrm{d}x^2}\{\bar{\delta}\}^e = [C]\{\bar{\delta}\}^e$$

式中

$$[B] = \left(\frac{-6x}{l^2} + \frac{6x^2}{l^3} \quad -\frac{4x}{l} + \frac{3x^2}{l^2} \quad \frac{6x}{l^2} - \frac{6x^2}{l^3} \quad -\frac{2x}{l} + \frac{3x^2}{l^2} \right) \tag{12.13}$$

$$[C] = \left(\frac{-6}{l^2} + \frac{12x}{l^3} \quad -\frac{4}{l} + \frac{6x}{l^2} \quad \frac{6}{l^2} - \frac{12x}{l^3} \quad -\frac{2}{l} + \frac{6x}{l^2} \right) \tag{12.14}$$

根据势能驻值原理 $\delta \Pi = 0$,由式(12.10),则有

$$EI \int_0^l y'' \delta y'' \mathrm{d}x - F \int_0^l y' \delta y' \mathrm{d}x - \{\overline{F}\}^{eT} \delta \{\bar{\delta}\}^e = 0$$

或

$$\{\overline{F}\}^{eT} \delta \{\bar{\delta}\}^e = EI \int_0^l y'' \delta y'' \mathrm{d}x - F \int_0^l y' \delta y' \mathrm{d}x \tag{12.15}$$

由单元刚度矩阵 $\{\overline{F}\}^e = [\overline{K}]^e \{\bar{\delta}\}^e$ 以及 $\delta y' = [B]\delta\{\bar{\delta}\}^e, \delta y'' = [C]\delta\{\bar{\delta}\}^e$,将式(12.15)整理后有

$$\{\bar{\delta}\}^{eT}[\overline{K}]^e \delta\{\bar{\delta}\}^e = EI \int_0^l [C]\{\bar{\delta}\}^e [C]\delta\{\bar{\delta}\} \mathrm{d}x - F \int_0^l [B]\{\bar{\delta}\}^e [B]\delta\{\bar{\delta}\}^e \mathrm{d}x$$

由

$$[C]\{\bar{\delta}\}^e = \{\bar{\delta}\}^{eT}[C]^T$$
$$[B]\{\bar{\delta}\}^e = \{\bar{\delta}\}^{eT}[B]^T$$

则上式写为

$$\{\bar{\delta}\}^{eT}[\overline{K}]^e \delta\{\bar{\delta}\}^e = \{\bar{\delta}\}^{eT}\left[EI \int_0^l [C]^T[C]\mathrm{d}x - F \int_0^l [B]^T[B]\mathrm{d}x \right]\delta\{\bar{\delta}\}^e$$

由于 $\{\bar{\delta}\}^e$ 和 $\delta\{\bar{\delta}\}^e$ 的任意性,则有

$$[\overline{K}]^e = EI \int_0^l [C]^T[C]\mathrm{d}x - F \int_0^l [B]^T[B]\mathrm{d}x \tag{12.16}$$

将式(12.13)和式(12.14)代入式(12.16)积分得轴向压杆单元刚度矩阵为

$$[\overline{K}]^e = \begin{pmatrix} \frac{12EI}{l^3} & \frac{6EI}{l^2} & -\frac{12EI}{l^3} & \frac{6EI}{l^2} \\ \frac{6EI}{l^2} & \frac{4EI}{l} & -\frac{6EI}{l^2} & \frac{2EI}{l} \\ -\frac{12EI}{l^3} & -\frac{6EI}{l^2} & \frac{12EI}{l^3} & -\frac{6EI}{l^2} \\ \frac{6EI}{l^2} & \frac{2EI}{l} & -\frac{6EI}{l^2} & \frac{4EI}{l} \end{pmatrix} - F \begin{pmatrix} \frac{6}{5l} & \frac{1}{10} & \frac{6}{5l} & \frac{1}{10} \\ \frac{1}{10} & \frac{2l}{15} & -\frac{1}{10} & -\frac{l}{30} \\ -\frac{6}{5l} & -\frac{1}{10} & \frac{6}{5l} & -\frac{1}{10} \\ \frac{1}{10} & -\frac{l}{30} & -\frac{1}{10} & \frac{2l}{15} \end{pmatrix} \tag{12.17}$$

由式(12.17)可知,压杆单元在局部坐标系下的单元刚度矩阵由两部分组成:第一部分是不计轴向变形平面弯曲单元刚度矩阵,它与第 9 章矩阵位移法推导的结果相同;第二部分是轴向压力引起的单元刚度矩阵,称为几何刚度矩阵。

用矩阵位移法计算刚架临界荷载的步骤如下。

(1) 结构离散化。

(2) 由式(12.17)求出局部坐标系的各压杆和非压杆单元刚度矩阵$[\overline{K}]^e$。

(3) 利用坐标变换求得整体坐标系下的单元刚度矩阵$[K]^e$,即

$$[K]^e = [T]^T [\overline{K}]^e [T]$$

(4) 利用直接刚度法集成结构刚度矩阵$[K]$。

(5) 由结构特征方程(即$|[K]|=0$)求得 F 的最小正根,从而得结构临界荷载。

【例 12.10】 试用矩阵位移法计算如图 12.19(a)所示刚架的临界荷载。$EI=$常数。

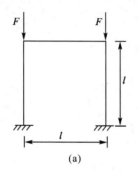
(a)

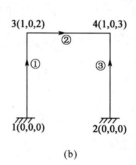
(b)

图 12.19

解:(1) 结构离散化,如图 12.19(b)所示。

(2) 计算各单元刚度矩阵。

单元①:为压杆单元。由式(12.17),得

$$[\overline{K}]^{①} = \begin{bmatrix} 12EI/l^3 & 6EI/l^2 & -12EI/l^3 & 6EI/l^2 \\ 6EI/l^2 & 4EI/l & -6EI/l^2 & 2EI/l \\ -12EI/l^3 & -6EI/l^2 & 12EI/l^3 & -6EI/l^2 \\ 6EI/l^2 & 2EI/l & -6EI/l^2 & 4EI/l \end{bmatrix} - F \begin{bmatrix} 6/5l & 1/10 & -6/5l & 1/10 \\ 1/10 & 2l/15 & -1/10 & -l/30 \\ -6/5l & -1/10 & 6/5l & -1/10 \\ 1/10 & -l/30 & -1/10 & 2l/15 \end{bmatrix}$$

$\alpha = 90°$,由$[K]^{①} = [T]^T [\overline{K}]^{①} [T]$,有

$$[K]^{①} = \begin{matrix} & \begin{matrix} 0 & \quad 0 & \quad 1 & \quad 2 \end{matrix} & \\ & \begin{bmatrix} 12EI/l^3 & -6EI/l^2 & -12EI/l^3 & -6EI/l^2 \\ -6EI/l^2 & 4EI/l & 6EI/l^2 & 2EI/l \\ -12EI/l^3 & 6EI/l^2 & 12EI/l^3 & 6EI/l^2 \\ -6EI/l^2 & 2EI/l & 6EI/l^2 & 4EI/l \end{bmatrix} & \begin{matrix} 0 \\ 0 \\ 1 \\ 2 \end{matrix} \end{matrix}$$

$$-F \begin{matrix} & \begin{matrix} 0 & \quad 0 & \quad 1 & \quad 2 \end{matrix} \\ & \begin{bmatrix} 6/5l & -1/10 & -6/5l & -1/10 \\ -1/10 & 2l/15 & 1/10 & -l/30 \\ -6/5l & 1/10 & 6/5l & 1/10 \\ -1/10 & -l/30 & 1/10 & 2l/15 \end{bmatrix} \end{matrix}$$

单元③:为压杆单元。显然,有

$$[K]^{③}=[K]^{①}$$

单元②：普通不计轴向变形的平面弯曲单元，并且 $\alpha=0°$。

$$[K]^{②}=[\overline{K}]^{②}=\begin{pmatrix} 12EI/l^3 & -6EI/l^2 & -12EI/l^3 & -6EI/l^2 \\ -6EI/l^2 & 4EI/l & 6EI/l^2 & 2EI/l \\ -12EI/l^3 & 6EI/l^2 & 12EI/l^3 & 6EI/l^2 \\ -6EI/l^2 & 2EI/l & 6EI/l^2 & 4EI/l \end{pmatrix}\begin{matrix}0\\2\\0\\3\end{matrix}$$

$$\begin{matrix}\phantom{[K]^{②}=[\overline{K}]^{②}=}&0&2&0&3\end{matrix}$$

(3) 集成结构刚度矩阵。

各单元定位向量为

$$\lambda^{①}=(0,0,1,2)$$
$$\lambda^{②}=(0,2,0,3)$$
$$\lambda^{③}=(0,0,1,3)$$

由上述单元定位向量集成结构刚度矩阵为

$$[K]=\begin{pmatrix} 24EI/l^3-12F/5l & 6EI/l^2-F/10 & 6EI/l^2-F/10 \\ 6EI/l^2-F/10 & 8EI/l-2Fl/15 & 2EI/l \\ -6EI/l^2-F/10 & 2EI/l & 8EI/l-2Fl/15 \end{pmatrix}\begin{matrix}1\\2\\3\end{matrix}$$

(4) 由式(12.17)，结构特征方程为

$$\begin{vmatrix} 24EI/l^3-12F/5l & 6EI/l^2-F/10 & 6EI/l^2-F/10 \\ 6EI/l^2-F/10 & 8EI/l-2Fl/15 & 2EI/l \\ -6EI/l^2-F/10 & 2EI/l & 8EI/l-2Fl/15 \end{vmatrix}=0$$

即

$$1\,080\lambda^3-4\,596\lambda^2+5\,136\lambda-1\,008=0$$

其中

$$\lambda=\frac{Fl^3}{30EI}$$

解上述 λ 的 3 次方程，得最小根为

$$\lambda_{\min}=0.248$$

结构临界荷载为

$$F_{cr}=7.44\frac{EI}{l^2}$$

【例 12.11】 试用矩阵位移法计算如图 12.20(a)所示刚架的临界荷载。$EI=$常数。

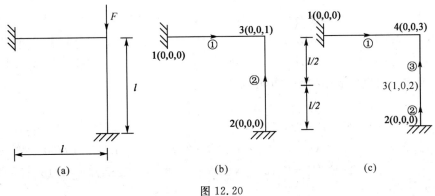

图 12.20

解:(1) 结构离散化,如图 12.20(b)所示。
(2) 计算考虑边界条件的单元刚度矩阵。

单元①:普通单元,$\alpha=0°$,$\lambda^{①}=(0,0,0,1)$。

$$[K]^{①}=[\overline{K}]^{①}=(4EI/l)\overset{1}{1}$$

单元②:压杆单元,$\alpha=90°$,$\lambda^{②}=(0,0,0,1)$。

$$[K]^{②}=[T]^{\mathrm{T}}[\overline{K}]^{②}[T]=(4EI/l)\overset{1}{1}-F(2l/15)\overset{1}{1}$$

(3) 集成结构刚度矩阵。

$$[K]=\Big(\frac{4EI}{l}+\frac{4EI}{l}-\frac{2Fl}{15}\Big)\overset{1}{1}$$

(4) 结构的特征方程为

$$\Big|\frac{8EI}{l}-\frac{2Fl}{15}\Big|=0$$

由此解得

$$F_{\mathrm{cr}}=\frac{60EI}{l^2}$$

此刚架临界荷载的精确解为 $F_{\mathrm{cr}}=28.395\dfrac{EI}{l}$,上面计算结果与精确解误差过大。为提高精度,一般方法是将压杆单元细分来解决。

将压杆单元分成两个单元,结构离散化如图 12.20(c)所示。

考虑边界条件的单元刚度矩阵如下。

单元①:普通单元,$\alpha=0°$,$\lambda^{①}=(0,0,0,3)$。

$$[K]^{①}=[\overline{K}]^{①}=(4EI/l)\overset{1}{3}$$

单元②:压杆单元,$\alpha=90°$,$\lambda^{②}=(0,0,1,2)$。

$$[K]^{②}=[T]^{\mathrm{T}}[\overline{K}]^{②}[T]=\begin{Bmatrix}96EI/l^3 & 24EI/l^2 \\ 24EI/l^2 & 8EI/l\end{Bmatrix}\begin{matrix}1\\2\end{matrix}-F\begin{Bmatrix}12/5l & 1/10 \\ 1/10 & l/15\end{Bmatrix}\begin{matrix}1\\2\end{matrix}$$

单元③:压杆单元,$\alpha=90°$,$\lambda^{③}=(1,2,0,3)$。

$$[K]^{③}=[T]^{\mathrm{T}}[\overline{K}]^{③}[T]$$

$$=\begin{Bmatrix}96EI/l^3 & -24EI/l^2 & -24EI/l^2 \\ -24EI/l^2 & 8EI/l & 4EI/l \\ -24EI/l^2 & 4EI/l & 8EI/l\end{Bmatrix}\begin{matrix}1\\2\\3\end{matrix}-F\begin{Bmatrix}12/5l & -1/10 & -1/10 \\ -1/10 & 2/15 & -2/60 \\ -1/10 & -2/60 & 2/15\end{Bmatrix}\begin{matrix}1\\2\\3\end{matrix}$$

由单元定位向量集成结构刚度矩阵为

$$[K]=\begin{Bmatrix}192EI/l^3+24F/5l & 0 & -24EI/l^2-F/10 \\ 0 & 16EI/l+2Fl/15 & 4EI/l-Fl/60 \\ -24EI/l^2-F/10 & 4EI/l-Fl/60 & 12EI/l-Fl/15\end{Bmatrix}\begin{matrix}1\\2\\3\end{matrix}$$

结构的特征方程为

$$\begin{vmatrix} 192EI/l^3+24F/5l & 0 & -24EI/l^2-F/10 \\ 0 & 16EI/l+2Fl/15 & 4EI/l-Fl/60 \\ -24EI/l^2-F/10 & 4EI/l-Fl/60 & 12EI/l-Fl/15 \end{vmatrix}=0$$

展开式为

$$F^3-357.33\frac{EI}{l^2}F^2+30\,720\left(\frac{EI}{l^2}\right)^2 F-614\,400\left(\frac{EI}{l^2}\right)^3=0$$

解方程得其最小正根为

$$F_{cr}=28.972\frac{EI}{l^2}$$

该解答与其精确值的误差为 2.03%，满足要求。

12.5 剪力对临界荷载的影响

为了考虑剪力对临界荷载的影响，在建立弹性曲线微分方程时，应同时考虑弯矩和剪力对挠度的影响。如图 12.21(a)所示压杆的挠度为

$$y=y_M+y_S \tag{12.18a}$$

式中，y_M 为弯矩产生的挠度；y_S 为剪力产生的挠度。

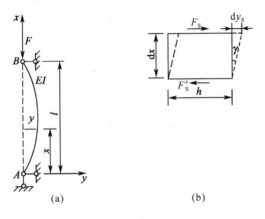

图 12.21

对式(12.18a)求二阶导数，得

$$\frac{d^2y}{dx^2}=\frac{d^2y_M}{dx^2}+\frac{d^2y_S}{dx^2} \tag{12.18b}$$

由于弯矩所引起的曲率为

$$\frac{d^2y_M}{dx^2}=-\frac{M}{EI} \tag{12.18c}$$

从图 12.21(b)可得

$$\frac{dy_S}{dx}=\gamma$$

又由剪应变计算方式，则

$$\gamma=K\frac{F_S}{GA}=\frac{K}{GA}\frac{dM}{dx}=\frac{dy_S}{dx}$$

由此可得

$$\frac{d^2 y_s}{dx^2} = \frac{K}{GA}\frac{d^2 M}{dx^2} \tag{12.18d}$$

将式(12.18c)和式(12.18d)代入式(12.18b)，得到同时考虑弯矩和剪力影响的弹性曲线微分方程为

$$\frac{d^2 y}{dx^2} = -\frac{M}{EI} + \frac{K}{GA}\frac{d^2 M}{dx^2} \tag{12.19}$$

对于如图12.21(a)所示两端铰支的等截面压杆，应用式(12.19)计算其临界荷载。

在临界状态下压杆任一截面的弯矩为

$$M = Fy$$

则有

$$\frac{d^2 M}{dx^2} = F\frac{d^2 y}{dx^2}$$

将上式代入式(12.19)，有

$$EI\frac{d^2 y}{dx^2} = -Fy + \frac{FKEI}{GA}\frac{d^2 y}{dx}$$

或

$$EI\left(1 - \frac{KF}{GA}\right)\frac{d^2 y}{dx^2} + Fy = 0 \tag{12.20}$$

令

$$\alpha^2 = \frac{F}{\left(1 - \frac{KF}{GA}\right)EI} \tag{12.21}$$

则式(12.20)改写为

$$\frac{d^2 y}{dx^2} + \alpha^2 y = 0$$

设方程的一般解为

$$y = A\cos\alpha x + B\sin\alpha x$$

由边界条件

$$y|_{x=0} = 0, \quad y|_{x=l} = 0$$

可得出特征方程为

$$\sin\alpha l = 0$$

方程的最小正根 $(\alpha l)_{\min} = \pi$。由式(12.20)求得临界荷载为

$$F_{cr'} = \frac{1}{1 + \frac{K}{GA}\frac{\pi^2 EI}{l^2}}\frac{\pi^2 EI}{l^2} = K_S F_{cr} \tag{12.22}$$

式中，$F_{cr} = \frac{\pi^2 EI}{l^2}$ 为欧拉临界荷载；K_S 为小于1的剪力影响系数。对于实心压杆，$K_S \approx 1$。计算其临界荷载时，剪力的影响很小，通常可忽略不计。

12.6 组合压杆的稳定性计算

在工程结构中，经常采用型钢制成的组合压杆来代替实心压杆，如桥梁的上弦杆、厂房的双肢柱、起重机的塔身等。组合压杆通常采用两个离开一定距离的型钢为肢杆。为保证它们共同工作，在型钢的翼缘上用一些杆件将其连在一起，成为一个杆件的组合体。组合压杆根据

构造形式可分为缀条式(如图12.22(a)所示)和缀板式(如图12.22(b)所示)两种。在缀条式组合压杆中,连接型钢的缀条由斜杆和横杆组成,一般采用单个角钢。由于连接处的抗转能力较差,连接结点可视为铰结。缀板式组合压杆不存在斜杆,缀板与型钢的连接通常视为刚结。

中心受压的组合杆件当所受压力达到临界值时,也将丧失稳定。组合压杆失稳时,剪力的影响较大,因此可利用12.5节导出的实体压杆考虑剪力影响的临界荷载计算公式(12.22)进行近似计算。在应用这一公式时,当组合压杆的材料尺寸确定后,抗弯刚度EI容易求得。而公式中表示剪力影响的一项为$\dfrac{K}{GA}$,其物理意义为单位剪力作用所引起的剪切角γ。

显然,只要求出γ,将其代入式(12.22)中的$\dfrac{K}{GA}$,便得到组合压杆的临界荷载。下面分别讨论缀条式和缀板式组合压杆剪切角γ的计算,并给出相应临界荷载及工程常用的有关公式。

1. 缀条式组合压杆

取出一个节间,如图12.23所示,在单位剪力$F_s=1$作用下,其剪切角为

$$\gamma \approx \tan \gamma = \frac{\delta_{11}}{d}$$

其中,δ_{11}为剪力$F_s=1$沿其方向引起的位移。

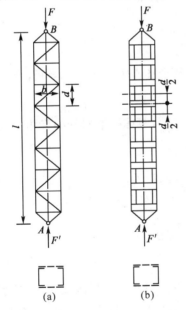

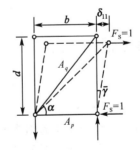

图 12.22　　　　　　　　图 12.23

由于缀条式组合压杆各结点均为铰结点,单位剪力引起的位移可由桁架位移计算公式求得,即

$$\delta_{11} = \sum \frac{\overline{F}_N^2 l}{EA}$$

其中,横杆的轴力$\overline{F}_N=-1$,杆长为$\dfrac{d}{\tan \alpha}$,截面面积为A_p;斜杆的轴力$\overline{F}=\dfrac{1}{\cos \alpha}$,杆长为$\dfrac{d}{\sin \alpha}$,截面面积为$A_q$。由上式求得

$$\delta_{11}=\frac{d}{E}\left(\frac{1}{A_q \sin \alpha \cos^2 \alpha}+\frac{1}{A_p \tan \alpha}\right)$$

由此可得

$$\gamma = \frac{K}{GA} = \frac{1}{E}\left(\frac{1}{A_q \sin\alpha \cos^2\alpha} + \frac{1}{A_p \tan\alpha}\right)$$

将上式 γ 代入式(12.22)中的 $\frac{K}{GA}$，得缀条式组合压杆临界荷载的计算公式为

$$F'_{cr} = \frac{1}{1 + \frac{F_{cr}}{E}\left(\frac{1}{A_q \sin\alpha \cos^2\alpha} + \frac{1}{A_p \tan\alpha}\right)} F_{cr} \tag{12.23}$$

式中，$F_{cr} = \frac{\pi^2 EI}{l^2}$ 为欧拉临界荷载。

由式(12.23)可知，斜杆对临界荷载的影响比横梁大。若不计横梁的影响，并考虑型钢两侧都有扣件，则缀条式组合压杆临界荷载为

$$F'_{cr} = \frac{1}{1 + \frac{1}{2EA_q \sin\alpha \cos^2\alpha} \frac{\pi^2 EI}{l^2}} \tag{12.24}$$

令 μ 为其计算长度系数，即

$$\mu = \sqrt{1 + \frac{1}{2EA_q \sin\alpha \cos^2\alpha} \frac{\pi^2 EI}{l^2}} \tag{12.25}$$

则式(12.24)化为欧拉问题的基本形式，即

$$F'_{cr} = \frac{\pi^2 EI}{(\mu l)^2} \tag{12.26}$$

设 A_d 为两根肢杆的横截面积，i_Z 为肢杆对整个形心轴 Z 的回转半径，则有

$$I = 2A_d i_Z^2 \tag{12.27}$$

将式(12.27)代入式(12.25)，并引入柔度 $\lambda = \frac{l}{i_Z}$，考虑一般斜杆的夹角 α 在 $30° \sim 60°$ 之间，则可近似地取

$$\frac{\pi^2}{\sin\alpha \cos^2\alpha} \approx 27$$

则计算长度系数的实用公式为

$$\mu = \sqrt{1 + \frac{27 A_d}{A_q \lambda^2}} \tag{12.28}$$

2. 缀板式组合压杆

在计算缀板式组合压杆的临界荷载时，可将其当做单跨多层刚架，并近似地认为肢杆的反弯点在节间的中点。取如图 12.24(a)所示部分，计算在单位剪力作用下的剪切角 $\bar{\gamma}$。设肢杆的惯性矩为 I_d，两块缀板的惯性矩之和为 I_b，剪力平均分配于两个肢杆。由图 12.24(b)所示单位弯矩图，利用图乘法求得

$$\delta_{11} = \sum\int \frac{\overline{M}^2}{EI} ds = \frac{d^3}{24EI_d} + \frac{bd^2}{12EI_b}$$

在一般情况下，缀板的刚度比肢杆的刚度大很多，因此可近似取 $I_b = \infty$，故剪切角 $\bar{\gamma}$ 为

$$\bar{\gamma} = \frac{\delta_{11}}{d} = \frac{d^2}{24EI_d}$$

将上式代入式(12.22)，得缀板式组合压杆的临界荷载计算公式为

$$F'_{cr} = \frac{F_{cr}}{1 + \frac{d^2}{24EI_d} F_{cr}} = \frac{F_{cr}}{1 + \frac{\pi^2 d^2}{24 l^2} \frac{I}{I_d}} \tag{12.29}$$

式中，I 为整个组合压杆的截面惯性矩。

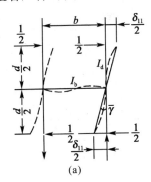 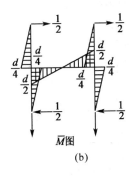

图 12.24

设整个组合压杆的柔度为 λ，肢杆一个节间内的柔度为 λ_d，则有

$$I = 2A_d i_Z^2, \quad I_d = A_d i_{Zd}^2, \quad \lambda = \frac{l}{i_z}, \quad \lambda_d = \frac{d}{i_{Zd}}$$

代入式(12.29)，得

$$F'_{cr} = \frac{F_{cr}}{1 + \frac{2\lambda_d^2 \pi^2}{24\lambda^2}} = \frac{F_{cr}}{1 + 0.83 \frac{\lambda_d^2}{\lambda^2}}$$

若近似地用 1 代替 0.83，则有

$$F'_{cr} = \frac{\lambda^2}{\lambda^2 + \lambda_d^2} F_{cr}$$

相应的长度系数为

$$\mu = \sqrt{\frac{\lambda^2 + \lambda_d^2}{\lambda^2}}$$

对于缀板式组合压杆，工程上所采用的换算柔度为

$$\lambda' = \frac{\mu l}{i_z} = \mu \lambda = \sqrt{\lambda^2 + \lambda_d^2} \tag{12.30}$$

习　　题

12.1　试用静力法计算图 12.25 所示结构的临界荷载。

12.2　试用静力法计算图 12.26 所示结构的临界荷载。

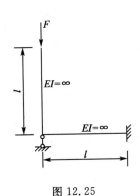 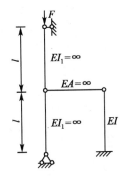

图 12.25　　　　　　　　图 12.26

12.3 试用静力法计算图 12.27 所示结构的临界荷载。

12.4 试用静力法计算图 12.28 所示结构的临界荷载。

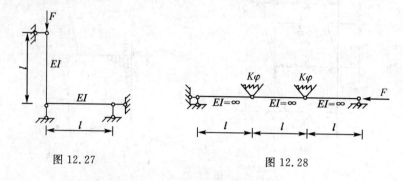

图 12.27　　　　　图 12.28

12.5 试用静力法计算图 12.29 所示结构的临界荷载。

12.6 利用对称性计算图 12.30 所示结构的临界荷载。

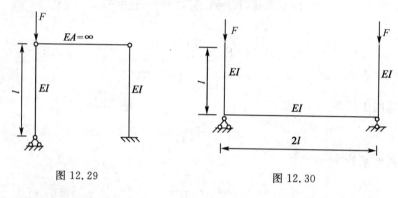

图 12.29　　　　　图 12.30

12.7 试用能量法计算习题 12.1~12.4。

12.8 试用能量法计算图 12.31 所示阶形截面压杆的临界荷载。设挠曲线函数为 $y=a\left(1-\cos\dfrac{\pi x}{2l}\right)$。

12.9 试用矩阵位移法计算图 12.32 所示结构的临界荷载。

12.10 试用矩阵位移法计算图 12.33 所示结构的临界荷载。

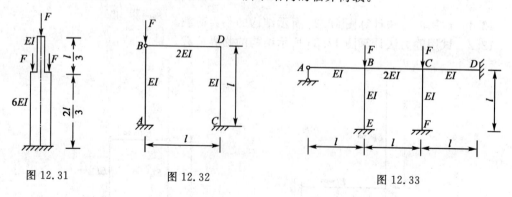

图 12.31　　　图 12.32　　　图 12.33

参 考 答 案

第 1 章

（略）

第 2 章

2.1 (a) 几何不变体系且无多余约束
　　(b) 几何不变体系且无多余约束
　　(c) 几何不变体系且无多余约束
　　(d) 几何不变体系且无多余约束
　　(e) 几何不变体系且无多余约束
　　(f) 几何不变体系且无多余约束
　　(g) 几何不变体系且无多余约束
　　(h) 瞬变体系
　　(i) 几何不变体系且无多余约束
　　(j) 几何不变体系且无多余约束
　　(k) 可变体系
　　(l) 几何不变体系有两个多余约束
　　(m) 几何不变体系且无多余约束
　　(n) 瞬变体系
　　(o) 几何不变体系且无多余约束
　　(p) 瞬变体系
　　(q) 几何不变体系且无多余约束
　　(r) 几何不变体系且无多余约束
　　(s) 瞬变体系
　　(t) 瞬变体系
　　(u) 几何不变体系且无多余约束
2.2 （略）

第 3 章

3.1 (e) $M_{DA} = 40$ kN·m（上侧受拉）
　　(f) $M_{DA} = 20$ kN·m（下侧受拉）

    (h) $M_{EB}=192$ kN·m（下侧受拉），$F_{SEB}=-8$ kN

3.2 (a) $F_{NBA}=\frac{1}{2}ql\sin\alpha$；(b) $F_{NAB}=-ql\sin\alpha$

3.3 (a) $M_{BA}=120$ kN·m（下侧受拉），$F_{SBA}=-60$ kN
    (b) $M_{CB}=10$ kN·m（下侧受拉），$M_{FE}=20$ kN·m（上侧受拉）

3.4 $x=\left(\frac{1}{2}-\frac{\sqrt{2}}{4}\right)l=0.1465l$

3.5 （略）

3.6 (a) $M_{AB}=\frac{3}{2}qa^2$（内侧受拉）
    (b) $M_{CB}=80$ kN·m（内侧受拉），$F_{SCB}=20$ kN
    (d) $M_{CA}=300$ kN·m（外侧受拉），$F_{SCA}=-70$ kN
    (e) $M_{DB}=25$ kN·m（内侧受拉）
    (f) $M_{CB}=0$
    (g) $M_{BC}=290$ kN·m（内侧受拉），$F_{SCB}=180$ kN
    (h) $M_{BA}=0.36$ kN·m（内侧受拉）

3.7 (a) $M_{DA}=60$ kN·m（内侧受拉）
    (b) $M_{DC}=15.3$ kN·m（内侧受拉）

3.8 (a) $M_{AD}=20$ kN·m（内侧受拉）
    (b) $M_{HC}=504$ kN·m（外侧受拉），$F_{SHC}=168$ kN，$F_{NHC}=-259.9$ kN（压）

3.9 (a) $M_C=M_D=0$
    (b) $M_C=25$ kN·m（内侧受拉）
    (c) $M_{DC}=m$（下侧受拉）
    (d) $M_{DC}=\frac{pa}{2}$（上侧受拉）
    (e) $M_{AB}=25$ kN·m（左侧受拉）
    (f) $M_B=Fl$（外侧受拉）
    (g) $M_{BA}=2Fa$（右侧受拉）
    (h) $M_{BA}=0$
    (i) $M_D=\frac{Fa}{2}$（外侧受拉）

3.10 (a)横梁右端力偶荷载$\frac{Fa}{2}$（逆时针），横梁中点竖直荷载 F（向下），横梁左端水平荷载 $2F$（向右）；(b)刚结点处力偶荷载 8 kN·m（顺时针），竖杆中点水平荷载 2 kN（向右），横梁左端水平荷载 1 kN（向右）。

3.11 提示：两平行链杆处剪力为零。

3.12 拉杆轴力 5 kN，$M_K=44$ kN·m，$F_{SK}=-0.6$ kN，$F_{NK}=-5.8$ kN（拉力）

3.13 $y=\frac{x}{27}(21-x)$

3.15 (a) $F_{N4}=-28.28$ kN
    (b) $F_{N36}=67.08$ kN，$F_{N67}=56.6$ kN

3.16 (a) $F_{Na}=18.03 \text{ kN}$

(b) $F_{Na}=-0.25F, F_{Nc}=-0.417FN$

(c) $F_{Na}=-28.3 \text{ kN}, F_{Nc}=12.1 \text{ kN}$

(d) $F_{Na}=\dfrac{F}{3}, F_{Nc}=\dfrac{\sqrt{2}}{3}F$

3.17 (a) $F_{NDE}=150 \text{ kN}, M_{AF}=37.5 \text{ kN·m}$（上侧受拉）；

(b) $F_{NEF}=-113.1 \text{ kN}, F_{NCH}=-28.3 \text{ kN}, F_{NIk}=-141.4 \text{ kN}, M_{KB}=240 \text{ kN·m}$（右侧受拉）

第 4 章

4.1 $\theta_A=\dfrac{Ml}{6EI}, \theta_B=\dfrac{Ml}{3EI}, \omega_C=\dfrac{Ml^2}{16EI}$

4.2 （略）

4.3 $\Delta_{Cy}=\dfrac{4lql^4}{384EI}, \varphi_C=\dfrac{ql^3}{12EI}$

4.4 $\Delta_{Cy}=\dfrac{ql^4}{128EI}$

4.5 $\Delta_{Cy}=\dfrac{17ql^4}{384EI}$

4.6 $\varphi_B=\dfrac{4lqa^3}{54EI}$

4.7 $\Delta_{Cx}=\dfrac{\left(\sqrt{2}+\dfrac{1}{2}\right)Fa}{EA}, \Delta_{Bx}=\dfrac{Fa}{EA}$

4.8 $\Delta_{ly}=\dfrac{4\sqrt{3}Fa}{3EA}$

4.9 $\Delta_{Cy}=\dfrac{Fl^3}{8EI}$

4.10 $\Delta_y=\dfrac{23Fl^3}{3EI}$

4.11 $\varphi=\dfrac{2ql^3}{3EI}$

4.12 $\varphi_C=-\dfrac{qa^3}{48EI}$

4.13 $\Delta_{Cy}=12.5\alpha l+\dfrac{\alpha l^2}{2}$

4.14 $\Delta_{Cx}=\dfrac{bl}{H}$

4.15 $\delta_{3y}=1.1 \text{ mm}$

4.16 $F_{By}=-\dfrac{4}{15}F$

第 5 章

5.1 (a) 2; (b) 3; (c) 1; (d) 6; (e) 3; (f) 10; (g) 9; (h) 21

5.2 (a) $M_{AB}=\dfrac{Fb}{2}, F_{SAB}=-\dfrac{3b}{2a}F$; (b) $M_{BA}=-\dfrac{3}{32}, F_{SBA}=-\dfrac{19}{32}F$;

(c) $M_{AB}=-\dfrac{4}{9}Fa, F_{SAB}=\dfrac{13}{18}F$; (d) $M_{AB}=-\dfrac{qL^2}{12}, F_{SAB}=\dfrac{qL}{2}$

5.3 (a) $M_{BA}=\dfrac{Pb}{2}$(内侧); (b) $M_{BA}=2.14\ \text{kN}\cdot\text{m}$(右侧); (c) $M_{BA}=\dfrac{3Pl}{23}$(上边);

(d) $M_{BA}=\dfrac{PL}{2}$(左侧); (e) $M_{DA}=145.7\ \text{kN}\cdot\text{m}$(右侧); (f) $M_{AB}=-\dfrac{24}{35}Pa$

5.4 $M_{AC}=225\ \text{kN}\cdot\text{m}$

5.5 (a) $F_{NAB}=0.415F$; (b) $F_{NAB}=-0.896F$

5.6 切断 CD 杆作为基本结构,$X_1=-\dfrac{10}{13}F$(压力)

5.7 $M_{EC}=1.8F$(内侧),$M_{CA}=3F$(内侧)

5.8 跨中剪力为 $-5.93\ \text{kN}$

5.9 转角处弯矩 $\dfrac{Fa}{16}$(外侧)

5.10 左下角弯矩 $\dfrac{3}{28}FL$(内侧)

5.11 $M_B=175.2\ \text{kN}\cdot\text{m}$(上边),$M_C=58.9\ \text{kN}\cdot\text{m}$(上边),$\Delta_{Ky}=\dfrac{747}{EI}(\downarrow),\varphi_C=\dfrac{157}{EI}$

5.12 $M_{AD}=\dfrac{9F}{4}$

5.13 $M_{CA}=\dfrac{3750\alpha EI}{7L}$

5.14 $M\dfrac{EI\alpha}{h}t$(外侧)

5.15～5.17 (略)

第 6 章

6.1～6.8 (略)

6.9 (a) $F_A=22\ \text{kN}, M_C=48\ \text{kN}\cdot\text{m}, F_{SC}^L=-10\ \text{kN}, F_{SC}^R=10\ \text{kN}$
    (b) $F_{Ay}=20\ \text{kN}, M_C=-120\ \text{kN}\cdot\text{m}, F_{SC}^L=-80\ \text{kN}$

6.10 $M_{C\max}=242.5\ \text{kN}\cdot\text{m}, F_{SC\max}=80.83\ \text{kN}, F_{SC}=-60\ \text{kN}$

6.11 (1) $M_{C\max}=1\ 932\ \text{kN}\cdot\text{m}$; (2) $F_{SA\max}=758.6\ \text{kN}$

6.12 $M_{C\max}=1\ 962\ \text{kN}\cdot\text{m}$

6.13 $M_{C\max}=426.67\ \text{kN}\cdot\text{m}$

6.14 $M_{C\max}=1\ 411.25\ \text{kN}\cdot\text{m}$

6.15 $M_{1\max}=-14.18\ \text{kN}\cdot\text{m}, M_{1\min}=-86.98\ \text{kN}\cdot\text{m}$,

$M_{2\max}=-22.94$ kN·m, $M_{2\min}=-106.48$ kN·m

第 7 章

7.1　(a) 1+0=1
　　(b) 6+3=9
　　(c) 10+4=14
　　(d) 2+2=4
　　(e) 2+1=3
　　(f) 0+2=2

7.2　(a) $M_{BC}=-55$ kN·m, $M_{BD}=5$ kN·m, $M_{CB}=62.5$ kN·m
　　(b) $M_{BA}=57.714$ kN·m, $M_{CD}=3.578$ kN·m, $M_{DC}=25.227$ kN·m
　　(c) $M_{DE}=-45.71$ kN·m, $M_{CA}=-5.71$ kN·m, $M_{ED}=97.14$ kN·m
　　(d) $M_{AD}=-0.1628ql^2$, $M_{ED}=0.05942ql^2$, $M_{EB}=-0.1193ql^2$, $M_{CF}=-0.0795ql^2$
　　(e) $M_{DC}=101.052$ kN·m, $M_{BD}=-54.741$ kN·m, $M_{DB}=-21.057$ kN·m
　　　　$M_{AC}=-84.213$ kN·m
　　(f) $M_{BC}=2.77$ kN·m, $M_{AB}=13.243$ kN·m
　　(g) $M_{AB}=-\dfrac{2}{9}FL$
　　(h) $M_{AC}=-38.05$ kN·m, $M_{CA}=-15.79$ kN·m, $M_{CD}=18.79$ kN·m
　　　　$M_{BD}=-18.16$ kN·m

7.3　(略)

7.4　$M_{BC}=50.4$ kN·m, $M_{CB}=5.6$ kN·m

7.5　$M_{CB}=28.7$ kN·m

7.6　$M_{DE}=66.67$ kN·m, $M_{CA}=-28.252$ kN·m, $M_{AC}=-47.618$ kN·m

第 8 章

8.1　(a) $M_{BC}=-25$ kN·m;　　(b) $M_{BC}=-8.67$ kN·m
　　(c) $M_{BC}=-14.67$ kN·m;　　(d) $M_{AB}=\dfrac{3}{19}M$

8.2　(a) $M_{BC}=-210.49$ kN·m, $M_{CD}=-319.52$ kN·m
　　(b) $M_{BC}=-155$ kN·m, $M_{CD}=-366.79$ kN·m
　　(c) $M_{AB}=-26.51$ kN·m, $M_{BA}=47.35$ kN·m
　　(d) $M_{BC}=-192$ kN·m
　　(e) $M_{BC}=-21.47$ kN·m, $M_{CB}=27.33$ kN·m

8.3　$M_{CD}=-6.27$ kN·m, $M_{DC}=7.14$ kN·m

8.4　$M_{BC}=-41.6$ kN·m, $M_{CD}=-41.2$ kN·m

8.5　$M_{BC}=-54.86$ kN·m, $M_{CB}=29.17$ kN·m

8.6　$M_{CA}=0.952i\theta$

8.7 $M_{AB} = -91.9 \text{ kN} \cdot \text{m}$

8.8 (c),(d),(f);在(f)中,$S_{AB}=0$

8.9 $M_{AB} = -19.03 \text{ kN} \cdot \text{m}, M_{BA} = -18.47 \text{ kN} \cdot \text{m}$

8.10 $M_{CD} = \dfrac{ql^2}{4}$

8.11 $M_{710} = M_{107} = -0.418 Fh$

第 9 章

9.1 $\begin{bmatrix} \dfrac{12i}{l^2} & \dfrac{6i}{l} \\ \dfrac{6i}{l} & 4i \end{bmatrix}$

9.2 $[K_{55}] = [K_{55}]^{②} + [K_{55}]^{④} + [K_{55}]^{⑤} + [K_{55}]^{⑦}$
    $[K_{58}] = [K_{58}]^{⑦}, [K_{53}] = [0], [K_{12}] = [0]$

9.3 $[K] = \dfrac{EI}{l} \begin{bmatrix} 16 & -\dfrac{12}{l} & 4 & 0 \\ -\dfrac{12}{l} & \dfrac{36}{l^2} & -\dfrac{6}{l} & -\dfrac{12}{l^2} \\ 4 & -\dfrac{6}{l} & 12 & -\dfrac{6}{l} \\ 0 & -\dfrac{12}{l^2} & -\dfrac{6}{l} & \dfrac{12}{l^2} \end{bmatrix}$

9.4 (a) $\overline{F}_{S2}^{①} = 22.813 \text{ kN}, \overline{F}_{S2}^{②} = 51.563 \text{ kN}$
    $\overline{M}_2^{①} = -41.250 \text{ kN} \cdot \text{m}, \overline{M}_2^{②} = 10.288 \text{ kN} \cdot \text{m}$
    (b) $\overline{F}_{S2}^{①} = 7.307 \text{ kN}, \overline{F}_{S2}^{②} = 10.288 \text{ kN}$
    $\overline{M}_2^{①} = -9.230 \text{ kN} \cdot \text{m}, \overline{M}_2^{②} = 9.23 \text{ kN} \cdot \text{m}$

9.5 $\{F\} = \{F_{x1}, F_{y1}, M_1, 0, 0, 0, 38, -30, -12, F_{x4}, F_{y4}, M_4\}^{\text{T}}$

9.6 $F_N^{①} = 18.051 \text{ kN}, F_N^{②} = 0, F_N^{③} = -16.67 \text{ kN}, F_N^{④} = 36.582 \text{ kN}, F_N^{⑤} = 0, F_N^{⑥} = 0$

9.7 $\begin{bmatrix} \dfrac{8EI}{l} & \dfrac{2EI}{l} \\ \dfrac{2EI}{l} & \dfrac{4EI}{l} \end{bmatrix} \begin{Bmatrix} \varphi_2 \\ \varphi_3 \end{Bmatrix} = \begin{Bmatrix} \dfrac{2EI}{l}\theta - \dfrac{ql^2}{12} \\ \dfrac{l^2}{12} \end{Bmatrix}$

9.8 $\dfrac{EI}{l} \begin{bmatrix} 60.659 & 20.493 & 1.299 \\ 20.493 & 36.995 & 0.75 \\ 1.299 & 0.75 & 8.0 \end{bmatrix} \begin{Bmatrix} u_2 \\ v_2 \\ \varphi_2 \end{Bmatrix} = \begin{Bmatrix} 0 \\ -36 \\ -10.667 \end{Bmatrix}$

$\{\overline{F}\}^{①} = \{39.009, -1.215, -1.140, -39.009, 1.215, -3.724\}^{\text{T}}$
$\{\overline{F}\}^{②} = \{20.558, 13.174, 3.724, -20.558, 18.826, -15.026\}^{\text{T}}$

第 10 章

10.1 (a) 2;(b) 4;(c) 2;(d) 2;(e) 2;(f) 2

10.2 (a) $\omega^2 = \dfrac{48EI}{5ml^3}$; (b) $\omega^2 = \dfrac{3EI}{2ml^3}$; (c) $\omega^2 = \dfrac{4K}{9m}$; (d) $\omega^2 = \dfrac{3EI + Kl^3}{ml^3}$; (e) $\omega^2 = \dfrac{36EI}{ml^3}$;

(f) $\omega^2 = \dfrac{42EI}{5ml^3}$

10.3 （略）

10.4 $\omega^2 = \dfrac{24EI}{11ml^3}$

10.5 $\omega^2 = \dfrac{55EI}{4ml^3}$

10.6 $y_{t=1} = -5.34$ mm

10.7 $\xi = 0.0477, \mu = 10.5$

10.8 $A = \dfrac{8Fl^3}{9EI}, M_C = \dfrac{4}{3}FL$

10.9 （略）

10.10 (a) $\omega_1 = 0.749\sqrt{\dfrac{EI}{l^3}}, \omega_2 = 2.139\sqrt{\dfrac{EI}{ml^3}}$

$\{A\}^{(1)} = \begin{Bmatrix} 1 \\ 1.768 \end{Bmatrix}, \{A\}^{(2)} = \begin{Bmatrix} 1 \\ -1.120 \end{Bmatrix}$

(b) $\omega_1 = 0.931\sqrt{\dfrac{EI}{ml^3}}, \omega_2 = 2.352\sqrt{\dfrac{EI}{ml^3}}$

$\{A\}^{(1)} = \begin{Bmatrix} 1 \\ -0.305 \end{Bmatrix}, \{A\}^{(2)} = \begin{Bmatrix} 1 \\ 1.638 \end{Bmatrix}$

(c) $\omega_1 = 10.474\sqrt{\dfrac{EI}{ml^3}}, \omega^2 = 13.865\sqrt{\dfrac{EI}{ml^3}}$

$\{A\}^{(1)} = \begin{Bmatrix} 1 \\ -1 \end{Bmatrix}, \{A\}^{(2)} = \begin{Bmatrix} 1 \\ 1 \end{Bmatrix}$

(d) $\omega_1 = 27.8377$ rad, $\omega_2 = 94.1949$ rad

$\{A\}^{(1)} = \begin{Bmatrix} 1 \\ 1.2073 \end{Bmatrix}, \{A\}^{(2)} = \begin{Bmatrix} 1 \\ -1.0354 \end{Bmatrix}$

10.11 $\Delta_{Cy} = 0.174$ mm, $\Delta_{Cx} = 0.155$ mm, $M_{AB} = 1.826$ kN·m

10.12 $A_1 = -7.811 \times 10^{-5}$ m, $A_2 = -9.792 \times 10^{-5}$ m

10.13 （略）

第 11 章

11.1 $F_u = 200$ kN

11.2 $F_u = 2M_u$

11.3 $F_u = \dfrac{15M_u}{7l}$

11.4 $F_u = 0.75M_u$

11.5 $F_u = \dfrac{3}{14}M_u$

11.6 $F_u = 104.44$ kN

11.7 (a) $F_u = \dfrac{M_u}{l}$; (b) $F_u = \dfrac{2M_u}{l}$; (c) $F_u = \dfrac{3M_u}{l}$;

11.8 $11.8 F_u = 0.275 M_u$

第 12 章

12.1 $F_{cr} = \dfrac{4EI}{l^2}$

12.2 $F_{cr} = \dfrac{3EI_1}{2l^2}$

12.3 $F_{cr} = 13.883 \dfrac{EI}{l^2}$

12.4 $F_{cr} = \dfrac{k}{l}$

12.5 $F_{cr} = 4.86 \dfrac{EI}{l^2}$

12.6 $F_{cr} = 0.74 \dfrac{EI}{l^2}$

12.7 （同前）

12.8 $F_{cr} = 7.91 \dfrac{EI}{l^2}$

12.9 $F_{cr} = 8.8804 \dfrac{EI}{l^2}$

12.10 $F_{cr} = 31.6969 \dfrac{EI}{l^2}$